自動車の製造と材料の話

広田　民郎

グランプリ出版

まえがき

　現場に行き、担当者に会い、ツバの飛びあう距離で疑問をぶつけ相手の言葉を引き出し物語を紡ぎだす……。あるときは対象物に触れ、ニオイを嗅ぐという泥臭いやり方が僕の取材だ。いつの間にかすっかり僕の身体の一部に組み込まれてしまった手法だ。

　こうしたクルマにまつわる日々の取材活動、執筆のなかで、つねに「シコリ」とでもいうような疑問符が付いてまわる。「そのメカニズムを支える素材はなんだろう？」あるいは「この部品の加工はどうやるのだろうか？」「どんな機械工具でつくるのだろう？」「そこにはどんなノウハウがなくてはいけないのか？」「その製品のモノづくりの過去とはどんなものなのか？」「現在の課題はどんなものがあるのか？」

　こうしたいわばとりとめのないクエスチョンが、この本の企画スタートだった。ごく個人的な関心をもとに、知らないことを学びながら原稿を書くことに、たぶん異議を差し挟む読者がいるかもしれないが、実はこの流儀でこれまでの仕事をやってきた。だから、目線はできるだけシロウトの僕自身でないといけない。プロのモノづくり、プロのエンジニアの仕事をシロウトの僕自身の目を通してみることを心掛けて進めた。

　とはいえ、すべての項目で取材がうまくゆき、納得を得て書き上げたものばかりではない。

　全編読み通してお解りかもしれないが、ときには資料と電話取材、それにネット情報を参考にしている部分もある。もちろん、正直言って苦手な分野もあり、それらは友人の優秀なエンジニアたちからずいぶんお話を伺った。

　そんななかで、いまから50年近く前のことが鮮やかに思い出された。筆者が片田舎に住んでいた小学生のとき、当時雑誌で東京タワー完成のニュースを知り、なぜかふと夏休みの工作に「東京タワーをつくってみたい！」と思った。鉄工所を生業にするおじさんにこの企画を持ち込み、設計図を書き、鉄工所の倉庫にあった8番線という鉛筆ほどの太い鉄の番線を使い、作業に取り掛かった。見よう見まねで番線を切り、要所要所をおじさんの溶接技術を頼みに製作していった。骨組みはほとんどおじさんの技術と勘所で製作したものではあったが、ペンキを塗り、タワーを支える土台をボール紙を何枚も重ねた用紙でつくるなど、全体の何割かは自分で作業した。大部分はおじさんの手によってできたものではあるが、共同作業には違いなく、自分の背丈ほどの完成した「東京タワー」を前にして悦にいったものだ。

　溶接の光景。直接裸眼で見ると目が台無しになると脅かされドキドキして溶接マスク越しに見えたほのかな光。太い番線を切るときの手応え。番線同士がぶつかり合う

非日常的な金属音。単なる素材でしかなかった番線が組み上げられていくなかで徐々に姿を見せる東京タワー。いま思えば、原風景ともいえるこの経験のなかに、加工の世界があった。いくつものステップが重ねられ、モノがつくられていく。このことを子供心に肌で理解できたものだった。

　この本は取材から最終ゴールまで約1年を費やした。そのあいだ、厚い壁に何度もぶつかり、街中で見かけるクルマが部品＋部品＋部品……といった具合に、まるで組みあがったばかりのジグソーパズルのようにバラけて見えたものだ。

　≪クルマの正体≫を知りたい。そんな妄想に駆られないと、たぶんこうした本の企画を遂行できなかった。へそ曲がりな僕はそんなふうに思っている。

　なお、この本をつくるうえでたくさんの企業やエンジニアの方々にご厄介になった。産業技術記念館、日産ディーゼル研究所の元社長・太田脩二さん、トヨタ自動車・本田技研工業・日産ディーゼルの各広報部、それにKO-KEN、NGK、三菱ふそう、NAGモーター、三和パッキング工業、椿本チエイン、大豊工業、曙ブレーキ工業、しげる工業、神戸製鋼、スズキの坂本昭博さん、同車体設計部の水嶋雅彦さん、富士重工業材料研究、リンクスジャパン、三菱自動車工業広報部、同材料研究部の薄田茂さん、ニフコ、昭和メタル、まりも商会、昭和、NTN、日本発条、トヨタディーラーの整備士の小島利博さん。そのほかにも、試乗会などの都度、材料や加工についてお尋ねした多くの自動車メーカーの技術者と広報の方々に、ここに改めて感謝します。

広田　民郎

自動車の製造と材料の話
目 次

プロローグ―――――――――――――――9
●量産化という難しさ…9●クルマに求められる数々の要素…11●部品の互換性による大量生産はアメリカが先鞭…13●ジグの発明がなければT型フォードはなかった…15●ハイテク機構を低コストで組み込む技術…16

第一章 クルマの製造法―――――――――17

1.クルマづくりを支える工作機械の世界……………………19
●紡織機がそのルーツだった…19●旋盤…20●フライス盤…22●ボール盤と高速度鋼の話…23●研削盤と歯切り盤の世界…25●NC工作機械の登場で、高精度で量産化が進む…27●トランスファーマシンでさらに量産体制…30

2.鋳造技術………………………………………………………31
●鋳造技術とは…31●シェルモールド法の採用…34●アルミの鋳物にはいろいろある…34●鋳造シリンダーヘッドの例…35●PFダイキャスト法で製造したピストンは鍛造を超える…38

3.鍛造技術………………………………………………………39
●勃興期は村の鍛冶屋に限りなく近い自由鍛造…39●6000トンの自動鍛造プレス機の出現…41●生産性が高い冷間鍛造…43●FF化で温間鍛造が注目…44

4.プレスの世界…………………………………………………45
●トランスファープレスマシンとは…45●プレスでつくられるのはボディパネルと足回り部品…47

5.金型の製造……………………………………………………49
●DIEとMOLDの違い…49●トヨタの場合の金型ヒストリー…51

6.機械加工の話…………………………………………………53
●進化してきた機械加工設備…53●主要部品の機械加工…54●機械加工は合わせワザの世界…55

7.ボディの組み付け……………………………………………57
●大切なのは組み付け精度…57●進化したボディ組み付けライン…59

8.溶接の話………………………………………………………61
●ポピュラーなスポット溶接…61●ガスシールドメタル・アーク溶接…62●注目されるレーザー溶接…64●接着…66

9.塗装の世界……………………………………………………68
●回転ディッピングシステム…69

10.パーツフォーマー……………………………………………73
●冷間圧造のメリット…73●パーツフォーマーのモノづくり手順…74●飛躍的に向上した製造速度と省力化でコスト低減…76

第二章 クルマで活躍する機械要素────78

1．ボルト＆ナット……………………………………………………80
●役割と使用法…80 ●ネジの歴史…81 ●締め付け力とは何か…82 ●ゆるみ止め対策…84 ●塑性域締め付け用のヘッドボルト…86 ●量産ボルトは"転造"によるつくり…87

2．ギア………………………………………………………………88
●各種の歯車の特徴…88 ●トランスミッション用ギアの製造…90 ●浸炭焼入れで高い強度を獲得…91 ●ミクロンオーダーの寸法精度技術の秘密…92

3．ばね………………………………………………………………94
●サスペンション用ばねの種類…95 ●動弁系のコイルスプリング…96 ●コイルスプリングの材料と製造…97

4．ベアリング…………………………………………………………98
●ハブベアリングの世界…98 ●トランスミッションのベアリング…101 ●コストを上げないで寿命などの性能アップの努力…104 ●ニードルベアリングの製造…105 ●プレーンベアリングの世界…105 ●究極のトライボロジー…106

5．継ぎ手……………………………………………………………108
●ユニバーサルジョイント…108 ●等速ジョイントの代表バーフィールドジョイント…110 ●ステアリングにも等速ジョイントが採用される？…112

6．ガスケット…………………………………………………………113
●ガスケットの定義と分類…113 ●ヘッドガスケット…114 ●グラファイト製ガスケットからメタルにバトンタッチ…115 ●メタルガスケット100％の時代に…116 ●量産にこぎつけるまでの数々の苦労とは…117

7．タイミングチェーン………………………………………………119
●タイミングチェーンの復活…119 ●ピッチ8mmのオリジナルデザインでチェーン全盛時代を再現…120 ●ディーゼルエンジンのブッシュタイプチェーン…122 ●圧倒的に静かなサイレントチェーン…123 ●緻密なモノづくり…125

8．ベルト……………………………………………………………127
●補機ベルト…127 ●タイミングベルト…129

9．樹脂ファスナー……………………………………………………130
●基本ファスナーの種類…131 ●樹脂ファスナーの新しい動き…134

第三章 クルマの素材──────────136
●クルマに使われる金属素材…136 ●クルマに使われる非金属素材…138 ●金属の表面処理…138 ●メッキによる質の向上…140

1．鋼板・鋼管………………………………………………………143
●熱間圧延鋼板と冷間圧延鋼板…143 ●高張力鋼板は安全性・軽量化・高剛性の切り札…145 ●複合組織型鋼板…146 ●鉛を追放しつつある燃料タンクの鋼板…147 ●鋼管…149

2．鋳鉄のいろいろ……………………………………………………151
●ねずみ鋳鉄…151 ●球状黒鉛鋳鉄…152 ●合金鋳鉄…154

3.ステンレス鋼 …………………………………………155
　●多くの種類を持つステンレス鋼…156●ステンレス鋼は大別すると3種類…157

4.特殊用途鋼 ……………………………………………159
　●エンジン内部で活躍する耐熱鋼…159●スーパーアロイ…160●快削鋼…161●軸受鋼…161

5.焼結金属 ………………………………………………162
　●焼結金属の製造法…163●新しい焼結技術の登場…164

6.アルミ合金 ……………………………………………165
　●アルミ合金鋳物…165●アルミ合金ダイキャスト…166●アルミの展伸材…167

7.マグネシウム合金 ……………………………………170
　●地球上に広く分布する豊富な金属…170●ポピュラーな合金になる可能性…172

8.チタン合金 ……………………………………………173
　●コストとの闘い…173●チタンの物性とは…175●チタンの種類…176●バイクのマフラー用として量産化…176

9.樹脂 ……………………………………………………178
　●リサイクル性が高い熱可塑性樹脂が主流…179●エンジニアリングプラスチックスの世界…183●用途を広げるスーパーエンプラ…186●樹脂の特性を生かしたさまざまな成形法…188

10.ゴム …………………………………………………191
　●天然ゴムと合成ゴム…191●各種ゴムの特徴と使用例…193●ゴムの製造法…199●ゴムと樹脂のあいだの物質…199

11.ガラス ………………………………………………201
　●合わせガラスや機能付きガラスの登場…202

12.ファインセラミックス ………………………………204
　●セラミックスの脆弱性と特異な特性の関係…204●意外に多いクルマでの使用例…205●ピエゾ効果もファインセラミックス…207

13.複合素材 ……………………………………………209
　●FRPとCFRP…209●FRM…211●ケブラーの複合材…212

14.植物由来の樹脂部品 …………………………………213
　●グラスファイバー並みの竹の引っ張り強度…213●トヨタで開発する植物由来の樹脂…216

15.ブレーキ用摩擦材 ……………………………………218
　●摩擦材の成立要素…219●マーケットで異なる摩擦材の中身…220●ブレーキパッドの製造…221

16.遮音材と吸音材 ………………………………………223
　●軽量化が今後の課題…226

巻末資料 ……………………………………………………228

装幀：藍　多可思

プロローグ
クルマの量産とは

　よく言われているように、1台のクルマは2万点から3万点もの部品で成り立っている。
　構成部品数200万点といわれる航空機には及ばないものの、個人所有の機械製品としては頂点に立つ存在である。クルマの種類が飛躍的に増え、日本ではライフスタイルに合わせてクルマを選択する時代になったが、地球上には、これから夢のモータリゼーションを実現しようと準備しつつある地域がまだまだある。かつて日本人が憧れたクルマ社会の到来を待ちわびている人々が地球上にはあふれている。自動車メーカーから見れば、今後自動車が大量に販売できる地域として中国やインドのほかに、アフリカ諸国もそのあとに控えている。

●量産化という難しさ

　発展途上地域では、自前の自動車産業を構築するのは難しい。中国などは、かつて日本の自動車メーカーがやったように始めに技術供与を受け、徐々に自前でモノづくりを展開し、自国での自動車の生産に結びつけるビジョンを掲げているが、世界的に通用する自動車を量産することはそう簡単なことではないだろう。
　1台とか2台といったごく少数のクルマをつくることと、月に数千台、数万台という量産化はまったく別の話。単純に2万点の部品というが、鉄部品、非鉄部品、ゴム、塗料、化学製品、繊維、摩擦材、セラミック、ガラス、合成樹脂など大雑把な勘定でも50以上の素材アイテムがある。
　鉄素材だけでも普通鋼、特殊鋼など細かくいえば20以上もあり、トータルの素材でみれば星の数ほどにものぼる。こうした大量の部品をまとめ上げ高い品質、安い価格の製品をつくり上げる重構造のモノづくり社会を構築するのは一朝一夕には出来ない

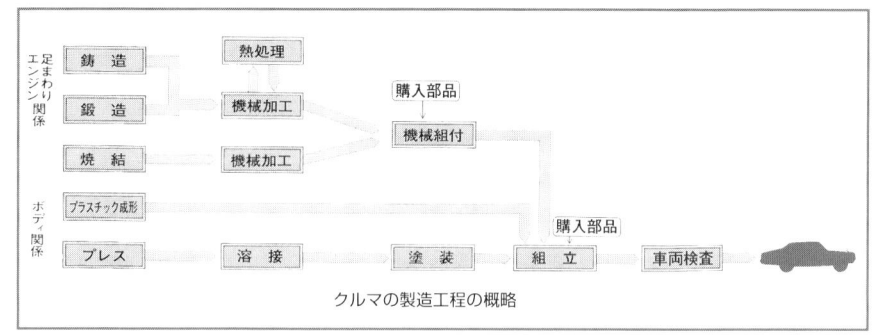

クルマの製造工程の概略

材料と自動車部品・金属

材　料	自動車部品
銑鉄	シリンダーブロック
普通鋼	車体、フレーム、車輪部品
特殊鋼	ギア類、アクスルシャフト、クランクシャフト
銅	電装品、ラジエター
鉛、錫、亜鉛	エンジンメタル類、ハンダ、装飾部品
アルミニウム	エンジン部品、ホイール
貴金属	排ガス浄化用部品
ばね鋼	スプリング
特殊合金	ベアリング
その他の非鉄金属	マグネット類、メッキ類

からだ。

　たとえば、ヘッドガスケットをつくる工場を例にとると、月に20万枚とか30万枚と大量に生産されている。ガスケットには水穴、オイル穴、燃焼室を形成するボアの穴、それにヘッドボルトが貫通するボルト穴など50以上の穴がある。この穴位置に0.5mm狂いがあっただけで取り付け不能や水漏れ、ガス漏れなど不具合が起きる。ガスケットなどはまだ寸法公差が比較的大雑把なほうで、クランクメタル、カムシャフト、バルブリフターになるとミクロンオーダーの緻密な寸法管理が必要となる。メタル幅や厚さが正確でないと、エンジンに不具合が生じるし、たとえ異音なしに回ったとしても燃費が悪化するし信頼耐久性もダウンする。

　エンジン1基は約200もの部品で成り立っているが、自動車メーカーがつくるエンジン部品は、例外こそあれクランクシャフト、コンロッド、シリンダーヘッド、シリンダーブロックの四つだけだ。ピストン、カムシャフト、オイルポンプ、ウォーターポンプなどエンジンになくてはならない基盤部品はむろんのこと、オルタネーター、スターターといったエンジン補機部品は、それぞれ部品メーカー(サプライヤーともいう)からの購入品である。

　クルマのうち約70％がサプライヤーからの供給部品とされている。自動車メーカーというのは、部品メーカーが300〜400社、下請け孫請けまで入れると1000に近い工場の支援で成立している。自動車メーカーは≪クルマをつくっている≫ことには間違いがないが、サプライヤーの協力でクルマをつくり上げる総合商社的なモノづくり集団でもあるのだ。

●クルマに求められる数々の要素

　クルマの品質性能に関して例を挙げてみると、安全性、燃費、動力性能、操縦性、乗り心地、ブレーキ性能、静粛性、空調性能、エンジン、トランスミッションの冷却性能、寒冷地特有の凍結対策などの性能、排ガス性能、各部の操作性能、軽量化、省資源化などがまず思い浮かぶ。

　こうしたクルマづくりへの要望、パラメーターは、ともすれば相反する事項となる。たとえば、軽量化を進めれば確かに省資源となり、動力性も向上し、燃費も向上するが、安全性や信頼性が損なわれる恐れがある。単純に操縦性を高くするためにダンパーの減衰力をあげれば乗り心地を悪化させることになる。そこで、高い次元でのチューニング、相反する要素を消し去るために新しい技術の導入や新素材の投入の余地が残され、テクノロジーの進化が起きる。しかし、テクノロジーの進化はともするとコストアップにつながることが多いので、市販車である以上、コストに見合ったクルマづくりを忘れることは許されない。

　自動車を企画し設計して、量産にこぎつけるまでには、さまざまなハードルを越えなければならない。技術進化の歴史は、こうした相反する要素・性能を両立させるために、機構やシステムが複雑化したことも少なくない。低速領域と高速域とでは異なる要求を満たす必要があるから、両立させるには可変機構を導入する必要がある。当然、それにつれてコストがアップする。それを補ってきたのが量産化や生産効率の向上によるコストダウンなどである。部品点数が増えても、そのコスト増大分を吸収する努力がなされたことで、性能アップが図られたのである。

　とにかく、自動車メーカーのそれぞれの担当部署が管轄する品質性能

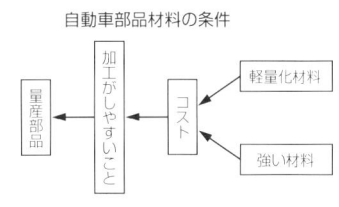

自動車部品材料の条件

材料と自動車部品・非金属

材料	自動車部品
ゴム	タイヤ、各種シール部品、防振用部品
塗料	装飾用、防錆用塗料
化学製品	不凍液、エンジンオイル、トランスミッションオイル、ブレーキオイル
繊維	シート、内張用、安全ベルト
木材	トラックの荷台
摩擦材	ライニング、フェイシング、ガスケット
セラミック	スパークプラグ、エレクトロニクス部品、センサー、排ガス浄化用部品
ガラス	窓ガラス、ミラー、前照灯
皮革	シート、パッキング
合成樹脂高分子材料	ステアリングホイール、バンパー、ラジエターグリル
その他複合材料	照明機器、電線、光ファイバー
	スターター、オルタネーター、メーター類
	エアコン、クーラー類
	ラジオ、ステレオ
	ポンプ類など機械加工部品
	バッテリー
	搭載工具類

現在のエンジン製造ライン

ボディ製作ラインの溶接作業

だけでも大枠で200項目、細分化すれば1500近くにもおよぶ評価項目がある。これらを高い次元で満たして、はじめて商品化されるのである。

現在のように燃費を良くすることと安全性を高めることなどが性能向上とともに強く求められるようになると、新しい材料を積極的に使用していかなくてはならない。この場合、重要なのが①軽量化、②耐久信頼性の向上、③コスト、④加工のしやすさである。

軽量化は、燃費節減要求が強くなったことなどで、重要度が増している。エンジンの場合は軽量コンパクトにすることで車両の運動性能に貢献するだけでなく、衝突安全性を確保するためにもエンジンの周囲に空間を設けて衝撃吸収によって乗員の保護を図らなくてはならない。シリンダーブロックが鋳鉄製からアルミ合金にな

アイゾット衝撃試験機

振り子の先端に付いたハンマーで試験ピースに衝撃を加え、材料の靱性、脆弱性を測る。

アムスラー万能試削機

引張り、曲げ、圧縮などのテストができる試験機。チカラを加え、試験ピースの示す抵抗値を測り試料の機械的特性を求める。

1935年頃の設計ツール

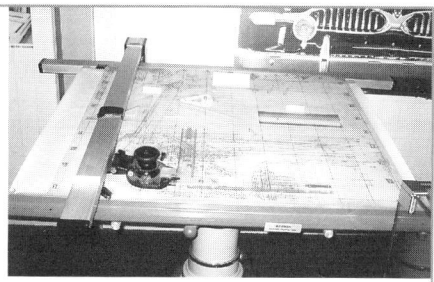
1955年頃の製図板

り、吸気マニホールドに樹脂が使用されるようになったのも、こうした要求に応えるためである。

また、新しい材料を使用する場合は、車両の寿命と同程度の耐久性があることが望ましい。軽量化や耐久性で優れていても、コストがかかるものであっては積極的に使用するわけにはいかない。高級車など、ある程度コスト的に余裕のあるものでは多少のコスト高は許されるので、少量生産の段階で使用し、その間に量産してコスト削減を図るのが常道で

1980年代になると、CADやCEMなどの導入により設計のあり方が大きく変わってきた。

ある。最後の問題は、加工のしやすさである。樹脂製マニホールドも加工技術が進化したことで使用することが可能になった。また、アルミ合金の場合は溶接などがむずかしいので、ボディの材料として採用するのは問題がある。しかし、技術革新のブレークスルーによって、使用することが可能になる。軽量化に対する要求が高まれば、技術的な進化を果たすための多くのエネルギーが使用される。

●部品の互換性による大量生産はアメリカが先鞭

自動車をつくる過程はすべて自動化され、人の手を借りる場面はわずかしかないように見える。たしかに量産化に乗せてしまえばロボットやトランスファーマシンといった量産化の機械が活躍するが、そこにこぎつけるまでの設計や試作段階では想像以上に、アナログ的世界の面も少なくない。これではダメだ、あれならどうだと人の手による泥臭い努力が払われている。

ところで、自動車だけでなく工業製品の量産化のルーツはアメリカ合衆国であ

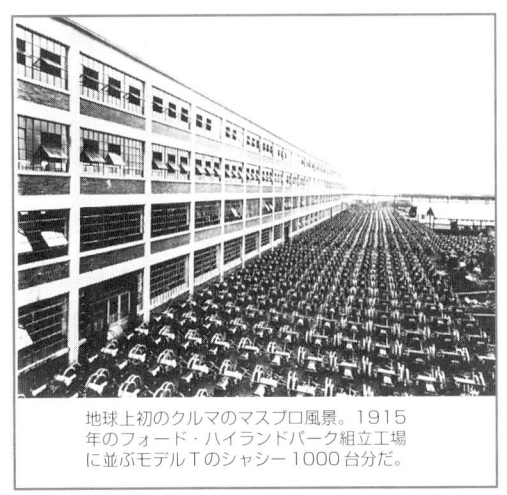
地球上初のクルマのマスプロ風景。1915年のフォード・ハイランドパーク組立工場に並ぶモデルTのシャシー1000台分だ。

る。世界に先駆けて工業製品の量産化を成功させ、その後そのモデルがヨーロッパや日本に逆輸入されていく流れである。

地球上にはじめて製品の量産化・大量生産を成し遂げたアメリカ。その社会背景を探ると、広大な土地を耕したり、牧場を開拓する人はいたがヨーロッパのように職人が身近に存在しなかった。丸太小屋を建てるにはノコギリや斧、金づちが必要だし、農作物を育てるには鍬やスコップなど農耕機具が必要だった。それにその収穫物を街に運ぶための馬車も必要だった。鍛冶屋などわずかな職人はいたが、ほとんどのものを自分たちの手でつくり上げなければならなかった。

アメリカという広大な土地で自動車より先に量産化・大量生産が成功したのは、刈り取り機とミシン、それに拳銃だった。とくにミシンは1861年に始まった南北戦争(Civil War)で兵士が着用する軍服づくりの上でアメリカに根付いた工業製品のひとつで、そのミシンを動かした女性の社会的な地位も向上させる働きをしている。農作業に必要な刈り取り機と作業用の丈夫なズボンすなわちジーンズ、そして荒野で身を守る拳銃の量産が至急だったのである。共通したのは「互換式の生産方式」である。互換式というのは、部品の互換性のことである。いまでは互換性のほうが常識でごく当たり前ではあるが、19世紀中ごろのイギリスでは互換式というコンセプト自体が存在しなかった。

ヨーロッパ人がはじめて「互換式」という概念を知ったのは、1851年のロンドンのハイドパークでおこなわれた第1回万国博覧会においてだった。ヴィクトリア女王の夫君であるアルバート公が中心になり成功さ

現代のプレス工程

せ、水晶宮と呼ばれる鉄骨ガラス張りの世界初の建物で人々を驚かせたあのイベントである。ちなみに、アルバート公の業績をたたえて、いまもハイドパークの片隅に当時の博覧会のプログラムを手にした銅像が立っている。

アメリカのパビリオンでは、マコーミックの草刈り機、サミュエル・コルト銃と呼ばれる小銃、ロビンズ・ローレンス社のライフル銃などが展示されていた。ライフル銃の展示場には、6丁のライフルが置いてあり、それらの部品がごちゃごちゃと並べられていた。アメリカ人の担当者が、その場でこれらの部品を組み付け、6丁のライフルを瞬く間に組み立てたのである。

各部品はみな互換性を持っていたので、何の迷いもなく組み立てることができた。当時のヨーロッパでは、部品の互換性がなかったため(職人がいたのでとくにその必要性がなかった)、たとえばボルト1本取り外し他のボルトと混ぜ合わせると、取り返しがつかなくなっていたのである。だからその場の見物人は、まるでマジックを見るように、ライフル銃の組み立てを眺めていたという。

見物人のなかに軍人がいて「こいつは事件だ。これならライフルが戦闘中に故障してもその場で修理できるぞ」と目を輝かせたという。

互換性というコンセプトは、のちのヘンリー・フォードのクルマづくりにも活かされ、クルマの大量生産へとつながるのである。

●ジグの発明がなければT型フォードはなかった

この互換式の大量生産方式を成立させるうえでいくつかのキーワードがある。

すぐれた工作機械の発達、品質管理、作業の効率化を支える人間行動学、機械工学、経済学、心理学など多岐にわたる。ここでは互換性の大量生産方式を成功させる上で欠かせないジグについて考えてみる。

ジグは英語でJIGであるが日本語で「冶具」という漢字2文字を当てている。デモクラシーを民主主義と和訳したほどの見事な訳である。ジグというのは、機械加工など工作物の加工位置を正確にしかも容易に定めるための「補助用具」のことである。ジグを使うことで、あらかじめのケガキ作業が不要となる。さらに、ジグを用いることで互換式部品の製作が可能となり、仕事を単純化し、間違いを劇的に少なくし、のちの大量生産に進む条件を準備した。

ジグの発明のすばらしさを理解するためには、実際工作で試してみるといい。たとえば、穴をあ

AA型乗用車(1936年)のフェンダーをボディに取り付ける際、こうしたジグにシャコマンで固定して溶接した。

けるときにあらかじめ正確な位置に穴をあけたジグを準備し、加工物の上にこのジグを載せ、そこにあけてある穴を案内としてドリルを通せば、寸法を面倒なケガキでいちいち刻むことなく正確な穴をあけることができる。女性が洋服をつくり上げるときに使う「型紙」もこのジグの仲間である。

正確なモノづくりには正確に寸法を測定したり、その寸法がつねに正しいかどうかを確認する機器も必要となった。マイクロメーター、ノギスなどの測定機器、それを支えるブロックゲージ(寸法の原器)なども大量に上質のモノをつくり続けるうえで必要不可欠なものである。

●ハイテク機構を低コストで組み込む技術

21世紀の現在、少し前ならレーシングカーでないと見ることができなかったハイテク機構が100万円前後で手に入る軽自動車やコンパクトカーにも採用されるようになった。

4バルブDOHCばかりか、電子制御されて、さまざまな可変システムが採用され、エンジンは複雑になっている。かつては高級車やスポーツカーでないとお目にかかれなかった先進の機構が惜しげもなく安いクルマに採用されている。

こういうシステムを、もしモータースポーツ草創期のレーシングドライバーが時空を越えて眺めたら、驚きのあまり声も出ないに違いない。当時では「ありえない最先端テクノロジー」が普通の安いクルマに採用されているのである。

トランスファーロボット

戦後約60年の歴史を持つ日本の自動車生産技術を振り返ってみると、その時代の課題を克服する先端のテクノロジーを開発し、まず高級車などお金をかけられるクルマやコスト意識を無視したレーシングカーに採用して学習し、信頼耐久性を高め、さらに量産化技術を組み込み、大衆車や軽自動車など安いクルマへ移行するという手法だった。その結果、クルマの商品価値が高まり、消費者の購買意欲をあおり、次なる新技術投入のニューモデルづくりが可能となっていく。

このモノづくりとユーザーへの訴求力アップ連鎖を上手くやった自動車メーカーが成功を収めることができる。マスプロダクションの成功の黄金律ともいえる。この法則はますます強固な掟になっている。

第一章
クルマの製造法

この章では、自動車やバイクのモノづくり世界で展開される加工がテーマである。

クルマ部品の加工を考えると、たとえば鋼板という素材をプレス・マシンで加工し、フェンダーやドアのカタチにする。プレス・マシンがきちんと機能するためには正確な金型をその前につくらなければいけない。プレスされた鋼板は溶接やリベット、あるいはボルトなどで組み付けられる。

組み付けられ、カタチになったドアパネルは下塗り、中塗り、上塗りなど防錆処理から塗装工程を経て、完成に近づく。なかには熱処理、メッキ、表面処理などでより強くあるいは美観を高める処理をおこなうこともある。

ドアパネルには樹脂製部品などの鉄以外の素材部品との結合もおこなわれる。結合技術としては溶接だけでなく、接着、ボルト止め、樹脂ファスナーによる接続、部位によってはリベット止めなどがおこなわれる。

VWのエンジン組み立て工程（カッセル工場）

手前にクランクシャフトがスタンバイしている。

金属材料の加工法

種類	機構	加工法
変形加工	流動変形	鋳造
	塑性変形	塑性加工（鍛造、引抜き、絞り、転造など）
付着加工	溶融	溶接、溶射、盛り金
	凝着	鍛接、圧接、接着
	拡散	焼結
	析出	めっき、電鋳、蒸着
除去加工	切削	切削、研削、研磨、手仕上げ
	脆性破壊	超音波加工、繰返し衝撃加工
	溶融・蒸発	放電加工、レーザー切断
	溶解	電解加工

　加工方法をどのように工夫すれば高精度の部品を能率よくつくれるか。これは古くて新しい課題であり、周辺技術の進歩や社会の変化に合わせながら、技術を開発して課題を解決している。

　クルマやバイクの場合、ひとつの部品につき何千、ときには何万という膨大な数をつくる世界である。そのためには寸分の狂いもないものをつくり上げなければいけない。たとえばドアの取り付けボルト穴が1mm狂ったとする。1mm狂えばドアのヘリでは数mmの狂いとなり、ドアを閉めようとしてもきちんと閉まらなくなるし、閉まったとしても段差ができたクルマなどいまどき誰も買ってくれない。

　ジグと呼ばれる補助用具が発明されることで、機械加工の際の工作物の加工位置を容易にかつ正確に定めることができるようになった。

　たとえばブロックゲージ。焼入れした炭素鋼製の直6面体ブロックであるブロックゲージは、刻まれた寸法値どおりに2面間の距離が高精度に仕上げられている。1組103個のブロックの組み合わせにより0.005mm刻みで1mmから200mmまでの寸法が得られ、日常使用できるもっとも精度の高い標準尺度であり、他の測定工具の精度補正や比較測定のための標準寸法に使われる。

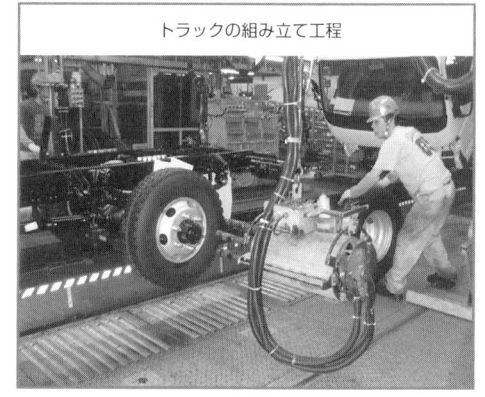

トラックの組み立て工程

1. クルマづくりを支える工作機械の世界

　機械加工とは、工作機械を使って工具(刃物や砥石)で金属を切ったり、削ったりして目標とするカタチと寸法、表面精度の製品を獲得する加工方法だ。
　あまり知られていないことだが、日本の自動車づくりの機械加工技術のルーツは、紡織機の製造から始まるともいえる。紡織とは植物から取り出した繊維を紡ぎ、織ること。
　この営みは古代からあった技術だが、18世紀のイギリスで起きた産業革命がキッカケで機械による紡織、つまり紡織機が発明され、繊維機械産業が勃興する。この技術が明治初期に日本に伝わり、豊田佐吉をはじめとする発明家兼パイオニアが試行錯誤を重ねながら苦心の末に、より使いやすい機械紡績装置を開発。1937年(昭和12年)には、紡織の国産化を背景に日本の綿紡績設備が世界の頂点に達している。

トヨタ自動織機でつくられたG型自動織機
この完成によって世界水準に達し、自動車メーカーへの展望を開くことができたのだ。

●紡織機がそのルーツだった

　たとえばトヨタ自動車を例にとると、トヨタ自動車の創業者である豊田喜一郎(豊田佐吉の息子)は、大正15年に豊田自動織機製作所が設立された当初から工作機械の役割を重視して専用工作機械を導入。機械加工精度と生産性の向上をはかって高性能な自動織機や紡績機械の量産を実現している。さらに、自動車事業への進出のため、高精度な輸入工作機械を購入し、紡織機を製造しながら、精密加工のトレーニングをおこなっている。社内の工作機械製作能力を高め、必要とする工作機械を製作して、基礎からの自動車生産技術を築きあげていった。自動車部門の設立にともなって工作機械製造部門が設けられ、これが後に独立し豊田工機となり、幅広く機械製造業の進化に貢献している。

クルマやバイクをつくり上げるのは工作機械であり、「マザーマシン」ともいわれる。工作機械の種類は多数あるが、その代表的なものとして旋盤、フライス盤、ボール盤、中ぐり盤、研削盤、ブローチ盤などがある。そのいくつかをごく簡単に説明しておこう。

● 旋盤

工作物に回転を与え、おもにバイトで外丸削り、中ぐり、突っ切り、正面削り、ネジ切りなどができる工作機械の代表選手である。写真にあるように、横長の機械で、ベッド、主軸台、心押し台、往復台、送り機構から構成され、機械の大きさは通常心間距離で表され500mmから5000mmぐらいのものである。刃物はバイトと呼ばれ、バイトで削ることを旋削(せんさく)という。

バイトにはたくさんの種類がある

旋盤のなかにも普通旋盤、卓上旋盤、倣(なら)い旋盤、多刃旋盤、タレット旋盤、自動旋盤など細かく種類分けすると20以上もある。

普通旋盤というのは旋盤のなかでごく一般的なもので、単に旋盤といえば、これを指す。普通旋盤は、多品種少量生産工場、試作工場、ジグ工具工場、修理工場などで使われることが多い。工業高校や専門学校で実習時間に旋削の基本作業を学ぶのに使われるのもこの普通旋盤である。

卓上旋盤は、計器や時計といった小さな工作物を加工するときに活躍する旋盤で、通常作業台に取り付けて使う。全体の仕組みは普通旋盤と同じだが、往復台の代わりにベッドに固定して使用する刃物台を持ち、バイトはレバー操作などで横送り、縦送りされる。

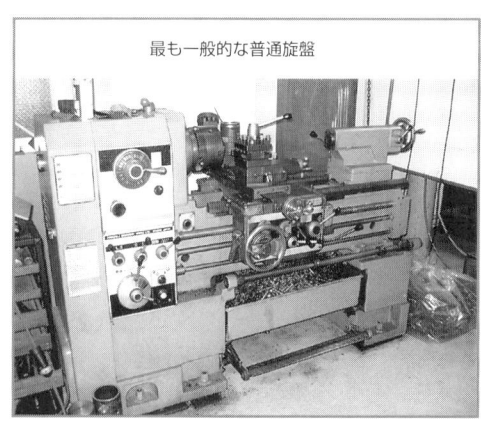

最も一般的な普通旋盤

倣い旋盤は、型板や模型にならって刃物台が自動的に切り込み、送り運動によって工作物に型板、もしくは模型と類似の輪郭を削りだす作業をする旋盤のこと。この削り作業のことを「倣い削り」という。倣い削りは普通旋盤に倣い削り装置を追加しても可能だが、倣い旋盤は型板、模

型の取り付けや調整がやりやすくできており、あるいは送りが自動的にできるので、切りくず(切子)の処理がやりやすく大量生産に適している。それに作業の1サイクルごとに素材を1個ずつチャックに送り込むマガジン装置をつけることで、さらに省力化ができる。

多刃旋盤は、そのものずばりバイトの数が複数の旋盤のことだ。段つきの多い工作物や削り代の多い工作物は1本のバイトで何回も削るのでは効率が悪い。そこで、数本のバイトを刃物台に取り付け、各バイトが同時に切削をおこない効率を高めた旋盤のこと。多刃旋盤単独のことは少なく、自動旋盤やタレット旋盤などにこの多刃削り機能が付いている。

タレット旋盤は、数工程を要する加工に必要な各工具を、旋回割り出しのできる刃物台に順次取り付け、刃物台が1回転するあいだに加工が終わるようにした旋盤をさす。同一部品の中量生産に適しており、自動サイクル(自動送りを繰り返す)のできるタイプや全操作が自動的にできるものもあり、大量生産に用いられる。

自動旋盤は、旋盤作業の操作を自動的におこなうもので、これにも10数種類がある。たとえば「棒材作業用単独自動旋盤」は、長い棒状の材料を主軸の後ろから供給し、同一の製品を次々に加工しては切り離すもので、各部の作動はカムによっておこなわれる。

1940年代に活躍したトヨタ製のE型旋盤は名古屋の産業技術記念館で見ることができる。これは、トランスミッションのカウンターギアなどの小物部

切子(切りくず)

1954年トヨタ自動多刃旋盤

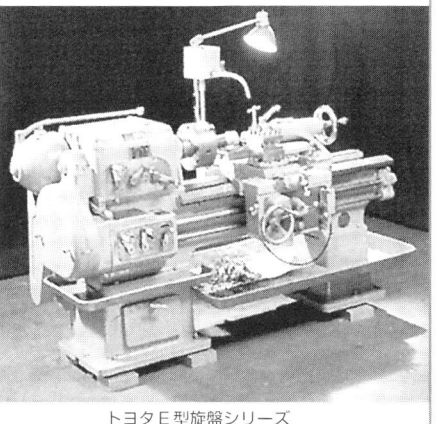

トヨタE型旋盤シリーズ

品の外径部を削るもので、小型の旋盤。当時は万能タイプの大型の旋盤が多数派を占めていたが、トヨタでは用途別に対応した自動車部品用の各種旋盤をシリーズ化しており、E型はそのひとつだ。

このE型は工場生産用のものだ。操作性を重視したシンプルな設計で、工作精度や経済性で評価されている。1937年から生産が始まり、1944年までに計61台がつくられている。

●フライス盤

フライスとはフランス語で「金属を切削する円筒状の回転式刃物」であり、英語ではミリング・カッター(Milling Cutter)という。このフライスを使って平面削りや溝削りをおこなう工作機械がフライス盤である。

フライスは数個の切れ刃を持ち、回転する切削工具で、各刃が次々に工作物を削る。フライスを主軸に取り付けて切削運動である回転を与え、工作物をテーブルに取り付けて送り運動を与える。位置決め運動は主軸でおこなうタイプと、テーブル側でおこなうタイプ、主軸側とテーブル側との両方でおこなうタイプがある。

フライス盤には、主軸の向きにより、横型、縦型、可変型(万能型ともいう)があり、テーブルの支え方で分類すると、ひざ型、ベッド型に分かれ、用途で分類すると、汎用フライス盤、専用フライス盤がある。

このほか名称により、横フライス盤、万能フライス盤、立てフライス盤、卓上フライス盤、ならいフライス盤、万能工具フライス盤、生産フライス盤、ねじフライス盤、NC(数値制御)フライス盤などがある。

横フライス盤は、主軸が水平になっているひざ型フライス盤で、平フライス加工、側フライ

1938年アルフレッド・ハーバート社製V立フライス盤

現在使用されている典型的なフライス盤

ス加工、組み合わせフライスなどの工作物の上面加工のほかに、正面フライス加工、エンドミルによる工作物の側面加工もできる。さらに、メタルソーを使うことで切断作業、割出し台(テーブルの上面に取り付け工作物の角度を割り出す装置。英語でDividing Head)や各種の付属装置と組み合わせ、かなりバラエティに富んだ工作もできる。

　万能フライス盤は、横フライス盤のテーブルが水平内で旋回できるもので、テーブルの旋回はサドルとテーブルとの中間にある旋回台でおこなう。万能フライス盤のメリットは、ねじれ溝の加工など横フライス盤よりも広い範囲の作業ができ、二重に旋回できる主軸頭を持つ。

　立てフライス盤は、主軸が垂直になっているひざ型のフライス盤のこと。おもに正面フライスによって工作物の上面を加工したり、エンドミルで溝加工や工作物の側面を加工する。また、ボーリングヘッドというアタッチメントを付けることで中ぐり加工もできる。

　生産フライス盤は、多量生産に適するように横フライス盤、立てフライス盤などの汎用フライス盤より構造をシンプルにし、主軸などの各部の剛性を高め作業を自動的におこなうことができる。

●ボール盤と高速度鋼の話

　おもにドリルを使って穴あけ加工をする工作機械がドリル盤である。もっともポピュラーな「直立ボール盤」を例にしてボール盤の構成部分を説明しよう。

　機械のいちばん下にあり床面に取り付けられるベースの上に立ち主軸頭などを支える柱をコラムという。主軸を支え主軸の駆動装置や送り装置を備える主軸頭、さらに主軸を支え主軸の送り装置を備えるスライドヘッド、工作物を取り付けるテーブルなどからなる。ドリルはボール盤の主軸に取り付けられ、回転しながら工作物に切り込んで穴をあける。ボール盤は穴

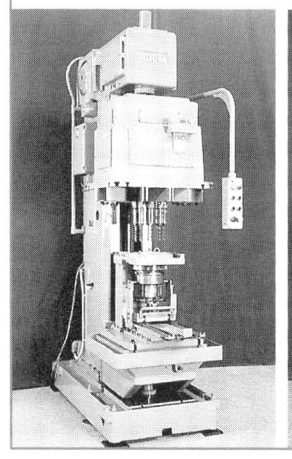 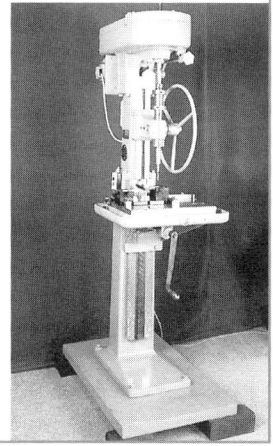

1972年トヨタNND多軸ボール盤　1941年トヨタ直立ボール盤

あけだけでなく、リーマ仕上げ、タップ立て、ざぐり、深ざぐり、中ぐりなどの加工ができる。

ボール盤の種類は、直立ボール盤のほかに卓上ボール盤、ラジアルボール盤、多軸ボール盤、多頭ボール盤、深穴ボール盤、タレットボール盤、NCボール盤などがある。

卓上ボール盤は、作業台の上にすえつけるタイプで日曜工作などでもよく見かけるタイプ。ドリル径の限界はせいぜい13mmほどだ。

現在の超高速穴あけセルマシン（1996年トヨタ製）

ラジアルボール盤は、コラムを中心に旋回できるアームにそって主軸頭が水平に移動し、工作物を動かさないで大物工作物に穴あけできる。

多軸ボール盤は、多数の主軸を持ち、同時に多くに穴あけができるもので、特定の加工物を大量に加工する工場向けだ。

多頭ボール盤というのは、一つの第二直立ボール盤、あるいは卓上ボール盤のコラムから上の部分を数台並べたもので、各主軸頭はそれぞれ単独に操作される。ひとつの工作物にさまざまな寸法の穴あけをしたり、リーマ仕上げ、ざぐりという作業を連続しておこなうことができる。

名古屋の産業技術記念館にいくと、トヨタ製のD型直立ボール盤を見ることができる。これは1937年にトヨタが製作したもので、シリンダーブロックにディストリビューターを取り付けるための穴をあけるために使用されたという。当時ボール盤は数多く国産品が出回っていたが、加工に高精度と高速が要求される自動車の量産に適

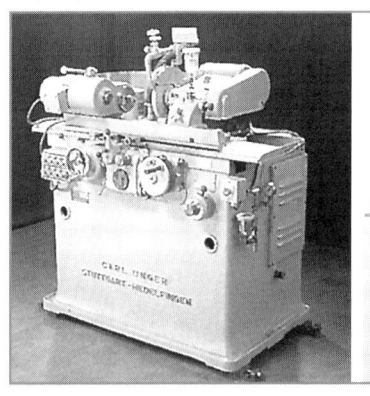

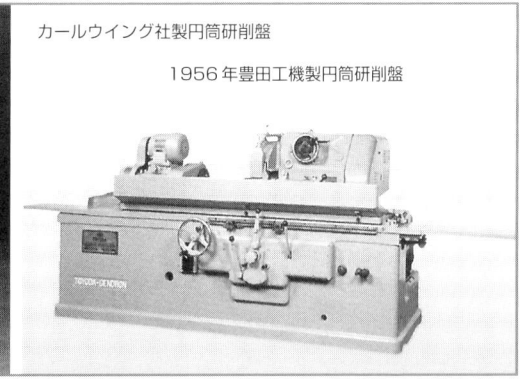
カールウイング社製円筒研削盤
1956年豊田工機製円筒研削盤

したボール盤がほとんど見当たらず、トヨタでは用途別にボール盤をシリーズ化して内製していったという。

こうした工作機械の加工精度と加工速度が飛躍的に向上した背景には、1889年に発明された高速度鋼(ハイスピードスチール：略してハイス)がある。

さらに、1926年にドイツのクルップ社からダイヤモンドのごとく硬いという意味で「ウッディア」という商品名の≪超硬工具≫がデビュー。従来のハイスよりも切削速度、耐摩耗性の向上が実現している。さらに1950年代に入るとアルミナの焼結体が工具として使用され、さらに改良が加えられている。ハイス表面にチッ化酸化処理、化学蒸着、物理蒸着などのハイレベルな表面処理で、さらに切削工具としての寿命や加工速度を高めることができた。

工具に広く使われている物理蒸着というのは、反応イオンプレーティングともいわれるもので、500℃ほどの減圧炉に生成化合物のもととなる金属と反応ガスとをグロー放電でイオン化し、その反応生成物であるTiCやTiNを2〜10ミクロンの厚さで蒸着させる方法。低温のため熱変形が小さいのが特徴。あとで登場する歯切り工具に多用されている表面処理である。

●研削盤と歯切り盤の世界

研削砥石を回転させて工作物を加工することを研削といい、研削盤は研削加工をおこなう工作機械のことだ。研削砥石は、硬い鉱物質でできた砥粒(grain)を結合剤で固めたもので、いわばたくさんの切れ刃が立体的に積み重なっている工具ともいえる。削る量は、フライスにくらべても少なく、微少量の削り取りができるので精密加工に適している。

鋳バリ取りのようなおおまかな作業から、鏡のような平滑な面を得る精密研削まで幅広くできる。切削速度は一般的には2000rpmぐらいだが、4000〜5000rpmという高速研削もある。工作物の形状や加工法により、円筒研削、内面研削、平面研削、心なし研削などがある。

1930年代から40年代では国産に

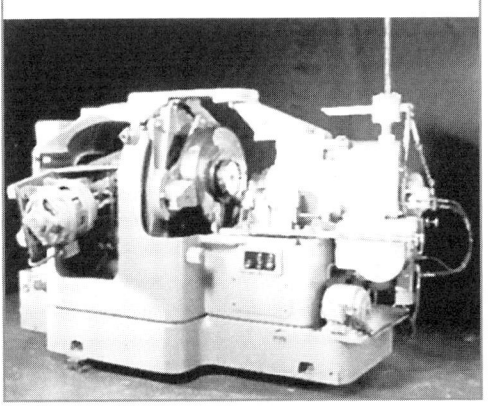

グリーソン社製歯切り盤
デフの重要部品であるリングギアの歯切り用として、アメリカのグリーソン社からトヨタが輸入した加工機械。1930〜40年代当時としては珍しく自動機で、グリーソン歯切り盤の保有台数が自動車の生産能力を表すといわれたほど。

カウンターギアの切削加工
リングギアの歯切り加工
素材（左）と完成品（右）
工具（グリーンカッター）

は優秀な研削盤がなく、トヨタなどはドライブピニオンの外径部を削るのにドイツのカールウイング社製の円筒研削盤を使っていた。大型部品用の研削にはアメリカのノートン社の研削盤だったという。いずれにしろ熟練工がこうしたマシンを使っていた。

- **歯切り盤**

　歯車(ギア)の刃を切り出す加工をする工作機械のことを≪歯切り盤≫という。加工する歯車の種類や歯切りの方法によって歯切り盤にはホブ盤、歯割り盤、ラック歯切り盤などがある。

　工作物と工具との相対運動によって曲線を削りだすことを創成(generating)というが、ホブ盤はこの創成法により歯車を削る工作機械。ホブは、パイナップルのようなカタチをしたもので、円筒状の各部に歯を持つものだ。ホブ盤では、平歯車、はすば歯車、ウォームホイールを加工できるが、特殊な装置を加えることでやまば歯車、内歯車などの加工もできる。

　デフギアの最重要部品であるリングギア(丸い輪形の歯車)の歯切りは刃の位置決め(割り出し)に高精度が要求される。1940年代のトヨタでは、アメリカ製のグリーソン社の歯切り盤を輸入している。

　グリーソン社は歯切り盤の世界では独壇場だった。「グリーソン社製の歯切り盤の保有台数が自動車の生産能力を表す」といわれたほど。非常に高価なもので、中小企業では手が出ない工作機械のひとつだった。

- **ブローチ盤**

　ブローチ(broach：穴あけ錐)という棒状の切削工具を使い工作物の表面や穴の内面

第一章　クルマの製造法

ボーリングマシン

1961年豊田工機製精密中ぐり盤

パラレルリンク型切削加工機（1996年豊田工機製）

ドライブピニオンの研削加工

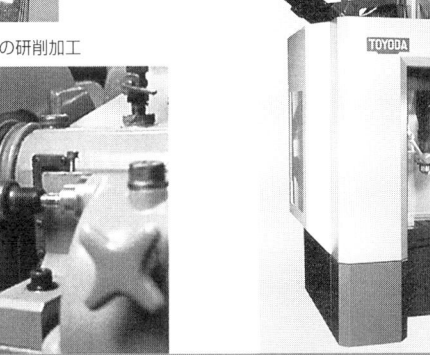

を加工する工作機械である。ブローチで工作物を加工することをブローチ削りという。ブローチは、荒仕上げ、中仕上げ、仕上げと多数の連続した切り刃を持つ棒状の切削工具だ。複雑な形状でも短時間に加工することができ、加工精度が高く均一なので大量生産の世界でよく使われる。

　内面ブローチ盤と表面ブローチ盤の2タイプがあり、内面ブローチ盤は丸穴、キー溝、スプライン穴、セレーション、各種角穴などの加工をおこなう。表面ブローチ盤は、機械部品の外形を能率よく削り出すのに使用され、複雑な曲面の加工だけでなく単純な平面加工もおこなえる。

●NC工作機械の登場で、高精度で量産化が進む

　1980年代の後半になると自動車メーカーのクルマづくりにNC工作機械が導入される。このNCというのは、数値制御（Numerical Control）のことで機械加工に必要な寸法

長尺モノを入れてローレット、中ぐり、ねじ切り、切断などをおこなうNC旋盤。

NC旋盤のコントロール部。

加工プロセスの監視機能やダイアグノーシス機能をもつコンピューターを組み込んだNC旋盤。

や条件などの数値情報を機械に記憶させ、その情報に従って刃物台や加工物固定台を動かし加工するマシンだ。シリンダーヘッド、シリンダーブロックの機械加工などで活躍している。

NC工作機械のテーブル、主軸など各部の動きはX、Y、Z、Wなどの座標系によって表される。制御される座標軸の和により2軸、3軸、5軸、6軸制御などがあり、互いに関連しあって制御される軸数により、同時2軸制御、同時3軸制御などという。

テーブルや刃物台は、精度と効率を高める意味でボールネジが使われ、ころやボールによるスライドレールで案内される。各制御軸は、それぞれ独立したサーボモーターやパルスモーターなどで駆動される。

なお、工作機械における自動制御の対象は、動作順序、バイトやカッターなどの位置、切削速度、送り速度、切削力、研削力、締め付け力などのトルク、それに電流などだ。

最近のNC工作機械は、コンピューターを内蔵し、CNC(コンピューターNCの意味)と呼ばれる。CNC工作機械の機能は工具航跡や速度だけでなく、加工プロセスの監視機能(ひずみゲージや圧電素子のセンサーで刃物の摩耗、欠損、衝突などの状況の変位を感知する)、工作物の識別機能、故障診断機能、加工指示補正機能などが付いている。

・マシニングセンター

マシニングセンターとは、工作物の取替えをおこなうことなしに2面以上について、

第一章　クルマの製造法

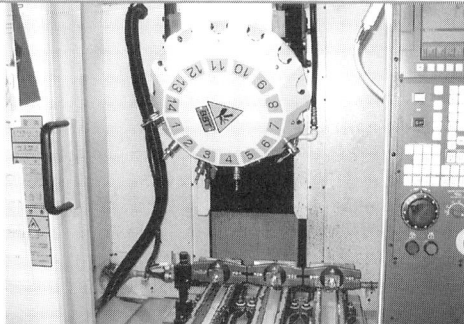

NC旋盤のタレット部
複数の刃物の交換部。

NC旋盤のコントロール部

許容ゲージ棒
片方が入り、片方が入らなければOK。

NC旋盤のチャック部とタレット

それぞれ多数種の加工を施すことができるNC工作機械のこと。たいていは工具の自動交換機能または自動選択機能を持つ。

　マシニングセンターはおもに各型の工作物の加工に適し、面削り、穴あけ、中ぐり、ネジ切りなどの加工ができる。さらにNC円テーブル、NC割出し台などを加えることでカムやインペラーなどの曲面を持つ機械部品の加工ができる。いわば中ぐり盤とフライス

マシニングセンター
金型加工も短時間で仕上げる能力をもつ。

29

盤が合体し進化したようなものだ。

たとえば、1997年に完成した豊田工機製の「TOPセンターE」は、箱型高速化された小物部品量産用のNC加工機である。

上部に8ないし16本装填した自動工具交換装置を備え、主軸の工具を交換しながら、平面切削、穴あけ、中ぐり、ネジ立てなどの加工を高速かつ高精度でこなすことができる。

主軸の最高毎分1万回転の高速切削に対応して、主軸移動の高速化や工具交換時間の短縮を図り、短軸での高い生産性を実現している。汎用性、生産性に加え、付帯する豊富で多様なジグや搬送装置で、フレキシブルで転用性の高い量産ラインが構築できる。

TOPセンターE（1997年豊田工機製）

●トランスファーマシンでさらに量産体制

日本の自動車づくりの世界にトランスファーマシンが導入されたのは、1950年代中ごろのことだ。トランスファーマシンというのは、加工精度の高い自動化された専用の工作機械を自動搬送装置でつないだもので、文字通りオートメーション化のための設備である。高生産性だけでなく、高品質、低コスト、省スペースとなる。

トヨタの場合、このトランスファーマシンは1956年に豊田工機と共同で開発したもので、最初はトラック用直列6気筒F型エンジンのシリンダーブロックのリフター穴加工に導入されている。このトランスファーマシンは当時の通産省の「工作機械等試作補助金」を受けて開発されたもので、日産自動車でも同じ時期にトランスファーマシンが導入されている。

名古屋の産業技術記念館に足を運ぶ

トランスファーマシン

と4Kエンジン（OHV）のシリンダーブロックのボアをボーリング（中ぐり）加工して必要な精度に仕上げる工程（4工程）を見ることができる。この各工程は2軸のボーリングカッター（中ぐり用の刃先を保持する工具）を備え、荒削り2工程、仕上げ2工程で加工する。

第一章　クルマの製造法

2. 鋳造技術

　クルマの生産プロセスは、大きく二つに分かれる。ひとつは、自動車の基本的な走行性能のためのメカニズムであるエンジンや足回り、シャシーの生産工程であり、二つ目は、そうしたメカニズムを支えパッセンジャーの安全を守るうえで欠かせないボディの生産だ。

　このうちでエンジンや足回り部品は、鋳造や鍛造などによる素材の加工、素材の機械加工、熱処理、表面処理、さらには機械加工品の組み付けを経てユニット部品が完成する。ちなみに、エンジンのシリンダーブロック、シリンダーヘッドの鋳造のための溶解から完成まで10時間ほどかかるといわれるし、ボディの場合は、鋼板のプレス加工、溶接によるボディの組み付け、塗装、組み付けの各工程を経て、およそ20時間で完成車となる。

●鋳造技術とは

　鋳造というのは、溶かした金属を砂型や金型に流し込んで鋳物をつくる加工法。鋳物をつくる加工法は、モノの本によると紀元前4000年ごろにさかのぼるという。自動車部品における鋳造製品はかなり多くある。とくにエンジンの主要部品には、大物のシリンダーブロック、シリンダーヘッドなどがある。逆にいえば、鋳造技術なくしてはクルマのエンジンは成り立たないといえる。日本の自動車づくりの歴史を眺めてみると、鋳造の技術革新へのあくなき努力が見られる。

　鋳造の金型には、高温となった溶けた金属に耐えるように砂を用いる、い

溶解炉

流し込み

分　類		自動車部品
金型鋳造	ダイキャスト	シリンダーヘッドカバー、トランスミッションケース、カムハウジング
	重力鋳造	シリンダーヘッド、ピストン、インテークマニホールド
	低圧鋳造	シリンダーヘッド、インテークマニホールド
	高圧鋳造	アルミホイール、ピストン、パワーステアリングラックハウジング
砂型鋳造	生砂	シリンダーブロック、カムシャフト、ロッカーアーム
	シェルモールド法	中子として使用
	コールドボックス法	中子として使用
特殊型鋳造	インベストメント鋳造	タービンホイール、ロッカーアーム、ディーゼルチャンバー
	石膏鋳造	インペラー
	フルモールド法	エアインテークコネクター、シリンダーヘッド

鋳造の種類と自動車部品

わゆる砂型を用いる鋳造がある。この鋳造プロセスには、まず砂で鋳型をつくり上げる「造型」工程と、高温で溶けている金属の溶湯を鋳型に注ぎ込む「注湯」工程がある。

　鋳物に中空部を形成するための「中子(なかご)」と呼ばれる造型も、この工程には含まれる。たとえば、トヨタの鋳造技術を調べると、創業当時の1930年代から40年代にかけて鋳物工場ではエンジンのシリンダーブロックがつくられているが、その頃は造型や注湯に関する技術が未熟だったため、たくさんのオシャカ(不良品)を出してい

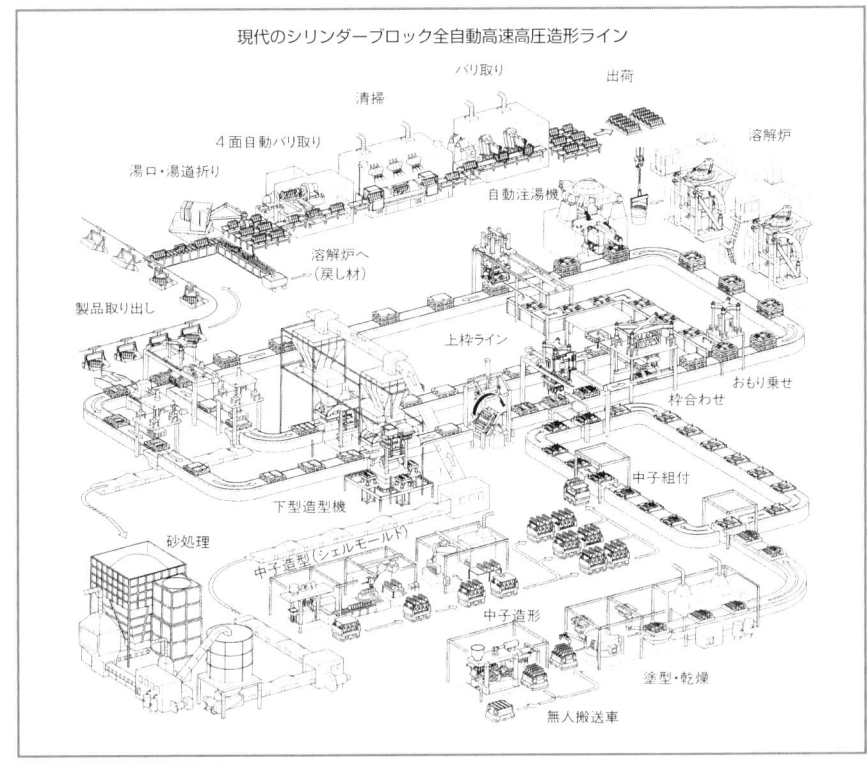

現代のシリンダーブロック全自動高速高圧造形ライン

る。とくに造型工程では中子の造型で苦労したが、浜砂と乾性油とを混ぜた油砂でつくる「油中子」の採用で、中子による不良を解決している。注湯方法も、注がれる溶湯温度測定・管理の工夫など、それぞれの技術的課題を解決し不良品の低減に努力している。

トヨタ自動車初期の頃につくったA型エンジン(1934年)のシリンダーヘッドとシリンダーブロックは、鋳物素材自体が厚肉でごく単純な形状。吸排気のバルブ穴さえ貫通されておらず、機械加工による後作業を要していた。最近のエンジンは、鋳物素材自体が薄肉形状でしかも複雑な形になっており、吸排気バルブの穴をはじめウォーターギャラリー(冷却水路)となる小さな穴まで、中子を用いて造型されている。後の機械加工作業が少なく、そのぶんコストダウンができる理屈である。

こうした贅肉をとことんそぎ落とす手法は、CAE(コンピューター・エイディド・エンジニアリング)の賜物である。CAEは、鋳造のモノづくりでも鋳造の工程での解析(湯流れ、凝固のタイミングを適正化)や、製品となったときの性能向上などを可能にしている。贅肉をそぎ落としての軽量化、

シリンダーヘッドのシェル中子

クランクシャフトと砂型

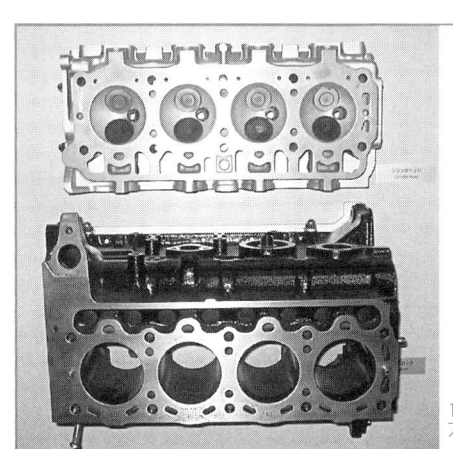

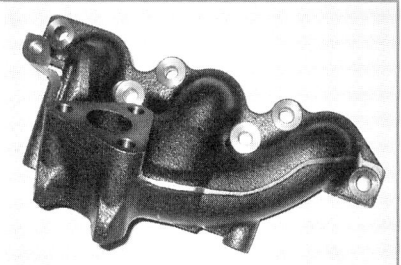

スズキK6Aエンジンのバナジウム鋳鉄のエキゾーストマニホールド。従来の高珪素フェライト系ダクタイル鋳鉄より高温強度が50％向上しコストダウンしている。2002年11月にデビュー後、アルトやワゴンRのターボ仕様に採用。

1980年代のエンジン。シリンダーヘッドはアルミ合金製で、ブロックは鋳鉄製である。

熱負荷、強度、剛性などを満足させる手法として活用されるのである。

●シェルモールド法の採用

　日本のモータリゼーションが発展する1960年代になると、シェルモールドマシンによる中子の生産が始まり、鋳造技術はいっきに進化する。シェルモールド法というのは、1944年ドイツで開発された手法で、熱硬化性樹脂であるレジン（フェノール樹脂ともいう）でコーティングした砂を加熱した金型に充填し砂粒同士を結合させ、硬化させ中子を造型する。これにより中子造型の生産性が高まっただけでなく、鋳物自体の寸法精度が飛躍的に向上した。

　熱硬化性の樹脂であるレジンで固めた砂が、約1400℃の溶けた鉄にさらされればひとたまりもなくカタチが崩れる、と思うが全く型くずれすることはない。不思議である。これは酸素が内部に侵入しないのと、樹脂が燃える熱容量が溶けた鉄の熱容量より高いからだ。

　さらに自動車の需要が拡大するのにあわせ、鋳物砂を叩き込んで造型するサイドスリンガが採用され、造型作業がさらに高速化。また砂込めの高圧化、高速化、中子収めや上下枠合わせの自動化などが進み、注湯も自動化されている。こうした新手法が集大成されたのが、現在も活躍中の全自動高速高圧造型ラインの原型である。トヨタではこの原型は1970年に出来上がっている。

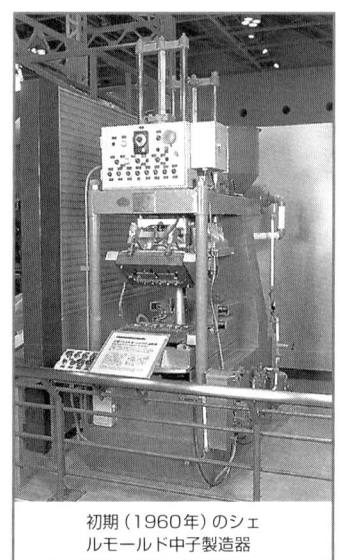
初期（1960年）のシェルモールド中子製造器

　鋳物の寸法精度は、砂型でつくる製品が±0.7mmだとすると、金型鋳造で±0.4mm、ダイキャストになると±0.3mmとされる。ダイキャストが増えている理由がこれで理解できる。ちなみに、専門用語で、鋳造の世界で「正確な形状」のことをネットシェイプと呼んでいる。なお、鋳鉄の種類などについては素材の項で説明する。

●アルミの鋳物にはいろいろある

　アルミニウムは、鉄にくらべ約1/3の重量であり、鉄にくらべ3倍ほど熱伝導性が高いため、エンジンのシリンダーヘッド、シリンダーブロック、ピストン、インテークマニホールド、最近ではオイルパンなどに採用されている。エンジンだけでなく、ミッションのケース、オルタネーターのハウジング、ホイールシリンダー、ステアリング

のギアハウジング、ホイールに使われている。世の中でのアルミの使用例は家屋のアルミサッシや産業機械にも使われてはいるが、アルミ鋳造品に限っては、全体の約3/4が自動車用として使われているほどだ。

アルミ鋳物を製造する方法には、いろいろなやり方があり、それぞれの鋳造法の利点と欠点を考慮しながら、その製品に適した鋳造法が選択されている。同じ素材の製品でも、鋳造法が異なると強度などが違ってくる。最近では高品質化のために高圧鋳造、竪型加圧鋳造法など高密度・高強度の新しい溶湯鋳造法が開発されている。

アルミ合金による鋳造法には、低圧鋳造法、高圧鋳造法、差圧(吸引)鋳造法、ダイキャスト法などがある。

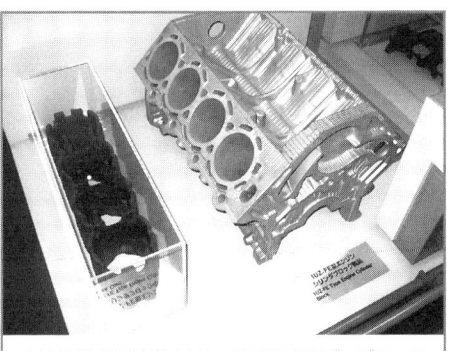

アルミ鋳造法の比較

鋳造法 項目	砂型鋳造	金型鋳造	低圧鋳造	ダイキャスト	溶湯鋳造
生産性	△	△	△	◎	◎
コスト	△	○	○	◎	◎
強度	△	△	△	△	○
熱処理性	○	○	○	×	○
砂中子	○	○	○	×	×
用途	少量生産品、大物品	ピストン、インテークマニホールド	シリンダーヘッド、ホイール	ケース、カバー類	ホイール、ピストン

トヨタのV型8気筒1UZ−FEのシリンダーブロック
吸引鋳造法で成型している。この手法は、1989年からスタートしたもので、減圧した金型内に下からアルミの溶湯を吸い上げる方法。低い金型温度でも金型内のアルミの湯流れがよく、また金型温度が低いので溶湯の凝固時間を短くできる。その結果緻密な組織で高品質なブロックが短時間にできるという。

低圧鋳造法というのは0.2MPa以下での鋳造法をいい、炉内の溶湯を低圧で押し上げて低速で注湯する方法で、中子を使った複雑な形状や均一な組織の緻密性にすぐれた製品に適している。しかも、歩留まりがよいとされる。高圧鋳造法は、組織が緻密で微細化されるため高強度と高い信頼性が強く要求されるホイール(アルミホイール)に多く用いられる。差圧(吸引)鋳造法は、減圧した金型内に下から溶湯を吸い上げる手法で、低い金型温度でも金型内のアルミの湯流れがよく、しかも金型温度が低いため溶湯の凝固も早くなる。そのため、緻密な組織で高品質なシリンダーブロックが短時間で製造できる。複雑で大きな形状のV型8気筒エンジン(レクサスなどのエンジン)がこの鋳造法でつくられている。

●鋳造シリンダーヘッドの例

シリンダーヘッドはたいてい低圧鋳造法でつくるのだが、カム室、吸排気ポート、ウォータージャケットの計四つの中子をあらかじめセットすることになる。使い終

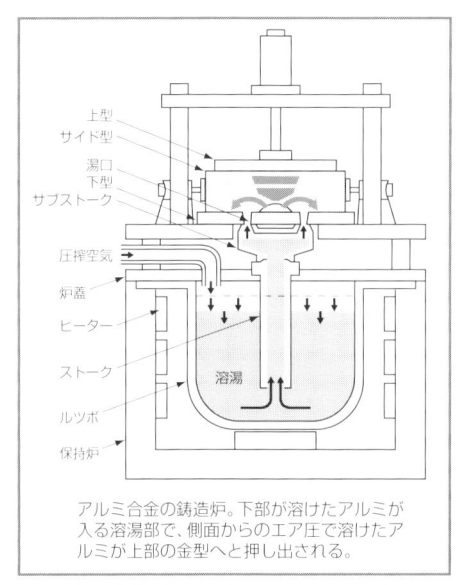

図の部品名（上から）：上型、サイド型、湯口、下型、サブストーク、圧搾空気、炉蓋、ヒーター、ストーク、ルツボ、保持炉

アルミ合金の鋳造炉。下部が溶けたアルミが入る溶湯部で、側面からのエア圧で溶けたアルミが上部の金型へと押し出される。

わったレジン混じりの砂は、中子専門メーカーが回収する。回収されたものをガラと呼び、専用炉に入れレジンを焼き切り、再利用できる粒子の砂だけを再び中子づくりに回す。

砂自体は、たとえばオーストラリアの西海岸にあるパースの近くのパールサンド、ACサンドなどが使われている。砂の粒は150〜210ミクロンぐらいが適当とされ、使用するうちに熱衝撃を受け小さくなり、ある程度小さくなるとダストとしてセメントづくりの素材に活用される。ちなみに、ポートで使う中子の砂は平滑面が必要なので目の細かい砂を用い、ウォータージャケットを形成する中子の砂は取り出しやすいようにやや粗めの砂を使用するという。

ここでスズキの3気筒軽自動車アルミエンジンK6Aのアルミ製シリンダーヘッドの鋳造過程を追いかけてみる。下部が710℃で溶けているアルミの溶湯保持路で温度管理のため回りにはヒーターが仕込んであり、黒鉛の坩堝（るつぼ）に溶湯が入っている。上部には、6面の金型がある。坩堝の側面には、セラミック製のストークと呼ばれる筒があり、ここに圧搾空気を送り込み湯を金型方向に持ち上げる。いわゆる注湯だが、湯流れ、凝固タイミングなどを図り注湯はすべてプログラミングされ、自動的におこなわれる。金型の周囲にはウォータージャケット、エアジャケットを設け、注湯開始後、4〜5分で注湯が完了、そのあとすぐ90秒ほど冷却する。半製品の取り出しは、まずサイドの金型を取り外し、半製品を上に持ち上げ取り出す。次に振動ぶるいにかけられ、このとき9割ほどの中子、中子を形成する砂などが取り除かれる。次に湯の入り口の堰と呼ばれるへその緒がカットされ、熱処理工程に入る。

スズキワゴンRなどに載るK6Aのシリンダーヘッド。低圧鋳造のアルミ製だ。中子はカム室、吸排気ポート、ウォータージャケットの四つである。鋳造後、熱処理され機械加工で完成。

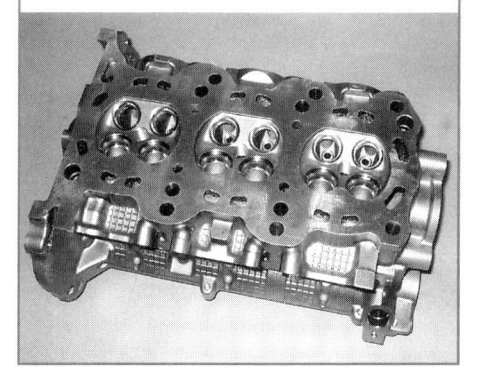

第一章　クルマの製造法

熱処理は、容態化処理、水焼入れ、それに時効処理で析出強化される。ブリネル硬度でいえば、この熱処理により60〜70HB→100HBほどに硬くなるという。熱処理された半製品は、バリを取り除かれ、マシニングセンターで各部を機械加工され、仕上げられる。

ピストン、インテークマニホールドなどは重力鋳造法でつくられる。これは、鋳型の上部に設けられた湯口に、溶湯を注ぎ込み、鋳型内に充填させる鋳造法だ。凝固時の押し湯圧は文字通り重力のみなので、他の鋳造法に比べ単純でプリミティブ。ピストンの場合、中央を押し湯にし、鋳造とは逆側をオーバーフロー部として、先端部の不純物を避けている。周辺設備が安いのが魅力だ。他の鋳造法に比べ欠陥が出やすいが、アルミと珪素の共晶効果でその欠陥を克服している。ピストンの鋳造法では、この手法を昔から選択している。

ポピュラーな鋳造法としてアルミダイキャスト法がある。溶湯を高圧により金型へ高速で圧入し鋳物をつくる鋳造法で、薄肉で寸法精度が高く、鋳肌が滑らかで美しい製品ができるため急速に採用された手法である。トランスアクスルケース、シリンダーヘッドカバー、シリンダーブロック、ミッションケースなどがこの方法でつくられる。

エスクードのピストン。重力鋳造製。上部にアルマイト処理をして耐食性・耐摩耗性を向上。スカート部には初期なじみを高める目的で樹脂コーティングを施してある。

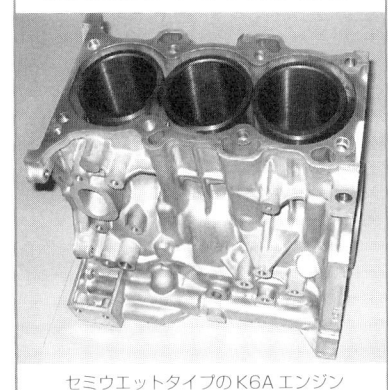

セミウエットタイプのK6Aエンジンのシリンダーブロックは、アルミダイキャスト製だ。凝固時間30〜40秒だという。熱処理はおこなわない。

アルミダイキャスト法は、30MPa以上と高圧なので、金型自体が頑丈で重く、内部に100本近い冷却用のウォータージャケットを持ち、3気筒の軽自動車のシリンダーブロックの金型ですら20トンを超えるといわれる。金型は、可動金型と固定金型の二つで構成されていて、固定金型側にプランジャースリーブと呼ばれる湯が通る筒が設けられ、ピストンで湯を押し出す仕掛けになっている。さらに金型の一部に設けられたGFバルブは背後にある真空タンクとつながっている。

真空ポンプが作動し、キャビティ(金型の彫り込み部)が真空の状態でラドル(ひしゃく)を用いて溶湯をプランジャーに送り込み、ピストンの作動でキャビティに溶湯が送り込まれ、いっきに金型の隅々まで行き渡る。湯先がある程度まわったところで、

37

GFバルブが閉じる。凝固時間が30〜40秒、溶湯速度90m/sという超高速度で、ことが終了する。即座に金型を開き、製品を取り出し、金型に離型剤と呼ばれるケミカルを吹き付け、また同じようにつくる。まさに大量生産に向いた鋳造法である。

●PFダイキャスト法で製造したピストンは鍛造を超える

ただし、アルミダイキャストは、溶融金属を高速・高圧で射出するので製品内にどうしてもわずかながらもガスが内蔵してしまう。きわめて短時間でキャビティ内に溶融金属を充填するため、キャビティ内に存在する空気などのガスが製品内に取り込まれ内部欠陥(鬆)が生じるのである。そのため、機械的性質を高める熱処理を採用できない。この従来のダイキャスト法の欠点を克服したのが、PFダイキャスト法である。PFというのはPore Free (気孔のないの意味)で、つまり無孔性ダイキャスト法。

このダイキャストの最大の特徴は、キャビティ内に酸素を満たし、そこへ溶湯を充満させるので、瞬間的に酸素とアルミが反応し酸化物となり、鋳鬆が劇的に減少する。素材に高温高強度アルミ合金を使い、この手法でピストンを製造すると、従来の鍛造ピストン並みの耐焼き付き性、ピストンピン穴、リング溝、スカート部の耐摩耗性で、コストが30％も低減しているという。「スーパーキャストピストン」という名称で、バイクのスズキGSR600に採用されている。ちなみに、鍛造ピストンは、鋳造ピストンに比べコストは6倍だが、性能は1.4倍といわれているため、ごく少数のスポーツエンジンだけのものだが、スケールメリットを生かすことができれば、今後PFダイキャスト製のピストンが増えるかもしれない。

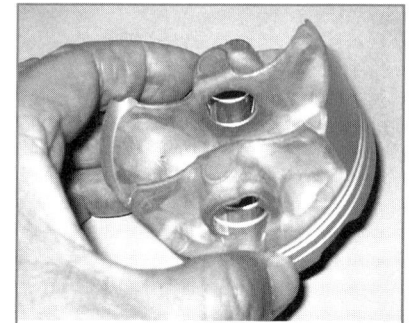

PFダイキャストでつくられたGSR600のピストンの裏側。スカート部をごく小さくしメカニカルロスを減らしレスポンス向上を図る形状だ。

最後にアルミ製の鋳物の材質と用途をおさらいしてみたい。

アルミ製鋳物の材料は、添加される合金成分によって、Al-Si系、Al-Cu系、Al-Mg系、耐熱Al合金の四つに分類される。

Al-Si系は、珪素が5〜18％入ることで鋳造性が高まり、強度が増す。鋳造性、耐食性、それに耐摩耗性が高いとされるため、シリンダーヘッド、アルミホイール、各種アルミ合金ハウジングなどに使われる。

Al-Cu系とAl-Mg系は、銅やマグネシウムを入れることで強化され強度がアップする。耐熱Al合金というのは、Siによる強化、NiとCuによる高温での強度向上を目的とし低熱膨張率が大きな特徴。ピストンがこれである。

3. 鍛造技術

　鍛造とは、金属をハンマーなどで圧縮力を加えて成形する加工法のことをいい、鋳造法にくらべ金属組織が均一になり粘り強さが増す。鍛とは≪鍛(きた)える≫という意味で、ハンマーで叩いて金属内部の空隙をつぶし、金属結晶を微細化し、結晶の方向を整えることで強度を高める。平安時代に完成されたとされる日本古来の刀鍛冶の技術は、まさに鍛造技術のオリジナルな形である。

　鍛造製品は、はさみ、包丁、手工具など日常生活の道具としてわれわれの身近にあるし、クルマの世界ではエンジンの重要部品であるコンロッド、クランクシャフトをはじめ、トランスミッションのギア、シフトフォーク、デフのギア、タイロッドエンド、アッパー＆ロアアームなどの足回り部品の機能パーツに広く使われている。

●勃興期は村の鍛冶屋に限りなく近い自由鍛造

　鍛造の加工方法には、自由鍛造と型打(かたうち)鍛造の二つがある。自由鍛造は、金床とハンマー、それに金バサミ程度の簡単な道具を頼りにした金型を使わない鍛造法で、加熱した素材を目的の形状に成形する技術はいわゆる職人芸の領域。およそ現代のマスプロダクションには向かない少量生産の世界。型打鍛造というのは、製品の形状を彫刻した金型を鍛造機に取り付け成形する加工法で、自動車部品の量産品はこの手法である。

　日本の自動車産業を見ると戦前はいうにおよばず戦後しばらくは、限り

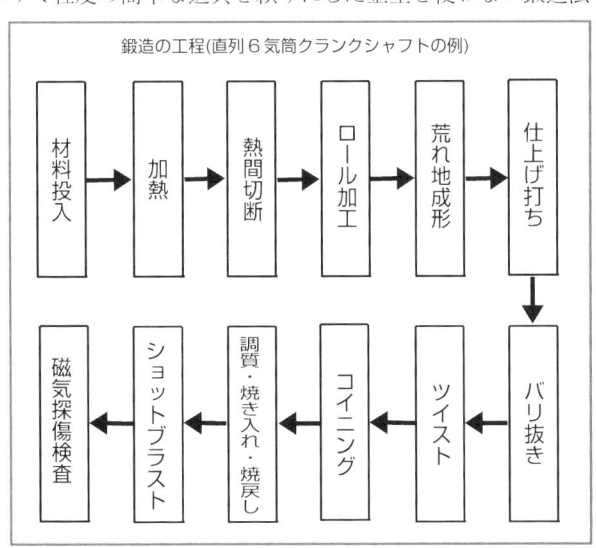

鍛造の工程(直列6気筒クランクシャフトの例)

材料投入 → 加熱 → 熱間切断 → ロール加工 → 荒れ地成形 → 仕上げ打ち → バリ抜き → ツイスト → コイニング → 調質・焼き入れ・焼戻し → ショットブラスト → 磁気探傷検査

戦前の鍛造マシン

鍛造プレスの瞬間

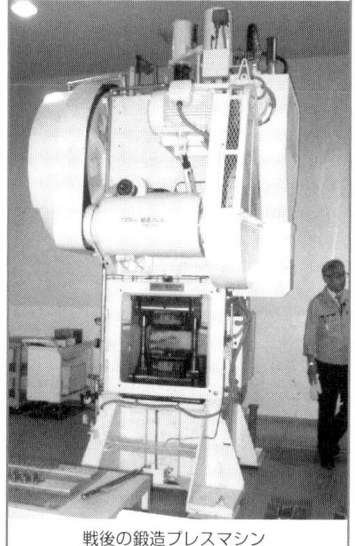

戦後の鍛造プレスマシン

なく自由鍛造に近い鍛造法でエンジンのクランクシャフトなどがつくられていた。たとえば、トヨタは1934年(昭和9年)豊田自動織機製作所内に製鋼場が完成し、そこでは1/2トン、1トン、2トンの計3基のフリーハンマーとハンマーを動かすランカシャーボイラーが1基という製造工場であった。フリーハンマーによる荒地成形で、その後スタンプハンマーによる型打ちで仕上げ、バリを取った。

翌年に完成した試作乗用車A1型の鍛造品はすべて製鋼部(現、愛知製鋼)でつくられているが、直列6気筒A型エンジンのクランクシャフトの型打ちは、当時大型の鍛造機がなかったため、非力な2トンのフリーハンマーで3気筒ぶんずつ2分割で成形している。6気筒クランクシャフトを成形するとき必要なツイスト(ひねり加工)は、天井クレーンを活用して加工をおこなうなど文字通り地を這うようなモノづくりでスタートした。ちなみに、量産型のトヨタ初の乗用車AA型のクランクシャフトは、大型鍛造機を備えた専門メーカーで製造されている。

1930年代のステアリングナックルの鍛造作業は、棒心(ぼうしん)、ハンマー土、先

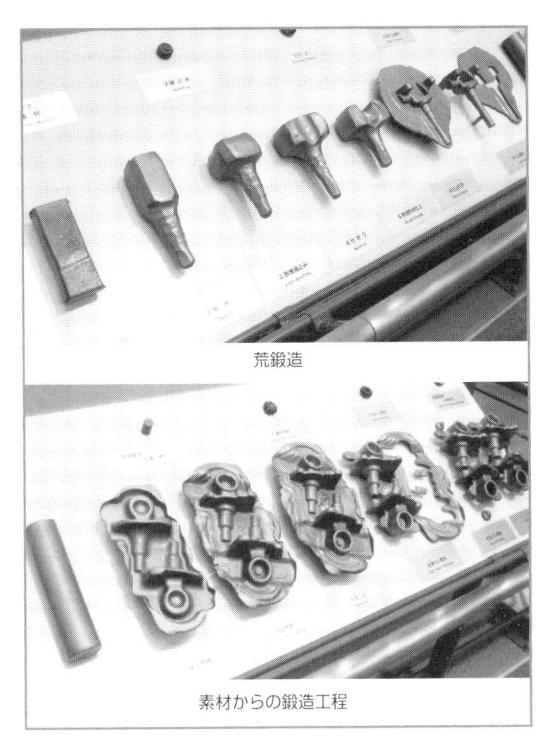

手(さきて)、金焼(かなや)きの4人の職人でおこなった。棒心が作業の中心人物で、1200℃程度に加熱した加工物を火箸で挟んで加工位置をきめ、ハンマー士が加工位置に応じてレバー操作を繰り返しハンマーで打つ力を加減。加工品の温度が下がる前に素早くおこなう必要があり、棒心とハンマー士の絶妙な呼吸であったという。金焼きは加工物を加熱する役目で、鋼材は加熱温度で性質が変化するので、高温の加工物が発する色や光を見て適温を加減する。高い熟練を要し、人の力による作業なので生産個数には限りがあり、一日せいぜい数百個が限度だったといわれる。

荒鍛造

素材からの鍛造工程

●6000トンの自動鍛造プレス機の出現

　鍛造は、素材の加熱温度により、熱間鍛造、冷間鍛造、温間鍛造の三つに分けられ、部品の要求特性に応じて選択されている。

　熱間鍛造は、金属の再結晶温度以上の温度域で鍛造することだ。鋼材の場合でいえば再結晶温度は600℃であるから加工中の温度低下を見込んで素材は900～1200℃に加熱し鍛造する。熱間鍛造のメリットは、材料の延性が増し変形抵抗が下がるため冷間鍛造にくらべ複雑な形状が可能。それに、鍛錬により材料の機械的特性が改善される利点がある。デメリットとしては、大気中で加工されるため酸化スケールが発生し後加工を要すること、加工中の温度バラツキにより寸法のバラツキが冷間鍛造よりも大きくなることである。コンロッド、ミッションのギア、ステアリングナックルなどがこの熱間鍛造でつくられることが少なくない。

　熱間鍛造のプロセスは、自動化されたトヨタのコンロッドの熱間鍛造を例にしてみていこう。

　1950年代には、ハンマーによる自由鍛造に替わり鍛造プレス、アップセッター、

コンロッドの鍛造各工程用の金型と仕上がり見本
左から右へと進む。

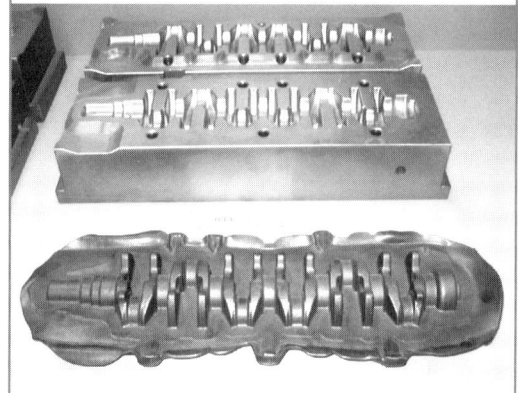

鍛造製クランクシャフトの金型、荒地用と仕上げ用
いまでは珍しい直列6気筒のものだ。

ロールなどの型打ち鍛造機が導入され、60年代から始まるモータリゼーションに対応、それ以前の生産性の低いモノづくりから生産性の高い自動鍛造プレスへと移行していった。熱間鍛造に欠かせない加熱炉も、それまでの効率の悪い重油炉から高周波誘導加熱炉へと進化した。この加熱炉は、鋼のような強磁性体にコイル、銅管を巻き、周波数1〜10KHzの交流電流を通じさせることで電磁誘導作用を引き起こし渦電流を発生、これを利用して加工物を鍛造温度まで加熱する手法である。

トヨタでは1963年にコンロッドの同時2個打ちの鍛造が手動でおこなわれていたが、翌1964年にはその自動化にトライ。当初はトラブルがあったものの、克服し初代クラウンやコロナで活躍したR型エンジン(OHV)のコンロッドを同時に2個ずつ自動的に鍛造する方式を開発している。この自動鍛造プレスは、荒地2工程、仕上げ1工程、バリ抜き1工程の合計4工程4組の鍛造機を備え、加熱された鋼材は1打ちごとに次の工程へと自動送りされる。鍛造

鍛造法の種類と自動車部品

	分類	自動車部品
熱間鍛造	プレス	コンロッド、ステアリングナックル
	アップセッター	リアアクスルシャフト、ドライブピニオン
	ヘッダー	トランスミッションギア類、等速ジョイント部品
	クロスロール	カウンターギア、インプットシャフト
温間鍛造	プレス	等速ジョイント部品、ステアリングリテーナー
	ヘッダー	バルブスプリングリテーナー
冷間鍛造	プレス	等速ジョイント部品、エアポンプローター
	ヘッダー	ボルト類、ピストンピン
	油圧式プレス	リアアクスルシャフト、アウトプットシャフト

金型1基には2個のコンロッドのカタチが彫られているので、1時間当たりの生産個数はこれまでの手動鍛造プレスにくらべ約2倍の720個と大幅に増えた。

　クランクシャフトは、鍛造品は専門メーカーに依頼し、鋳造品は内製としてきたトヨタだが、1970年代の後半、排ガス規制・低燃費規制などによりエンジンの軽量コンパクト化が求められたところから、鍛造品のクランクシャフトの内製化が進められていく。また、材料面では焼入れ、焼き戻しなどの熱処理設備が省略できる非調質鋼(中炭素鋼に少量のバナジウムを添加し、鍛造後放冷することにより熱処理をおこなったと同等の強度を得ることができる構造用鋼材のこと)の出現もあり、1978年にトヨタ初のクランクシャフト用の大型6000トンの自動鍛造プレス(アジャックス社製)が導入され、これにより材料の投入から完成品までの全工程を自動化し、クランクシャフト専用の一環自動生産が確立した。

　熱間鍛造の世界で「等温鍛造」といわれるタイプがある。これは金型の温度と素材の温度を同じにしておこなう鍛造のことで、通常の熱間鍛造では素材にくらべ金型の温度が低いため、素材の変形抵抗が大きくなって流動性が悪くなり、薄肉成形が難しい。この難問を解決したのが等温鍛造であり、具体的には金型をヒーターなどであたためておいておこなう。航空機の機体やジェットエンジンの部品がこの手法でつくられ、素材はチタン合金、アルミ合金製の薄物複雑形状部品である。

●生産性が高い冷間鍛造

　冷間鍛造は、1950年代ごろから始まった比較的新しい製造法である。金属素材を常温で金型のあいだで圧縮成形する。言葉にするとそれだけだが、加工方法としては前方押し出し、後方押し出し、据え込み、アイヨニング、コイリングなどがあり、形状の複雑な部品はこれらの複合でつくられる。冷間鍛造の自動車部品はほぼ50近くある。エンジン部品ならオイルポンプタペット、ピストンピン、コンロッドボルト、バルブリフター、シャシー部品ではドアロックのギア、ハブボルト、ダンパーのシャフト、ハブボルトなど。そのほかにユニバーサルジョイント、リアアクスルシャフト、オルタネーターのコアなど。

200トントリミングマシン
仕上げ打ち後のバリ取りに用いられる。

冷間鍛造のメリットは、生産性が高く、寸法精度、表面粗度が良好で、加工硬化による製品強度が向上するなどだが、逆にデメリットとしては、設備コストがかかり、少量の生産には不向きな点。それに作業圧が高く形状的には制約があること、焼鈍、中間焼鈍、潤滑処理などのプラスアルファーな工程が増えるのが欠点。

ちなみに、鋼の冷間鍛造では、加圧圧力が250kg/mm²以上、材料温度が200℃以上にもなるので、材料の変形抵抗を下げ加工性を高めるために、金型と材料の摩擦抵抗を低減する処置を施す。そこで、潤滑として燐酸亜鉛皮膜処理(いわゆるボンデ処理)、熱処理として焼鈍という工程を加えている。最近では、ボンデ処理の替わりにカルシウム系皮膜や固体潤滑剤の二硫化モリブデンをおこなうケースもある。

2500トン自動鍛造プレスマシン
1964年にトヨタに導入された初の自動搬送装置付き鍛造機。アメリカエリー社製をベースに3年がかりで回転&上下運動を上下左右前後の6軸の動きに置き換える「改善」をおこない、コスト削減に貢献。

●FF化で温間鍛造が注目

温間鍛造の実用化はさらに新しく、1960年代中ごろだ。FF車の普及にともない、ドライブシャフト用のアウターレースの加工法として温間鍛造が大注目された。温間鍛造の素材の加熱は熱間鍛造と冷間鍛造の中間温度領域である300℃以下、それに600〜900℃でおこなわれる。300〜600℃がナカヌケしているのは、この温度では鋼の表面が青みを帯び機械的に脆弱となるいわゆる「青熱脆性」の影響を受けるからである。

温間鍛造は、冷間鍛造と熱間鍛造の短所を補った手法で、熱間鍛造にくらべ酸化スケールの付着が少ないため表面状態がよく寸法精度も高い。冷間鍛造にくらべ変形抵抗が低く、高炭素鋼、高合金鋼、ステンレスのような難加工材料も少ない工数で加工できる。中間焼鈍やボンデ処理といった工程を省略でき、トランスファープレスによる連続加工に組み込めるため、生産性が高い。課題は、金型寿命が短く、金型潤滑剤による汚れが避けられないことだ。

現在温間鍛造でつくられる自動車部品は、ドライブシャフト関連部品だけでなくデフギア、ステアリングのピニオンギアなどだ。

4. プレスの世界

　そもそもプレス加工というのは、板材（実際工場に納入されるのはコイル状の素材だが）に、絞り、曲げ、穴抜きなどの加工を施し、所定の製品をつくり出す作業。代表的なのが外板部品のフェンダー、ボンネット、ドアパネル、サイドメンバーライナー。それにロアアームなどのフレームや足回り部品。重量比でいえば自動車部品の約40～48％がプレス加工部品だといわれる。

　日本の自動車産業でいえば、1950年代まではフェンダーなどの深絞り技術を要する部品を500トンクラスの機械プレスでおおまかに成形し、あとは熟練工がハンマーや金切りはさみなどハンドツールを器用につかって、仕上げ成形していた。トヨタのAA型乗用車のフェンダーなどは、深絞りだけをプレス機でおこない、あとは手作業による板金加工だった。だから、パネルの寸法精度も高いわけでなく、現物合わせで取り付け穴を楕円に加工したり、穴をこじ開け無理やり取り付けるという荒っぽい組み付けだったという。プレスラインができあがり金型だけでのパネル成形が完成したのは、1955年の初代クラウンからだった。その後、トヨタのプレス技術は大型化・高速化されていく。

1930年代のプレス加工風景。手叩きで成形していた。

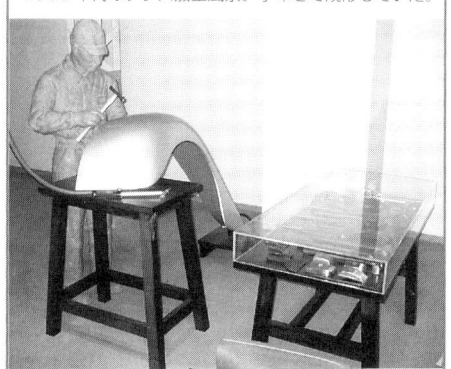

プレス機で充分にカタチのでない部分は手叩き。さらに歪み修正もハンマーと当て金で修正した。

●トランスファープレスマシンとは

　プレス成形のメリットは大量に同一の製品をつくり出すことだが、金型を変更する時

トヨタA1型の試作車。ボディパネルはすべて手叩き。木うす、金床、定盤などの上で叩いて曲線を成形。

トヨタA1の試作ボディ。人海戦術によるクルマづくりだった。

間が長くかかるのがネックとなっていた。プレス工場の稼働時間の15〜30％がプレス型の装置入れ替え時間だといわれる。そこで、トヨタは素早い金型チェンジ機構を持つシステム(クイックダイ・チェンジと呼ばれる)も1950年代中ごろにアメリカから導入している。

ダブルアクションプレス機というのは、絞り成形専門におこなうプレス機のことで、主スライドの外側にもう一つのスライド部を持ち、トグル機構を持ったリンクで主スライドと副スライドの位相の動きをおこない、絞り加工を実行する。

分割されたプレス部品をスポット溶接機で接合すると、組み付け誤差と継ぎ目の溶接代ができるのを避けることができない。そこで、1990年代初頭から自動車メーカーは、従来2個、あるいは3個だった部品を1個にすることができる5000トン級のトランスファープレス機を導入した。これにより軽量化、ボディの精度アップ、美観アップ、強度アップを実現している。トヨタの田原工場に1991年導入された5200トンのトランスファープレス機がそれだ。

この大型トランスファープレス機は、プレス加工に必要な複数工程分のプレス機を内蔵し、半製品の自動送り装置(トランスファー)により、素材から製品までを連続的に加工する多工程の全自動プレス機。これにより無

7代目カローラのフロントフェンダー・プレス工程。左から素材→絞り→外形穴抜き→曲げ→寄せ穴抜きの5工程。

第一章　クルマの製造法

700トンのプレスマシン

サイドメンバーアウターのプレス工程

これはアウターだが、サイドメンバーアウターは厚さ、材質の異なるシート素材をあらかじめレーザー溶接で一体化し、4工程でプレス成形する。

素材

絞り

抜き曲げ

寄せ抜き曲げ(1)

寄せ抜き曲げ(2)

人化(1人ぐらい機械の見回りスタッフが必要だが)が実現したのである。このトランスファープレス機では、これまで4工程だったサイドメンバーの工程が一度に完了する。また、サイドメンバーのプレス加工では厚さや材質が異なるシートをあらかじめレーザー溶接で一体化し、4工程でプレス成形が完了する。

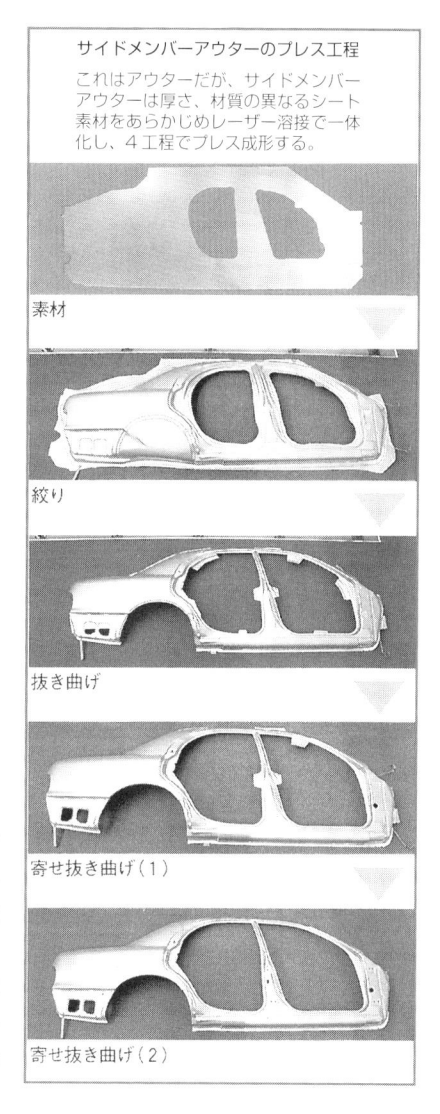

●プレスでつくられるのはボディパネルと足回り部品

　プレス加工における成形性は通常、絞り性、伸びフランジ性、曲げ加工性に分類される。
　プレス機で成形される部品は、ボディ部品と足回り部品に大別される。ボディ部

品は、板厚が0.6～1.2mmの薄鋼板が主に使用されるが、1.6mm以上の鋼板も補強材として一部使われるケースもある。材料は冷間圧延鋼板がメインで、防錆目的の防錆鋼板や軽量化と衝突安全を目的とした高張力鋼板も使われる。冷間圧延鋼板は、板厚の精度に優れており、平滑度も高く加工性も高い。

　最近多くなった高張力鋼板は、価格自体は従来の軟鋼板より高価だが、引っ張り強度が高く降伏点が高いので、従来の鋼板よりも肉薄のものを使うことで軽量化とボディ強度を維持する、いわばヒーロー的素材。ところが、プレス成形性が軟鋼板よりも悪いので成形不良が発生しやすい。そこで解決策としてBH（ベークハード：Bake Hardened Type Steel Sheet）鋼板が開発された。これはプレス成形時には降伏点が低く軟鋼板に近い成形性を持つ。プレス加工後、塗装焼付け時の高温での短時間処理により降伏点が上昇し、高張力鋼板としての機能を発揮する。

　足回り部品は、自動車を支えるフレーム部品ともいえる部品。板厚が1.2～3.6mmで素材は熱間圧延鋼板がメインである。ものによっては厚み10mm近い厚板を加工することがあるので、プレス機はボディ加工するものとくらべ加工圧が高く、剛性の高いものとなる。成形法自体は曲げ成形がメインで比較的単純だが、なかには鉄ホイールや触媒の部品などのように絞りと強度のしごき成形がともなうこともある。

　プレス機の型は英語でpress dieというのだが、凸ポンチと凹ダイスの二つで構成される。クルマの外装部品の型は、成形型と切断型の二つの種類がある。成形型は板金を塑性変形させ所定のカタチにする絞り、曲げ型で、切断型はその名の通り必要な形状に抜き、穴をあける外形抜き、穴抜け型がある。

5200トン・トランスファープレスマシン
1991年にトヨタの田原工場（レクサスもつくっている）に導入されたマシンで、これにより大型プレス部品の成形が可能となった。

5. 金型の製造

　金型とは材料の塑性あるいは流動性を利用して、材料を成形加工して製品をつくり出すための、おもに金属材料を用いた型のこと。英語でダイ：DIEという。非金属の場合はモールド：MOLDと呼ばれる。自動車のボディは鋼板をプレス金型を使い成形加工するし、最近多数派になりつつある樹脂のインテークマニホールドは樹脂材料を金型により射出成形することでつくられる。

　金属、樹脂、ゴム、ガラスなどの素材を、それぞれの目的とする製品の成形加工する際には、金型の品質ひとつで製品の良否が左右される。工作機械がマザーマシンと呼ばれるのに対して、金型はマザーツールとも言われる理由はここにある。

　金型の種類としては成形荷重が高い金属加工を目的としたDIE（ダイ）、鋳造もしくは樹脂成形を目的とした比較的成形荷重が低いMOLD（モールド）という分け方のほかに、型を閉じてなかに原材料を封入する密閉型と、材料を上型と下型で挟み込む開閉型がある。

　金型を構成する素材は通常鋳鉄とモリブデン（Mo）、タングステン（W）などで構成されるダイス鋼（高合金工具鋼）だ。冷間鍛造のパンチなどには高速度工具鋼や超硬合金なども採用されている。

　金型は使用経過にしたがい摩滅、変形、減耗する運命にあり、これがいわば永遠のテーマともなっている。成形によって金型の表面損傷が想定されるケースではあらかじめ硬質クロムメッキ、PVD皮膜処理、CVD皮膜処理、TD処理などさまざまな表面処理が施される。なかには硬度が高すぎ塑性加工時に材料によっては破損の危険があるが、セラミックを採用し耐摩耗性を改善する手法もとられるケースもある。

　金型の種類には、プレス金型、鍛造型、鋳造型、射出成形型、ブロー成形型、圧縮成形型、真空成形型、押し出し金型などがある。

●DIEとMOLDの違い

　プレス金型は、パネル成形などで多く使われる開放型で、ほぼ均一な厚みのものを加工するのに適している。金型内でフープ材と呼ばれるコイル状の鋼材を「抜き」「曲げ」の処理をおこない、ほぼそのまま組み付け可能な部品を製造し、後工程としては「バリ取り」や「塗装などの表面処理」が待っている。プレス金型には絞り型、曲げ型、

抜き型、寄せ曲げ型などがある。

　金型に要求される特性は、耐久性、耐摩耗性、疲労強度などの機械的特性のほかに被削性、熱処理ヒズミ性などの加工性が挙げられる。実際の金型素材としては、摩耗の激しい部位にSKS4などの合金工具鋼、製品装置などの補助部にS45Cなどの機械構造用炭素鋼、型台などにFC20などのねずみ鋳鉄、絞り曲げ工程で剛性と耐摩耗が必要な部位にFCD55などの球状黒鉛鋳鉄、摩耗の激しい部位に鋳造工具鋼などが使われる。さらに硬質クロムメッキや炭素皮膜拡散処理と呼ばれる表面処理を施している。

　鍛造型は、エンジンのコンロッド、スポーツカーの足回り部品など肉が厚く、かつ強度が必要な部品の加工に適している。金型内の金属材料に高圧を加えることで塑性変形させ形状をつくり上げる。加工時の金型温度で冷間鍛造、熱間鍛造、温間鍛造に分かれる。鍛造後は機械加工でカタチを整える。

　鋳造型の金型には「湯口」と呼ばれる開口部が付いていて、ここから溶融した鉄やアルミニウムを流し込み成形をする。たいていの場合は凝固にともなう精度の誤差や鋳肌の荒れを鋳造後に修正するため、後加工として機械加工が待っている。

1965年に導入されたシンシナチ社製の倣い型彫り盤

　射出成形型は、バンパーやラジエターグリルなど樹脂製品の多くがこの金型でつくられる。金型を射出成形機にセットし、型締め、樹脂材料の溶融、閉じた金型の空洞部に対しての加圧注入、冷却をおこなうことで形状を得る。

　ブロー成形は、空気などのガスを材料に吹きつけて金型に押し付け、形状を得る金型。樹脂製燃料タンクやエアダクトがこの金型でつくられている。圧縮成形型でつくられるのは、クルマのタイヤである。型に材料を入れた後、型で押し込んで製品をつくる。密閉タイプの金型である。オーバーフェンダーもこの金型でつくられている。

　真空成形型というのは半密閉型であり、身近なものだと卵パックやプラスチック容器がこれ。クルマの部品ではインパネの表皮、フェンダーライナーがこの型で作られている。温めたシート状の材料を型にセットし、型にあけた無数の穴から空気を抜き、大気圧で型に押し付け製品をつくるというもの。

　この手法に限らないが、実際成形現場を見るとあっという間にできてしまうため、見るだけではわかりづらい。実際3日ほど作業員になりすまし現場に立たないとリアリティがわいてこない世界だ。

第一章　クルマの製造法

●トヨタの場合の金型ヒストリー

　トヨタの最初の金型は昭和10年に手彫りで製作されたAA型乗用車の後部大板の絞り型だった。手彫りのため精度がお粗末で、金型の欠陥を板金の手作業で挽回する、というものだった。曲面部や仕上げ寸法の精度が劇的に向上したのは昭和32年にようやく導入された「倣い型彫り盤」からだとされる。これはそれまで線図や製品図だけに依存していた型の設計製作をマスターモデルを基準として、まず倣いモデルをつくり、それに倣って型彫り盤で金型が作られた。これにより金型の製作期間も大幅に短縮されたという。

　モータリゼーションが本格的となりマスプロダクションが軌道に乗り始めた1969年(昭和44年)にNC(数値制御)付きの倣い型彫り盤が導入されている。これにより最初はマスターモデルをNC加工で製作していたが、さらに4年後の1973年にはトヨタ複合曲面加工システム(略してTINCA)が開発され、加工用数値データが金型製作のスタンダードとなっていく。

　現在の金型製作最前線では、金型をつくるうえでの設計図面は一枚も存在しない。図面ではなく「3次元ソリッドモデル」だからだ。

　設計のCAD(コンピューター・エイディド・デザインのこと)をもとにダイレクトに金型加工データを作ろうという研究がトヨタでスタートしたのが1990年代初め。ワイヤーフレームと呼ばれる線画により3Dモデルで仮想空間を作りシミュレーションができるシステムが1998年から本格的に動き出している。

　3Dソリッドモデルによるモノづくりは、デザインの世界に革新をもたらした。

　従来にない複雑な構造や加工の仕方が

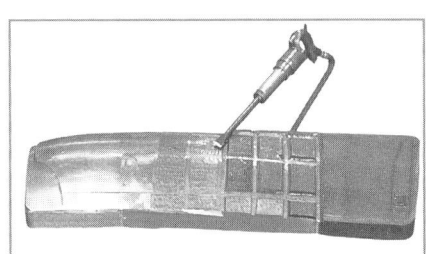

1955年に発売された初代クラウンのフェンダー用絞り型。この時代は手彫りで金型を製作していた。

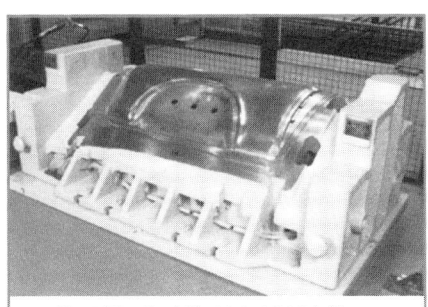

倣い型彫り盤で製作された1969年製の3代目クラウンのフェンダー用絞り型

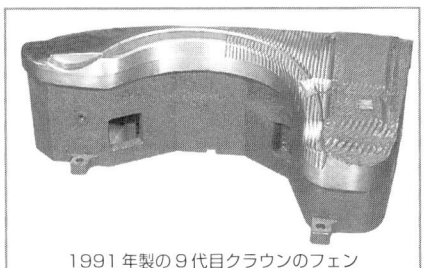

1991年製の9代目クラウンのフェンダー用絞り型はNC型となっている。

設計できるようになったため、より自由度の高い車両構造やデザインが可能となった。以前は図面は手書きだったが、その後「型構造」(製品の周囲を支える部分のこと)、鋳物を製作する発泡スチロールの型(ポリ模型という)の加工データを使い設計のデータをつくれるようになった。しかもプレスしたとき金型が接触しないかどうかなど実際のモノづくり現場の課題を事前にチェックし、解決できるようにもなった。

NC型彫り盤(5面加工機)

問題点が少なくなればそのぶん製作期間も短縮でき、コストダウンにつなげられる。しかも休日や夜中でも無人で加工機を稼動できるようになった。15年前にデザイン決定から約2年要したプレスの開発期間が、いまでは1年弱にまで短縮されている。

成形シミュレーション以外にも、各工程間の半製品の運び方を検討する搬送シミュレーション、切り離した余分な鋼板をどう落下させるかというスクラップシミュレーションなど、3Dソリッドモデルを活用した金型製作の守備範囲がぐーんと広がっている。いまではほとんど現場で手直しすることなく金型ができ、プレスすればエラーのない製品が出来上がる世界を実現している。海外の工場進出も俄然楽になっているのである。

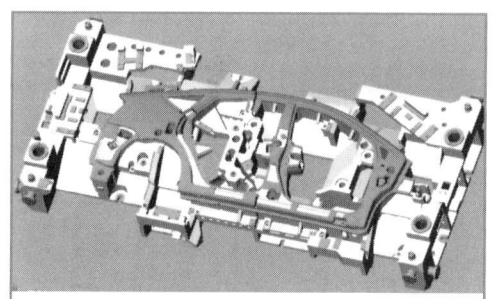

プリウスの3次元ソリッドモデル。サイドメンバーアウターの製品面とその周囲の型構造部分

金型は、自動車メーカーだけでなく製造業においては製品やスタイルの良否、製品の品質を決定付ける重要な資産。その製作にあたっては通常多くの時間とコストをかけている。金型製作には自社でつくるケースと専門会社に依頼する場合がある。あるいは、自社でつくった金型を外注企業に貸し出すこともある。この金型を発注者から見て「預け金型」と呼び、金型台帳などで管理している。量産に使う金型は通常ふつうの加工機械同様に固定資産として管理されるのである。

6.機械加工の話

「機械加工」とは、工作機械を使って刃物や砥石などの工具で金属を切ったり削ったり穴あけしたりして必要とする形状、寸法、表面精度を得る加工手段のことだ。切削加工と呼んでいるのもまったく同じ意味である。

機械加工の対象となる部品はバラエティに富んではいるが、代表的なのはエンジン、トランスミッション、ステアリング系、アクスル系、デファレンシャル系などの部品である。クルマの部品のなかには、月に数百台といった多種少量生産となるケースもあり、必ずしも1種類の部品を大量に生産するわけではない。一般的には多種少量生産では汎用マシンが活躍し、中量生産の場合は専用機がもっぱら使われ、多量生産ではトランスファーマシンがメインとなるのが常識的だったが、最近では素早く市場の変化に対応した設計変更ができるフレキシブルな専用機やトランスファーマシンが多く用いられている。

●進化してきた機械加工設備

これらのモノづくり設備のスタイルは、自動車工業の歴史の中で育まれたもので、戦後すぐの生産台数がごく少ない時代には、特殊な加工をのぞいて旋盤、ボール盤、フライス盤などの「汎用機」が主役だった。生産台数が徐々に多くなる昭和30年代になると専用機が多く使われ始める。この時期には、日本で最初のトランスファーマシンも導入され、その後の大量生産につながる。

昭和40年代に入ると、より低価格に大衆車(カローラ、サニーなど)をつくるため生産性の向上とコスト低減を目指し、汎用機や専用機に搬出入装置、搬送装置をドッキングさせることで、部品の取り付け取り外しや搬送能力の自動化が進む。

また、多種少量生産の分野でも同様に自動化や従来からの汎用機と入れ替えに数台の旋盤やマシニングセンターを1台の小型コンピューターで制御する合理化が進んでいく。精度の高い部品を低価格で生産するためにより高い精度を備え、信頼耐久性の高い工作機械が求められるだけでなく、スピーディな加工、さらにはフレキシブルな工具の交換やメンテナンス性のよい設備へと進んでいった。

さらに自動化への取り組みとして、半製品の設備への搬出入装置の開発・改良、設備間の搬送をよりスピーディにおこなう搬送装置などが取り入れられていく。搬出入

装置としては、製品の形状に合わせたオリジナルの装置やロボットの導入で搬送をおこなったり、あるいは搬送装置として駆動ローラーコンベア、リフト＆キャリアコンベア、チェーンコンベアなどが組み込まれていった。

●主要部品の機械加工

エンジン部品のシリンダーブロック、シリンダーヘッド、クランクシャフトなどの主要部品を例にして、どのような機械加工がおこなわれるかを見てみよう。

シリンダーブロックは、鋳造工程から出たのち機械加工される。

シリンダーブロックの機械加工メニューは大きく分けてヘッド面、オイルパン取り付け面それに前後のフライス盤による研磨、ボアの加工であるボーリング→ホーニング。クランクシャフトが収まるメインジャーナルの穴加工、それにドリル穴加工である。ボーリングとは一般に下穴をくり広げて必要な精度を有する穴に仕上げる加工法である。直径、真円度、円筒度、真直度、位置度、相互間ピッチ、アライメント、表面粗度など用途にあわせ満足させる精度を得る。

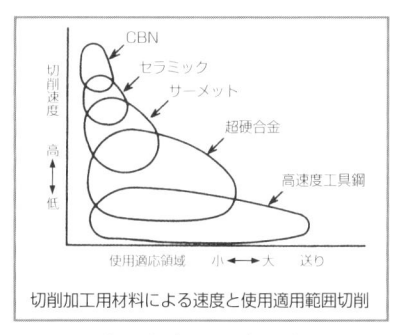

切削加工用材料による速度と使用適用範囲切削

ホーニングとは棒状の砥石を加工物にあて回転と往復運動を与え、多量の研削液を注ぎながら磨き上げ、加工前よりもさらに内径の表面粗度、真円度、真直度、平行度などの誤差を修正し高い寸法精度を得る作業をいう。

マシニングセンターに組み込まれているフライス盤によるオイルパン取り付け面研磨からスタートし、これを基準としてヘッド面の研磨、前後の研磨。ボーリング→ホーニングはボーリングマシンとホーニングマシン、ラインボーリングによるメインジャーナルの穴加工、それに各部のドリル穴加工となる。

ドリル穴というのは、たとえばヘッドボルトが収まるねじ穴であり、エンジンマウントが取り付くねじ穴、フロントカバーが取り付くねじ穴、オイルパンが取り付くねじ穴などである。穴あけ→タップ立てがNCマシンでおこなわれる。

機械加工の現場でなくてはならないのが寸法、形状の品質チェック。ブロックゲージは、いわば寸法の原器で、限界ゲージ、さらには現在の3次元測定器もこのブロックゲージがもとになっている。

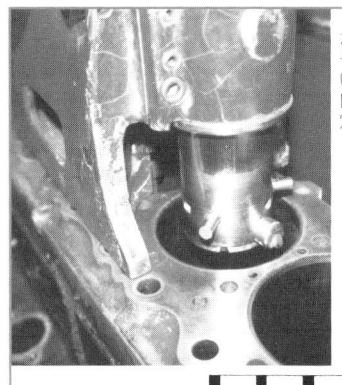

ボーリングマシン。円周にそっていくつかの刃物が付いていて、これがゆっくり回ることで下穴を広げて所定の寸法までに仕上げる。

ホーニングマシン。ダミーヘッドを付けることでつけないでホーニングするよりも真円度を10ミクロン近く高めるといわれる。研磨油が注がれながら砥石がぐるぐる回りボアが研磨されていく。

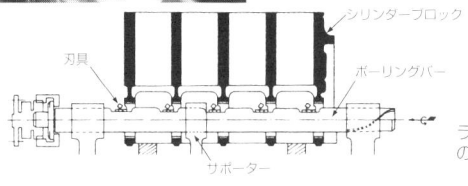

シリンダーブロック
刃具
ボーリングバー
サポーター
ラインボーリングによるエンジンのメインジャーナルの穴加工。

●機械加工は合わせワザの世界

　シリンダーヘッドの機械加工は、まずヘッド面をフライス盤で研磨して基準とする。さらにマニホールド取り付け面のフライス加工などシリンダーブロックと似てはいるが、バルブシートをセットしてシートカッターで寸法をととのえ、さらにバルブガイド穴をリーマ仕上げしてバルブガイドを入れるあたりが少し違う。あとは、ベアリングキャップを付けてカムシャフトが収まる部分をラインボーリングする。ラインボーリングとは、中ぐり加工の一つで、同軸上にある数か所の穴を、1本のボーリングバーで同時に加工すること。

　クランクシャフトは、ジャーナル部とピン部を砥石で研磨し寸法を出し、さらにラッピングペーパーと呼ばれる表面にこまかい砥石の付着した紙を使いラッピング加工し、面粗度を高める。リアシール面それにクランクプーリーの収まる面も研磨し、ここでもラッピング加工して面粗度と平滑度を高める(研磨工程で面粗度を高め、ラッピング加工を省くケースもある)。さらに、フライスカッターを使いキー溝の加工、エンドミルもしくはフライスによるオイルポンプローターの入るスリット加工。オイルラインはドリル穴を設け面粗度を高めるためにリーマで仕上げるというのが流れである。

　このように機械加工の大まかな内容は、旋削、フライス削り、穴あけ、リーマ仕上げ、中ぐり、ねじ切り、研削、歯切り、ブローチ加工などがある。エンジンの機械加工を理解する上で一昔前の手法で説明したが、現在ではマシニングセンターで複数の

フライス盤でディーゼルエンジンのヘッドを研磨しているところ。右の丸い部分の下部に砥石が取り付けられている。ここでも切削油が注がれているのがわかる。

シリンダーヘッドのカムホルダーのラインボーリング。カムホルダーのキャップが締め付けられている状態でおこなう。

クランクシャフトのラッピング工程。ジャーナル部とピン部をラッピングペーパーを用いて一度に研磨し面粗度と平滑度を高めるのである。

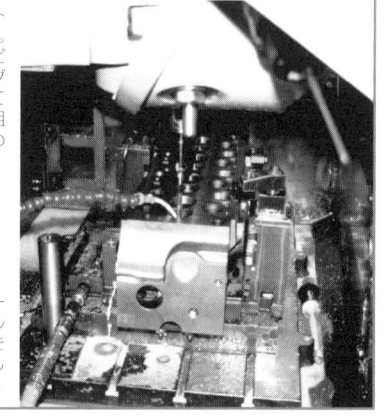

シリンダーヘッドのバルブガイド穴をリーマ加工しているところ。

機械加工をいっきにおこなっている。リーマはドリルで下穴を正確に仕上げ、同時に滑らかな仕上げ面を得る場合に用いる切削工具で、複数の切り刃を持ち、食いつき部で下穴をくり広げながら刃部外周でバニシングできる構造となっている。ブローチ加工というのは、荒仕上げ、中仕上げ、仕上げと連続した切り刃を持つ切削工具で、複雑な形状の高精度・高能率加工ができ、ライフル銃などの弾道加工を制御するうえでなくてはならない工作機械でもある。

　機械加工用の工具としては、高速度鋼（ハイス）と超硬合金がおもに使われている。工具の素材は耐摩耗性、靭性、高温での硬度、耐衝撃性などが求められている。サーメットやセラミックなど新しい切削工具も登場しているし、刃先に炭化チタンなどの皮膜を付け耐摩耗性を高めている工具もある。

　切削工具の効率を高めている縁の下の力持ち的存在として、切削油がある。潤滑をおこなうことで切削面の摩擦を抑制し、発熱を抑制する冷却作用が切削油に求められる機能である。環境面やリサイクル性からの性能も近年では必要とされている。

7.ボディの組み付け

　乗用車のボディは、飛行機や船と同じでモノコックボディ構造のものが圧倒的に多くなっている。骨にあたるフレームを持たず、ボディそれ自体で「走る・曲がる・止まる」の三つの機能を支える存在である。外からのチカラをボディ全体に分散し、受け止める。ボディには強度が求められるが、それだけではなく、美しさ、広さ、軽さ、それに快適性などが求められている。

　「美しさ」とは意図するデザインが成立するような内部構造の配置。パネルとパネルの隙間の一体感、面の連続性、キャラクターラインの出し方などで細部の品質感が左右される。「広さ」とは、限られた大きさの中で広く室内を確保できる骨格の大きさ、太さ、位置であり、セダンやミニバン、スポーツカーなどといったクルマのカテゴリーの違いにより、その手法は異なる。「軽く」とは、言うまでもなく省資源化につながるし燃費向上にもダイレクトに貢献する。「快適性」というのは、室内の静かさや快適な空間、安全な視界を確保できるように部品を組み合わせたり、部品の間のシールを考えることである。

　クルマ1台のボディを構成するのは鋼板をプレスした300～400点の部品だといわれる。それらは溶接によって組み付けられる。この溶接こそがクルマの強度を決定づける大きな要素なのである。ボディ組み付けには、このほかに≪組み付けライン≫と≪組み付けジグ≫の要素が欠かせない。

●大切なのは組み付け精度

　まず、プレス部品は溶接されて小さな部品、つまり小アッセンブリー部品となる。これらはさらに組み付け・溶接され、ルーフ、カウル、アッパーバック、ロアバック、サイドメンバー右、サイドメンバー左、アンダーボディになる。これらがサブアッセンブリーと呼ばれるものだ。

　それらを合体させて組み付けと溶接をおこない、さらに強度をアップするために各部を多数溶接(メインボディの増打ちという)し、初めてボディが完成する。この塗装されていないボディはホワイトボディと呼ばれる。

　各部品はそれぞれ≪組み付けライン≫で組み付けられるのだが、それぞれの部品がひとつひとつ正確に組みつけられなければ最終的にできたボディは歪んでしまい、と

ても性能を出すことができない。そこで、各部品の組み付けに求められる精度を保つうえでなくてはならないモノが≪組み付けジグ≫である。

量産体制が確立する以前である日本の自動車産業の草創期には、量産体制も整わずに、ボディパネルは手叩きの板金加工だった。それをガス溶接やアーク溶接で組み付けており、当時のジグは鉄骨ゲージと呼ばれる精度の低いものだった。

1950年代中ごろから組み付けジグが本格的に設計され始め、ボディの組み付け精度が格段に向上する。ジグは、組み付け作業性を大幅に改善する手段。その後、固定ジグだけでなく、水平回転ジグや自在ジグなど、作業をするスタッフの声を生かしたものが工夫を凝らし登場して現場で活躍している。

マツダの最新式エンジン＋シャシーをボディに同時に組み付ける「エンジンシャシー自動組み付け装置」。

溶接技術は、初期のころは酸素アセチレンガスが主流で、どうしても継ぎ目にでこぼこが生じ、後加工としてハンダで表面を修正していた。

その後、ジグウエルダ、サブマージアーク溶接、ポータブルスポット溶接、TIG

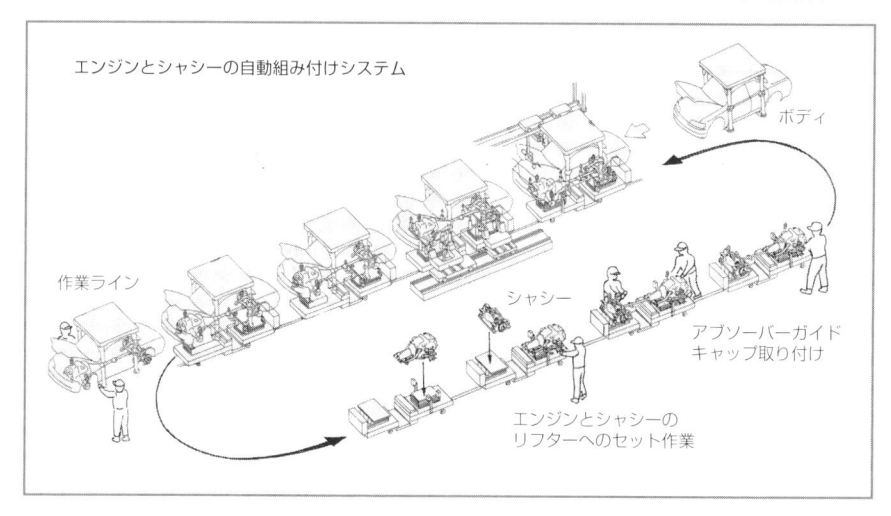

エンジンとシャシーの自動組み付けシステム

ボディ
作業ライン
シャシー
アブソーバーガイドキャップ取り付け
エンジンとシャシーのリフターへのセット作業

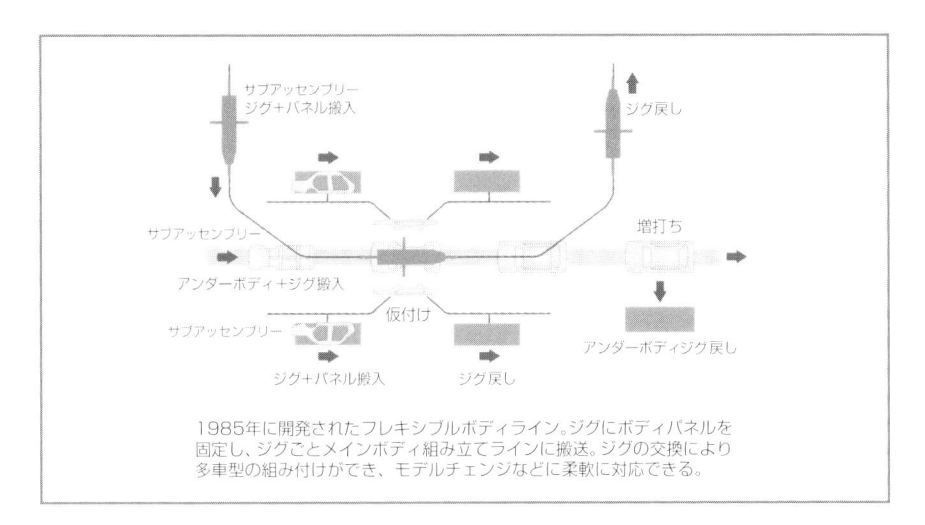

第一章　クルマの製造法

1985年に開発されたフレキシブルボディライン。ジグにボディパネルを固定し、ジグごとメインボディ組み立てラインに搬送。ジグの交換により多車型の組み付けができ、モデルチェンジなどに柔軟に対応できる。

溶接などいろいろな溶接法が試され、現在用いられている溶接法の原型が導入された。トヨタでは、戦後の最初の本格的な乗用車である初代クラウンには技術上の挑戦をしている。フロア位置を低くする目的で箱型の閉じ断面フレームを採用。そのためにポータブルスポット溶接した。

これが、その後の溶接法の主流となり、現在のロボットによるスポット溶接につながっている。

1台のボディ組み付けには4000～5000点の抵抗スポット溶接が用いられている。この抵抗スポット溶接の原理は、2～3枚のパネル（鉄板）を重ねたものを両側から電極で加圧しながら8000～10000A（アンペア）の電流を0.2秒ほど流すと鉄板の間の抵抗により熱が発生して瞬時に鉄板同士が溶けて接合される。

熱で溶けて固まった部分をナゲット（nugget：塊の意味）と呼び、鉄板はこのナゲットの部分で接合している。溶接のための熱量は、抵抗・電流・通電時間で決まるので、実際の溶接機には、初期のものは作業者の勘に頼っていたが、最近では通電時間を制御するタイマーと回路を開閉する電子制御式コンタクターが採用され、溶接の品質を確保している。

●進化したボディ組み付けライン

以上は、ボディ組み付けのごく大雑把で基本的要素を説明したもので、ごく初期のものは「台車手押し移動方式」とも呼ばれる組み付けラインである。

1980年代のなかごろにフレキシブルボディライン（FBL）と呼ばれるものに置き換わっている。これは大量生産を目標に開発されたもので、ジグごとメインボディ組み

付けラインに搬送する。

アンダーボディに前後左右、上からボディパネルを合体させ、ロボットでいっきに組み付けた後、ジグだけを再びストレージ(保管場所)に戻すというもの。ジグの交換によって多種型の組み付けができ、モデルチェンジなどに柔軟に対処できた。

このFBLの上を行く組み付けラインが2000年ごろから登場している。

このボディ組み付けラインは、トヨタではニューグローバルラインとも呼ばれ、海外生産が拡大するなか、国内はもとより世界中の海外拠点でも車種の追加、切り替え、相互補完が短時間に簡単にできるライン。

大量生産にも少量多品種生産にも対応できる競争力のある最近のボディ組み付けラインである。

新ライン(少量生産工場)

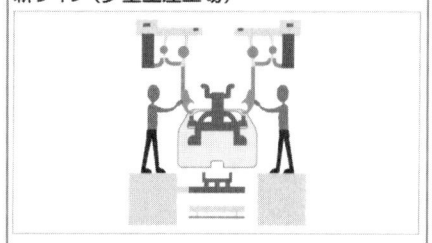

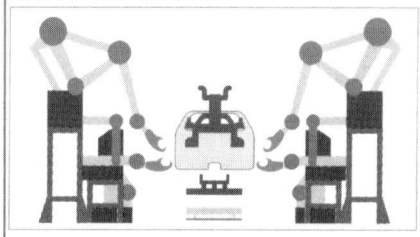

新ライン(大量生産工場)

少量生産でも大量生産工場でも同じ内側ジグが使え、またジグを付け替えるだけで多車種に対応できる。グローバルニューボディライン。21世紀型ボディ組み付けライン。

このニューグローバルボディラインの大きなアドバンテージは、≪内側ジグ≫といわれる。従来のFBLは、1台のクルマを組み付けるのに約50のジグが必要だった。これに対して、ニューグローバルボディラインのジグはわずか1個。ルーフパネルを取り付けない状態で上から車室内に専用ジグを入れ、内側から各パネルの位置を固定して溶接をおこなう。再びジグを取り出し、最後にルーフパネルを溶接するというものだ。少量生産のときには作業者が溶接し、大量生産のケースではロボットが溶接するスタイルだ。

この方式では、重いジグを搬送する必要がなく、設備費が大幅に削減でき、しかも車種の切り替えが簡単にできるなどのメリットが多い。

8.溶接の話

　自動車の組み付け工程の中で、もっとも重要で作業時間も長いのが溶接である。
　溶接は、ホワイトボディ、燃料タンクなどの厚み1mm前後の薄物を中心としたものと、ホイール、ブレーキシュー、リアアクスルハウジング、プロペラシャフトなどの足回り部品で比較的厚板を溶接する二つの世界がある。
　そのなかでボディは丈夫で高い精度が求められるが、たとえば、プレス部品の精度が高くなり、溶接部門が独立してつくられたのは、1955年の初代クラウンからである。その後マルチスポット溶接機が1960年代初頭に導入され、1970年代でモータリゼーションが花開くと、品質の安定と大量生産体制を構築するために溶接の自動化が進んでいった。1980年代に入ると、多様化するニーズに応えるために車種、バリエーションを増やしたので、生産ラインとしてはよりフレキシブルな多車種少量の混流生産ラインが登場し、それに合わせた生産システムや溶接技術が登場することになる。

●ポピュラーなスポット溶接

　溶接の方法には、さまざまな手法がある。その代表的なものがスポット溶接、英語でスポット・ウエルディングという。ボディに使用される鋼板を銅または銅合金の電極ではさみ、加圧した状態で電極間の接触抵抗に大電流を流し、発生するジュール熱により溶融合する方法。溶接時間が短時間で加熱による熱ヒズミが少なく、ランニングコストが安く、作業にとくに熟練を要しないし、自動化しやすいといったさまざまな優位性から、もっとも広く採用されている溶接法である。
　量産のホワイトボディはほとんどが1mm前後の冷延鋼板のプレス成形品で構成されており、その90%以上がスポット溶接といって過言ではない。ちなみに、1台分のホワイトボディあたり4000〜5000点のスポット溶接が施されている。

溶接ロボット。ロボットの機構部は当初は油圧駆動だったが、現在は溶接ガンとロボットの作動をシンクロした統合型スポット溶接ロボットが活躍している。

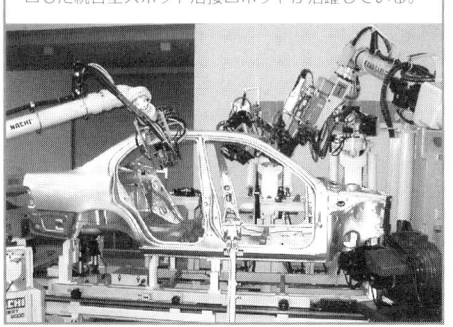

防振や遮音の目的で一部の鋼板には制振鋼板を使っている。この制振鋼板は、樹脂などをサンドイッチしている構造なので、スポット溶接仕様とすると抵抗値が大きくなり不具合。そこで、強制的にバイパス通電経路を設けたり、サンドイッチする樹脂にカーボンを含ませることで導通をよくして溶接しやすくしている。

最近のクルマは軽量と衝突安全性を両立させるため高張力鋼板の使用部位が増えている。これらはみなスポット溶接で接合されている。

アルミは鉄より軽くリサイクル性も高いので、アルミボディ化も一部の車種で進んでいる。アルミは電熱良導体なので、その溶接には鋼板以上に高電流、高加圧力が必要となる。具体的には通常の鋼板なら7000〜1万5000Aの溶接電流と、200〜300kgの加圧のところ、アルミになると2万〜5万A、400〜1000kgとそれぞれ3倍以上のエネルギーが必要となる。アルミは軽くてリサイクル性はよいが、製造コストがかかるのである。

スポット溶接を連続的におこなう溶接として「シーム溶接」というのがある。これは棒状の電極の代わりにローラー状の電極間に母材をはさみ、これを加圧しながら電極を回転させて連続的にスポット溶接を繰り返す。気密性が確保できるのがメリット。接合部の過熱を防ぐために一般に溶接電流の通電と停止を断続的にできるように制御されている。燃料タンクの溶接に広く採用されている溶接手法だ。なお、スポット溶接の世界でよく使われる「増す打ち」というのは、ボディ精度を確保するため仮付けスポットされたのちのスポット溶接のことで、いわゆるノーマルより多くスポット溶接することではない。

●ガスシールドメタル・アーク溶接

ミグ溶接、炭素ガス溶接、マグ溶接というのがある。これらは一般にガスシールド溶接とも呼ばれ、シールドガスの種類で分類される。これらの溶接法は、消耗性の電極ワイヤーと母材の間にアークを発生させ、これを熱源として電極ワイヤーおよび母材自体を溶融し、接合させる。

ミグ溶接(メタル・イナート・ガス)は、シー

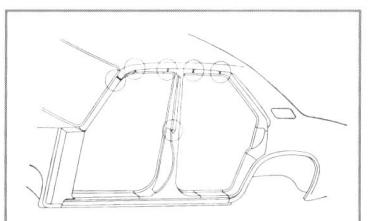

溶接ポイントは1台につき4000〜5000点だが、ラリー仕様などは3〜5割増しにしてボディ剛性を高めている。

第一章　クルマの製造法

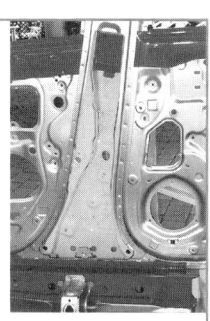

側面衝突性能を左右するセンターピラー部の溶接部。

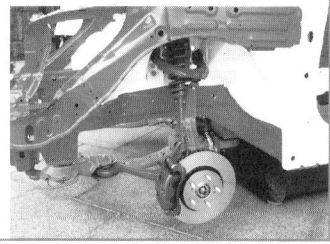

溶接ロボットはロボットとスポット溶接ガンから構成される。ロボットは制御部、機構部、センサー部で成り立ち、制御部で演算して機構部を駆動する。

オフセット衝突性能を左右する部位にも溶接が使われている。

ルドガスにアルゴン、ヘリウムなどの不活性ガスを用いる工法。不活性ガス自体は溶融金属との冶金反応を起こさないため、シールドすることで酸化や窒化のおそれがない。アルミ合金、銅合金、チタン合金などの比較的活性要素を持つ非鉄金属の溶接に使われる。

炭酸ガスアーク溶接(CO_2溶接ともいう)は、高価な不活性ガスでなく工業的に安価に手に入る炭酸ガスをシールドガスとして使う溶接。炭酸ガスは高温アーク中ではかなり強い酸化性の雰囲気をつくることから、電極ワイヤーにケイ素、マンガンなどの脱酸剤を添加したワイヤーを用いる。この溶接方法は熱集中性が高く母材の溶け込みが良好なので低炭素鋼の溶接に広く使われるが、スパッタと呼ばれるアーク部から周辺に飛散する溶融金属粒が出やすいというデメリットも持つ。

マグ溶接(MAGとはメタル・アクティブ・ガスの略)は、上記二つのミグ溶接とCO_2ガス溶接のいいとこ取りの溶接方法で、消耗電極である溶接ワイヤーの周囲からアルゴンガスとCO_2を混合したシールドガス(Arが80％にCO_2が20％)を流しながら溶接するもので、薄板軟鋼板の高速溶接やエキゾーストパイプの溶接、バイクのフレーム溶接などに広く使われている。

ティグ溶接というのもある。TIGとはタングステン・イナート・ガスの略で、電極としてタングステンを代表とする高融点の金属を使い、電極の摩耗を抑えるためのガスとしてアルゴンやヘリウムなどの不活性(イナート・ガス)を用い、母材との間にアークを発生させて溶接する手法。他のアーク溶接法にくらべ溶け込みが浅く、表面

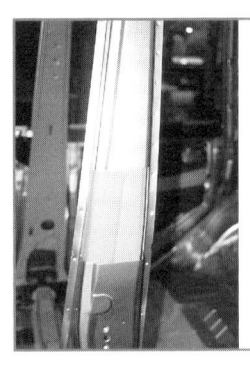

ピラーなどには差厚鋼板が使われ、15秒に溶接がおこなわれている。

これは小規模の溶接ができるプラズマ溶接マシン。試作品づくりがおこなわれている。

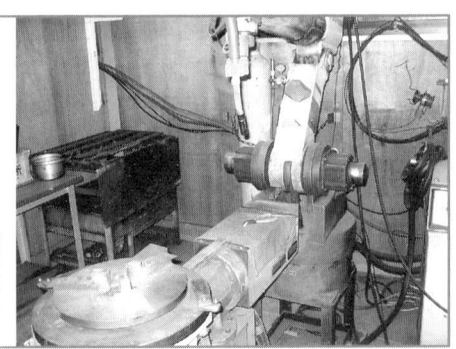

は滑らかで美しく仕上がる。

　プラズマジェットの熱源を活用したプラズマ溶接というのもある。プラズマによる切断工法と同様に高速ノズルによる熱的ピンチ効果を利用して絞った高温プラズマ流を形成させ、これを溶接熱源として用いる溶接法。プラズマ噴出のための作動ガスは通常アルゴンガスを用い、シールドガスにはアルゴン100％またはアルゴン＋水素が使われる。利点は、溶接雰囲気が不活性になるので酸化されやすい金属材料にも使え、熱エネルギーの集中度が高いので溶け込みが深く、ビード幅を狭くでき、そのぶん熱影響を受ける幅を狭くできる。溶接速度もティグ溶接の数倍に高められ、低電流でも使えるので0.02mmという極薄板の金属板の溶接も可能。

●注目されるレーザー溶接

　古くからおこなわれてきた溶接技術に「摩擦溶接」がある。「摩擦圧接」とも呼ばれ、両部材の相対運動により接合面に摩擦熱を発生させ、界面の高温部加圧により押し出して接合させる。通常は、一方の部材を回転させての圧接、つまり定速回転方式が多いが、フライホイールにエネルギーを溜めておき、摩擦によりそれを熱エネルギーに変換する方式もある。

　アーク溶接のように光や粉塵を発生せず、油分がワークに付着していようが接合強度にほとんど影響を受けず、機械加工工程のなかに組み込むことができ、酸化その他の材質変化がなく、溶接変形も少ないなどのメリットがある。デメリットとしては接合物の形状が軸対称でないとできないこと、軽量物に限られる、薄肉モノではつかめず不可能といったことがあげられる。リアアクスルハウジングのチューブ、等速ジョイント、ステアリングメインシャフト、ターボチャージャーのタービンホイールとシャフト、ディスクブレーキのトルクプレートとピン、それにハンドツールのエクステンションバーの軸と首部分など意外と、この摩擦溶接はポピュラーである。

電子ビーム溶接というのもある。これは真空室のなかで高電圧により加速された高速の電子ビームを被溶接物に照射させ、その衝撃によって発生した熱を利用した溶接。高速の電子ビームを電磁コイルで細く絞るとアーク溶接に比べ100倍のエネルギー密度になり、幅が狭く深く溶け込むことができ、しかも高速かつ低ヒズミで溶接できる。歯車の接合やターボチャージャーのインペラとシャフトの接合など高性能高負荷の世界に使われてきたが、真空の加工室が必要でしかも被溶接物の大きさに制約があるため、大気中で溶接可能なレーザー溶接にシフトされつつある。

　レーザー溶接とは、位相がよく揃った収束性の高い単色光であるレーザービームを熱源とした溶接。レーザー発振器からミラーや光ファイバーによって導いたレーザー光を放物面鏡やレンズにより集光し、被溶接物に入射することで溶接する。熱ヒズミが少なく、狭く深い溶け込み溶接ができ、高速での溶接も可能。イリジウムプラグの中心電極部の溶接に活躍する。レーザー溶接のデメリットはとくに安全性に気を配らなくてはいけない点だ。目を守る保護用のゴーグルの着用だけでなく、アクリル製などの遮断壁を持つ加工室とする必要がある。

簡便な直交座標系の溶接ロボット。

日本初の本格的産業用ロボットがこれ。

トヨタが開発した世界初のスポット溶接専用ロボット。省スペースタイプである。

各種溶接ロボット

一般的な産業用ロボットで可搬重量７０～100kgfと高い。

なお、自動車製造ラインなどで活躍する「溶接ロボット」というのは、ロボットとスポット溶接ガンから構成される。ロボットは、制御部、機構部、センサー部などからなり、制御部で機動の演算をおこない機構部を駆動し、溶接ガンを決められた位置で保持し溶接する。ロボットの機構部は少し前まで油圧式で動きがのろかったが、最近では電動式になって素早い動きとなり、作動速度だけでなく精度と信頼性が上がった。

●接着

自動車の組み立てラインなどで活躍している「接着技術」には内装用接着剤、マスチック接着剤、フロントウインドウの接着剤、ヘミング用接着剤、それに構造用接着剤の五つがある。

①内装用の接着剤

ドアトリム、ピラー、インパネ、シート周りの接着剤である。二液性ポリウレタン系、湿気硬化性の一液系クロロプレインゴム系、水溶性接着剤などがあるが、最近はVOC(有機揮発物質)の少ない湿気硬化系の一液タイプやプレコート型接着剤、あるいは難接着性で有名なポリプロピレン(PP)用の接着剤も登場している。

内装のなかでも断熱材用の接着剤としてルーフサイレンサーや断熱材を張るための専用接着剤がある。アクリルエマルジョン系の接着剤が多い。ただし、天井を接着する場合は素早く硬化しないと面倒なことになるので、多くの場合二液タイプの接着剤が多く使われる。このとき活躍するのが双頭ガンと呼ばれる出口が二つある特殊なガンで、主剤と硬化剤を同時に噴霧することにより、空中で均一に混ざり瞬時に硬化するものだ。エアコンの断熱材の接着にも使われている。

②マスチック接着剤

エンジンフード、トランクリッド、ドア、ルーフなどの外側と内側のパネルとの間

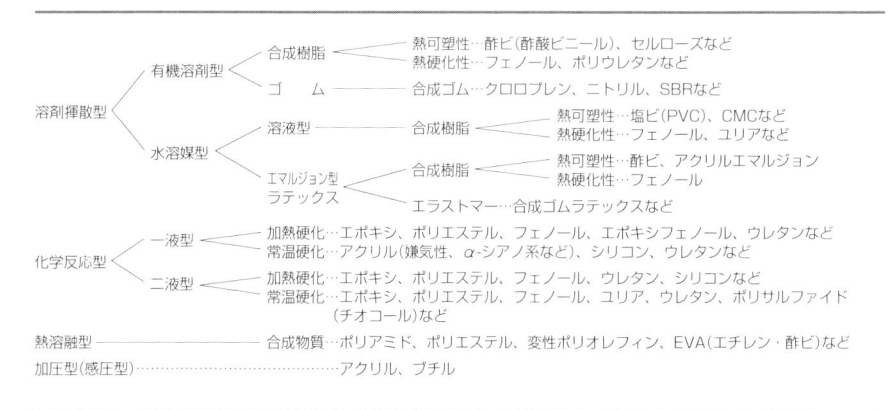

```
                                  ┌ 合成樹脂 ┬ 熱可塑性…酢ビ(酢酸ビニール)、セルローズなど
                      ┌ 有機溶剤型 ┤          └ 熱硬化性…フェノール、ポリウレタンなど
                      │           └ ゴ ム ── 合成ゴム…クロロプレン、ニトリル、SBRなど
          溶剤揮散型 ──┤                               ┌ 熱可塑性…塩ビ(PVC)、CMCなど
                      │           ┌ 溶液型 ── 合成樹脂 ┤
                      │           │                    └ 熱硬化性…フェノール、ユリアなど
                      └ 水溶媒型 ──┤                               ┌ 熱可塑性…酢ビ、アクリルエマルジョン
                                  │ エマルジョン型 ┬ 合成樹脂 ────┤
                                  │ ラテックス      │                └ 熱硬化性…フェノール
                                  │                 └ エラストマー…合成ゴムラテックスなど
                      ┌ 一液型 ──┬ 加熱硬化…エポキシ、ポリエステル、フェノール、エポキシフェノール、ウレタンなど
                      │           └ 常温硬化…アクリル(嫌気性、α-シアノ系など)、シリコン、ウレタンなど
          化学反応型 ──┤           ┌ 加熱硬化…エポキシ、ポリエステル、フェノール、ウレタン、シリコンなど
                      └ 二液型 ──┤ 常温硬化…エポキシ、ポリエステル、フェノール、ユリア、ウレタン、ポリサルファイド
                                  │         (チオコール)など
          熱溶融型 ─────────────── 合成物質…ポリアミド、ポリエステル、変性ポリオレフィン、EVA(エチレン・酢ビ)など
          加圧型(感圧型)………………… アクリル、ブチル
```

に挟まっていて、外側と内側のパネルをくっつける役目をする接着剤。骨組みの脇からまるでチューインガムのように顔を出していて、指で押すと少し弾力があるのがこれだ。この接着剤の役割はくっつけるというだけでなく、組み立て物全体の張り剛性を増し、外板の騒音と振動(NV)を抑制する働きも果たしている。車体工程で接着剤が塗布され、塗装焼き上げ炉で硬化する。

フロントウインドウと車体の間に使用する接着剤。

③フロントウインドウの接着剤

　フロントウインドウはかつてゴムガスケットを介してボディに取り付けられていたが、衝突時にガラスを保持する能力が低いため、現在では多くのクルマに合わせガラスを直接ボディに接着剤層を形成するように接着させるダイレクトグレージング方式を採用している。接着剤自体は一液湿気硬化型ポリウレタン系で、ガラスのセラミックコート面と塗装鋼板、それぞれの接着面には接着性向上のためプライマーを使用する。

④ヘミング用接着剤

　ヘミングというのはフード、ドア、トランクリッドなどいわゆる蓋物部品に必ず存在する折り曲げ部のこと。そのままだとサビの原因となるので、この部位に防錆と強度保持(接着)のために接着剤を塗布する。従来は一液加熱硬化型エポキシ系接着剤だったが、最近グラスビーズを入れることで仮保持機能をもたせる工法をしている。

⑤構造用接着剤

　クルマの車両剛性や強度を確保するため、あるいは構造上スポット溶接ができない部位に使われる接着剤で、通常はスポット溶接と併用して溶接打点を減らしている。この部位の接着は鋼板に対して高い接着強度と疲労特性が要求される。ヘミング用接着剤と同じ1液加熱硬化型エポキシ樹脂が主流。塗装工程の焼き付き炉で硬化する。

　接着剤はそもそも被着体面を一様にぬらすことで接着が始まり、接着層の固化(重合、縮合反応、蒸発、冷却、除圧)で終了する。接着剤の液状のカタチとしては、モノマー型、プレポリマー型、溶剤、エマルジョン型、熱溶融型、加圧型などがある。

　接着剤の原理は、必要条件である「濡れ」は外せないが、分子論的見方をすれば「分子間結合を利用して被着体を接合固着させる」といえる。

　分子間結合には一次結合(イオン結合、共有結合、金属結合)、水素結合(配置結合も含む)、二次結合の3種類がある。この中で一番総合エネルギーが大きいのは一次結合で、水素結合はその1割、二次結合はさらに弱く1/100程度。接着の多くは、この二次結合力と水素結合力の二つでもっぱら接着機能を発揮しているといわれる。

9.塗装の世界

　塗装の目的は、ボディの保護と美観の向上、美観の維持だ。灼熱のアフリカ、高温多湿の東南アジア、砂嵐のひどい中東、凍りつく冬の寒さのカナダや北欧など、世界中の環境下で長期間にわたり使用し続けても、塗膜の劣化や錆の発生がなく、光沢や色彩を維持する必要がある。

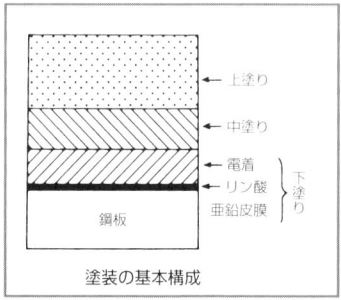

　塗装の基本プロセスは、下塗り、中塗り、上塗りの3回が主流である（トラックは基本が2回塗りで、ディーラーで3回目を屋号などとともに塗られることが多い）。下塗りと中塗りのあいだにはボディパネルの板合わせ部へのシーリング、防音と防錆のためのアンダーコーティングを設けている。高級車になると、多層塗りを施しより美しく見せている。

　比較的最近の塗料としては「フッ素系樹脂塗料」が注目される。これは耐候性にすぐれ、酸性雨にも強いとされる。高級車に使われる「パールマイカ」と呼ばれる高級塗料は

塗装の基本構成

1980～90年代の一般的なボディ塗装ライン

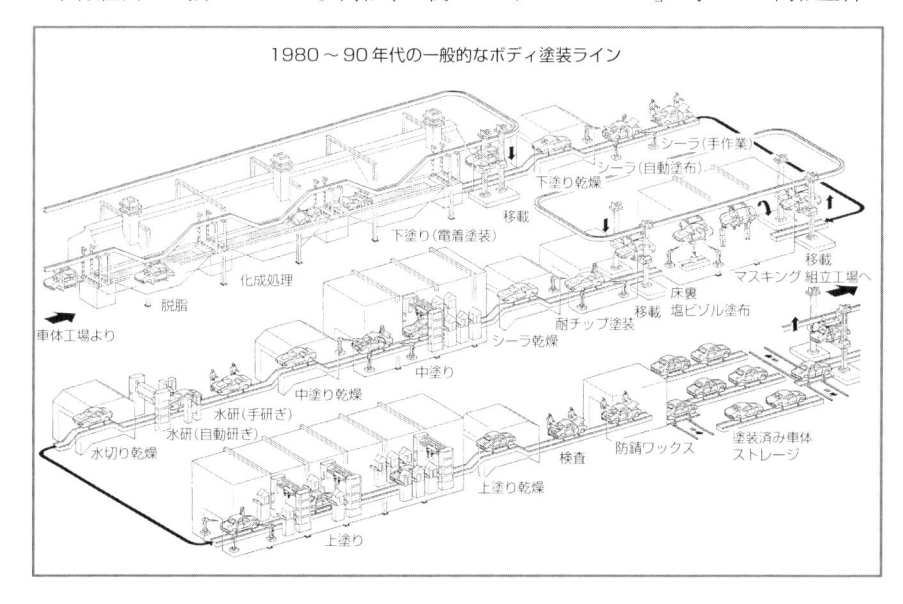

第一章　クルマの製造法

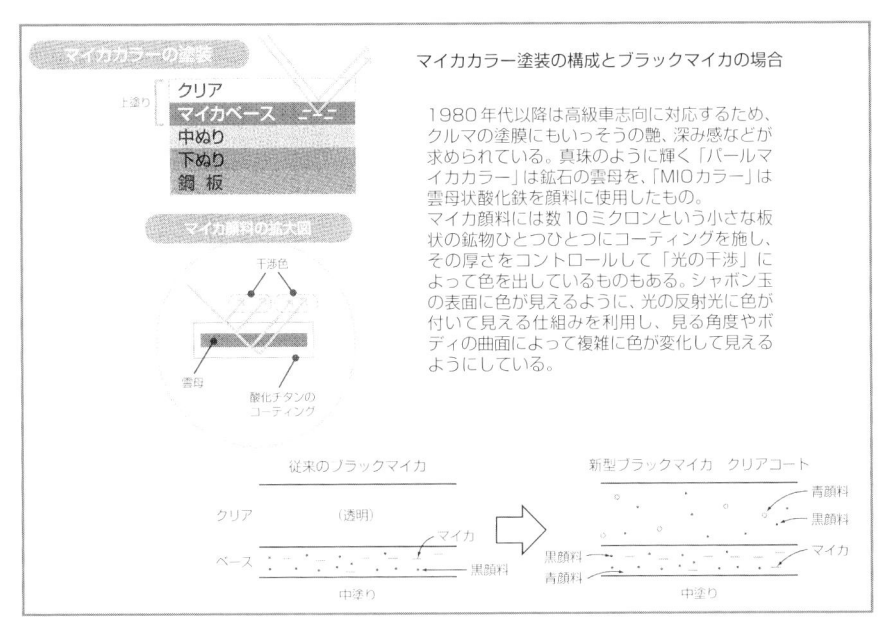

マイカカラーの塗装

上塗り
- クリア
- マイカベース
- 中ぬり
- 下ぬり
- 鋼板

マイカ顔料の拡大図

干渉色
雲母
酸化チタンのコーティング

マイカカラー塗装の構成とブラックマイカの場合

1980年代以降は高級車志向に対応するため、クルマの塗膜にもいっそうの艶、深み感などが求められている。真珠のように輝く「パールマイカカラー」は鉱石の雲母を、「MIOカラー」は雲母状酸化鉄を顔料に使用したもの。
マイカ顔料には数10ミクロンという小さな板状の鉱物ひとつひとつにコーティングを施し、その厚さをコントロールして「光の干渉」によって色を出しているものもある。シャボン玉の表面に色が見えるように、光の反射光に色が付いて見える仕組みを利用し、見る角度やボディの曲面によって複雑に色が変化して見えるようにしている。

従来のブラックマイカ
クリア（透明）
ベース　マイカ　黒顔料
中塗り

新型ブラックマイカ　クリアコート
青顔料
黒顔料
マイカ
黒顔料
青顔料
中塗り

　雲母（マイカ：アルミケイ酸塩）を二酸化チタンで被覆したマイカ顔料を使用した塗料で、真珠の輝きを持つ。従来のメタリック塗料とは光の屈折が異なり、境界面での反射と一部通過の繰り返しにより、光の乱反射を起こし、それが美しく感じさせるのである。塗装方法は、3コート2ベークタイプで、カラーベース、マイカベース、クリアの3層からなっている。
　自動車メーカーの塗装ラインとして、新川崎にある三菱ふそうトラック・バスのキャブを塗装する新工場を例に見てみよう。
　新塗装ラインのポイントは四つある。ひとつは、厳しいVOC（揮発性有機化合物）への配慮、環境重視の塗装ライン。二つ目はトラックのキャブとはいえ塗装の品質向上。三つ目は従来ラインでの塗色が40色から400色へと拡大したこと。とくに大型トラックの塗色はディーラー段階で特色に塗装するのが約9割。これをメーカーラインで完成色にすることで納期の短縮とコストダウンに結び付けたいという意図だ。四つ目が、従来狭くて暗い塗装ラインだったのを作業者の環境を大幅に改善したもの。具体的にはロボットを積極的に導入し、可能な限り無人化を進めたことだ。

●回転ディッピングシステム

　建屋は縦134m、横46.5m、高さが31m。この高さだと通常の建物なら7～8階に相当するが、「塗装工場」という特殊事情のために3階の構成である。

新塗装工場の全体図。

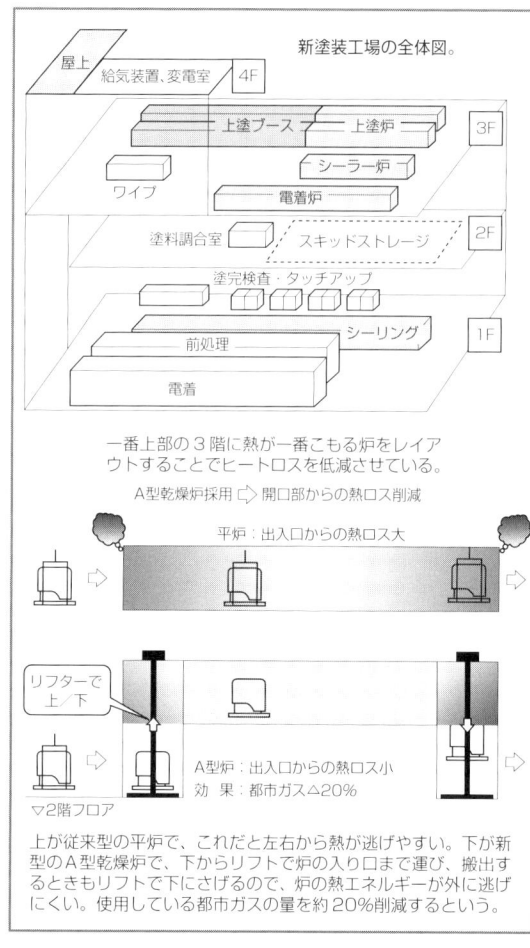

4F 屋上／給気装置、変電室
3F 上塗ブース／上塗炉／シーラー炉／ワイプ／電着炉
2F 塗料調合室／スキッドストレージ
1F 塗完検査・タッチアップ／前処理／シーリング／電着

一番上部の3階に熱が一番こもる炉をレイアウトすることでヒートロスを低減させている。
A型乾燥炉採用 ➡ 開口部からの熱ロス削減

平炉：出入口からの熱ロス大

リフターで上／下
A型炉：出入口からの熱ロス小
効果：都市ガス△20％
▽2階フロア

上が従来型の平炉で、これだと左右から熱が逃げやすい。下が新型のA型乾燥炉で、下からリフトで炉の入り口まで運び、搬出するときもリフトで下にさげるので、炉の熱エネルギーが外に逃げにくい。使用している都市ガスの量を約20％削減するという。

溶接・組立工程から出てきたキャブは、塗装工場の2階にスキッドチェンジャーと呼ばれるレールで搬入される。2階には「前処理工程」と「電着工程」がある。前処理というのは、文字通り塗装の前工程のことで、キャブをまず脱脂洗浄する工程である。「電着工程」というのは、電着塗装、つまり下塗りのことである。

この前処理と電着の二つの工程で、「回転ディッピングシステム」と呼ばれる深さ4m、長さ100m、幅6mの薬液や塗料が入った長くて深いプールのなかにジグでホールドされたキャブが回転をしながらドボンと入ったり、ジャバっと顔を出したりする。この深さと幅でハイルーフ車、ダブルキャブ車も十分対応できるという。自在な姿勢でプールに入り、塗料の沼の中で姿勢を変えることで効率的に塗装作業がおこなわれる。これが回転ディッピングシステムと一般には呼ばれるもので、国内の自動車メーカーでは初の試みだという。

電着工程を終えたキャブは、その上の3階に運ばれ「シール工程」に入り、塩ビ製のシール剤を板金のつなぎ目などに塗布する。防錆、気密、水密性を高めるためである。このシーリングラインは2台のロボットと11名のスタッフで展開される。ロボットで大まかな部分をシールし、あと作業員の手作業でシーリング作業を詰めてゆくのである。こののちシーラー炉と呼ばれる炉に入り、約140℃で硬化させる。

3階にはこのシーラー炉を含め四つの炉がある。そのため、3階に一歩はいるとむっとする熱気がからだ全体にまとわりつく。40℃以上はあると思われた。

従来の炉だと平型炉だったので、入り口と出口からせっかくの熱気が外に逃げていたが、この新塗装工場は、A型炉と呼ばれるタイプ。リフターで炉の入り口に持ち上げ、そこから横手方向に乾燥路をゆっくりと流れてゆき、最後のところで、再びリフターで下に降ろされるので、熱気が外に逃げることがない理屈。都市ガスを使って炉の温度(850℃)を高めているが、こうした工夫で約20%のエネルギーが少なくてすむという。

A型炉から出てきた半製品のキャブは、上塗り塗装の段階に入る。乗用車の世界は3コートとか4コートという具合に3〜4回の重ね塗りで手間暇をかけるが、トラックは2回塗りなのである。上塗り工程の前段階で「ワイピング」という工程がある。拭き取り工程で、ここで活躍していたのは「ダチョウの羽根」だった。ダチョウの羽根、つまり毛バタキで事前にほこりを払い、しかるのちにエアブローしていた。ちなみに、このダチョウの羽根の耐久性は1年ほどあるという。

ダチョウの羽根とエアでほこりを落とされたキャブは、上塗りラインに入る。上塗りラインは第1と第2の二つのラインがある。第1仕上げ塗装ラインは、白、ブルーというソリッドのポピュラーな色を専門とする塗装ライン。第2仕上げ塗装ラインは白とブルー以外のソリッド、メタリック、それに特色専用の塗装ラインである。第1塗装ラインでは安川電機製の6基の塗装ロボットが大活躍していた。第2塗装ラインでは、計四つ

これが回転ディッピングシステムのドイツ製バレオシャトル。キャブをジグ上にセットし、塗装プールのなかを自在にくぐらせる。塗膜のむらや塗り残しをなくす。

自動車メーカー初のディッピングシステムは一度に3台のキャブが処理できる。

上塗り塗装前のワイピング工程。左右と上からダチョウの羽根が降りてきてホコリを取り払い、次にエアブローすることでさらに汚れの付着を取り除く。

上塗り塗装第2。メタリックや特色を吹く。4つのロボットが活躍している。

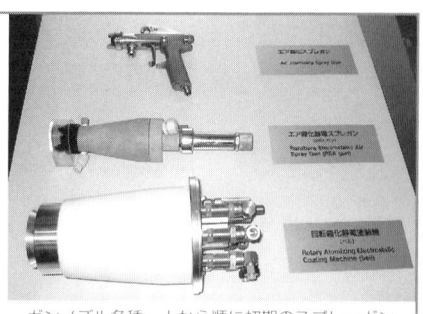

ガンノズル各種。上から順に初期のスプレーガン、エア霧化静電塗装機、最近の回転霧化静電塗装機。

こちらは上塗り塗装の第1で、ソリッドカラー専門。6基のロボットが働いている。

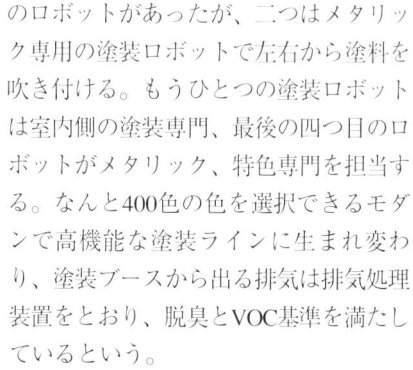

上塗りが終わり、炉から出てきた半製品のキャブは、最後にベテランスタッフにより検査される。天井と側壁から蛍光灯の光で照らされ、塗りむらなどがチェックされる。

のロボットがあったが、二つはメタリック専用の塗装ロボットで左右から塗料を吹き付ける。もうひとつの塗装ロボットは室内側の塗装専門、最後の四つ目のロボットがメタリック、特色専門を担当する。なんと400色の色を選択できるモダンで高機能な塗装ラインに生まれ変わり、塗装ブースから出る排気は排気処理装置をとおり、脱臭とVOC基準を満たしているという。

　塗装工場というのは、つねにその時代の最先端技術を可能な限り取り入れているものだ。この工場も、ヨーロッパからはじまった水性塗料が必要とあれば新たなラインを追加することで水性塗料ができる工場に変身できる。上塗りラインを出たキャブは、タッチアップラインでベテランスタッフの手で手直しをされ、完成となる。

　この工場の大きな特徴は可能な限りのロボット化、無人化への推進である。1階にはCCR（センターコントロールルームの略）と呼ばれる制御ルームがあり、ここで、設備の情報をキャッチしたり、各ラインの異常があれば表示したり、薬液や塗料のモニタリング、生産量のカウント、各ラインの始動と停止をボタンひとつでできる仕掛けがある。

10.パーツフォーマー

コイル状の丸棒からあっという間にカタチができる

　目の前に出現したのは一戸建てほどの大きさの緑色にペイントされた箱状の巨大な"工具箱"である。思わず後ずさりするほどデカイ。グリーンボックス、工具箱というものとは異なり、工具をつくる工作機械である。その名を《パーツフォーマー》という。

　といってもピンとこない。日本語に置き換えると「横型多段成形機」というそうだが、コイル状の線材をこの工作機械に投入すると、たちどころに成形されて出てくる。金属製品(部品)をつくる高度な成形マシンである。パーツフォーマーという工作機械で製造するのは、ピストンピン、ハブナット、ユニバーサルジョイント、ボールジョイント、スタビライザーのリンク、シートベルトのシャフト、AT内部に使うスプライン付きのシャフトやギアブランクといった部品。どちらかというと円筒形に近いカタチをした中空の小部品である。しかも、比較的大きな力がかかる部品。

●冷間圧造のメリット

　そもそも金属の加工というのは、不要なところを削り取ったり除去する「切削・研磨」、溶かした金属を型のなかに流し込んでカタチをつくる「鋳造」、曲げたり、叩いたり、伸ばしたりして必要なカタチをつくる「塑性加工」、数個の部品をくっつけ必要なカタチをつくる「溶接」などがある。「塑性加工」のなかには加熱せず常温で加工する冷間鍛造、1200℃前後に材料を加熱し加工する熱間鍛造、450℃前後に材料を加熱し加工する温間鍛造、それにプレス成形などがある。

　パーツフォーマーという工作機械は、材料にコイル材を使い冷間型と呼ばれる「型」に押し込め、冷間鍛造を連続的におこない金属を変形させる方法「冷間圧造」をおこなう機械なのだ。

　冷間圧造には、他の加工方法にはない数々のメリットがある。

これが「多段式800トンパーツフォーマー」。人の大きさからその巨大さを感じて欲しい。総重量180トン。床下の地面はコンクリート棒を打ち込み強固にし、さらに振動を抑えるため振動減衰装置を施している。

①目的に近いカタチがつくれるので削って捨てる無駄が少ない。
②加熱するための設備やエネルギーが要らない。
③鍛造のためメタルフローがつながっている。メタルフローというのは、木材でいうと木目のようなもので、製品の形状に沿ったメタルフローがあるため強度上有利。
④削ってつくるよりもきわめて短時間で加工できる。
⑤同じカタチのものが大量に短時間でつくれる。

　パーツフォーマーは、とにかく1回の加工で、目的に近い形状の加工をいっきにできるのが他の工作機械にない最大のメリット。準仕上がり形状のことを「ニアネットシェイプ」と呼び、この点においてパーツフォーマーのアドバンテージが高い。ただし、この工作機械は、数億円もするので、あくまでも量産部品、量産製品に限られてくる。

●パーツフォーマーのモノづくり手順

　取材したのはソケットツールなどハンドツールを製造している静岡県掛川市にある山下工業研究所(KO-KEN)。この工場には、四つのパーツフォーマーが現在稼働中で最大級のパーツフォーマーは、「多段式800トンフォーマー」と呼ばれるもので、総重量180トン、大きさが18.7m×15.5m×高さ3.7m。一番小さいパーツフォーマーでも「多段式　110トン」で総重量23トン。大きさが11.3m×3.5m×高さ1.9m。

　写真は「多段式　800トンフォーマー」で、44mmφのコイル材を入れるとソケットなら1/2インチ差し込み角でサイズ32mmをたちどころに成形してしまう。このパーツフォーマー一台で差し込み角1/2インチのソケットツールのすべてのアイテムがつくれる。つまりソケットハンドル、エクステンションバー、ソケット、それにもっとも小さなパーツフォーマーだと差し込み角1/4インチのソケットをつくることができる。

　パーツフォーマーの工程を見ていこう。

　直径2mほどの巨大なコイル材をまず、天井クレーンを使って所定の場所にセットする。ついでに、素材であるコイル材は、冷間鍛造の潤滑の下地としてポピュラーな処理が施されてねずみ色をしている。この処理を施さないと加工工程後に金型と半製品をすんなり分離できない。通称ボンデ処理、正式にはボンデライト処理と呼ばれ、ボンデライト液中に浸し金属表面に化学反応を起こさせ結晶状のリン酸塩

鋼材メーカーから入荷したコイル材で直径が44mmもある。表面がねずみ色をしているのは加工時に金型との剥離性を高めるボンデ処理を施しているため。ちなみに移動は天井クレーンでおこなう。

第一章 クルマの製造法

皮膜を形成する。

 さらに、ボンダリューベとよばれる脂肪酸ソーダ石鹸の液中に浸しリン酸塩皮膜と反応させ金属石鹸を生成させ、これが潤滑性能を示すというものだ。つまり、コイル材には仕入先の鉄鋼メーカーでこうした処理があらかじめ施されているのである。

 パーツフォーマーの入り口には、ピンチローラーと呼ばれる四つのローラーがあり、ローラーの間にコイル材を挟み、強い力で回転することでコイル材をパーツフォーマー内部に引き込む。送られた材料は、パーツフォーマー内部で、必要な長さに切断され、素材が進入した左方向に1段目、2段目と順次横の方角に向かい加工される。

 パーツフォーマーの内部を上から覗いてみよう。

 奥に切断部があり、その隣から1段目、2段目と金型が並んでいる。左側の型が「パンチ」で、右側の型を「ダイ」と呼んでいる。パンチ側は押すほうで、ダイ側はそれを受ける側である。1回の動作ですべてのパンチが同時に動いて、それぞれの工程の半製品が各1個できる。ソケットの場合でいうと、第1段で約100トンの荷重をかけ前後左右方向につぶし長さとカタチを整え次の工程につなげる。2段目以降より12角、ボス穴、さらに四角部をつくり上げる。

パーツフォーマーにコイル材がセットされたところ。右奥にパーツフォーマーの本体があり、そこに引き込まれる。

四つのローラーからなるピンチローラーで、材料をまっすぐに伸ばしながらパーツフォーマーの内部（写真左手）に引き込んでいく。

パーツフォーマーの心臓部。左手がパンチ側で、右手がダイ側。奥に素材が入り、まずそこで切断がおこなわれ、次々に上部のアーム（右上に見える）で隣の工程に運ばれる。

ダイの上部には「搬送装置」がある。搬送装置のアームは、パンチ側とダイ側が離れたときを見計らって左右に動き、材料を隣の工程に素早く搬送する。

圧造工程が終了した半製品は、機械の外へと運ばれる。このように通常なら数回に分けて加工しなければならない部品が、このパーツフォーマーでは内部で搬送しながら連続加工しているため、1回の動作で半製品を1個つくることができる。半製品といっても、このあと切削→刻印→熱処理→磨き→メッキを残すのみで、ほぼ完成品にごく近い形状のところまでつくり上げてしまう。

●飛躍的に向上した製造速度と省力化でコスト低減

パーツフォーマーの制御は、コンピューターによるコントロールで、ソケットなら1分間に30個から60個つくることができるという。従来なら切断と鍛造工程は別々の工程だったので、製造速度は飛躍的に速くなったという。いったん工作機械が動き出せば次々に成形後の半製品が飛び出してくるのだが、下準備としてホイストを使い素材をセットしたり、パンチとダイを入れ替えたり、制御盤を操作するなどに数時間かかるという。短時間に大量につくる工作機械ゆえ、万が一の不具合が生じてもいいように200個製造ごとに品質確認をおこなっている。それに、同じ動作の繰り返しなので芯ずれが起きることがあり、それを補正する意味でもチェックを入れる必要があるということだ。

ちなみに、負荷のかかるパンチは、高速度工具鋼か超鋼合金製。パンチやダイの土台自体も超鋼などの高

ダイ側。パンチ側を含め金型はすべて1ミクロン（1/1000mm）単位の精度でつくられている。製品によって異なるが金型は上下で数千万円もするという。

ダイ側の上部にトランスファー（搬送装置）の役目をするアルミ合金製のアームがある。パンチ側とダイ側が離れた瞬間にこれが左右に動き材料を次の工程に運ぶのである。

操作コントロールボックス。制御はすべてコンピューターによるが、できた製品を確認し、入力の修正をおこなうのは人間である。

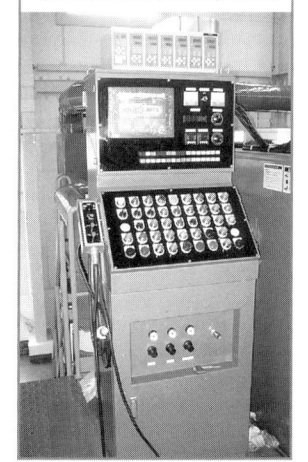

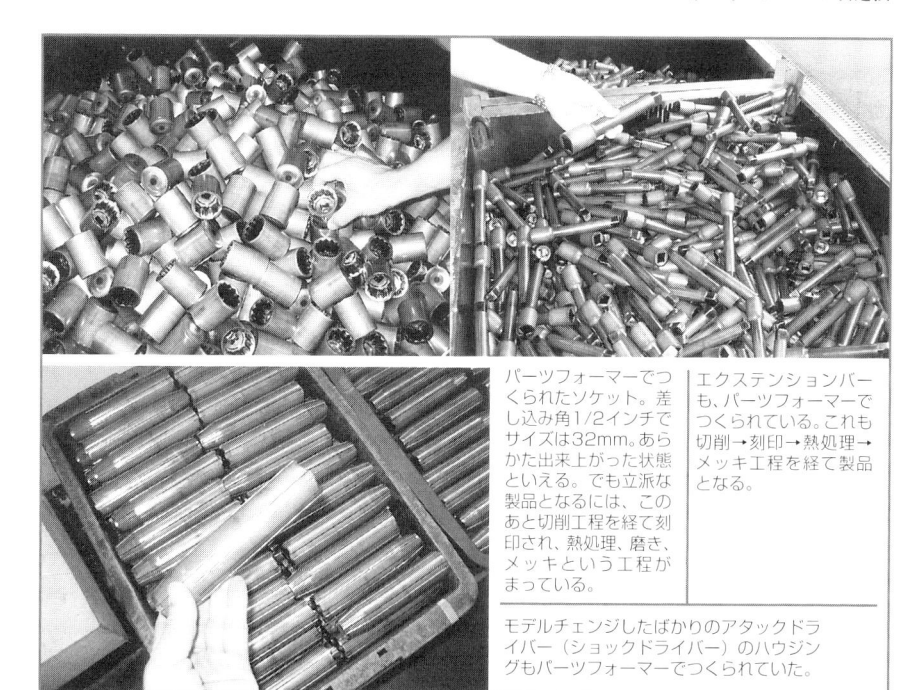

> パーツフォーマーでつくられたソケット。差し込み角1/2インチでサイズは32mm。あらかた出来上がった状態といえる。でも立派な製品となるには、このあと切削工程を経て刻印され、熱処理、磨き、メッキという工程がまっている。
>
> エクステンションバーも、パーツフォーマーでつくられている。これも切削→刻印→熱処理→メッキ工程を経て製品となる。
>
> モデルチェンジしたばかりのアタックドライバー（ショックドライバー）のハウジングもパーツフォーマーでつくられていた。

価な鋼材でつくられている。というのは、冷間圧造といえども金型内部の温度は250〜300℃まで上昇し、熱膨張したり歪んだり焼き付いたりする危険性が出てくるからだ。気になるパンチの寿命は、種類や形状にもよるがだいたい3〜4万個打つと寿命だという。

　冷間圧造を頭の中で描くとある意味無理やり塑性変形させるわけなので、とくにアール形状がきついところには、残留応力が残り、脆弱性を生むはず。そこでKO-KENの開発陣では、設計段階で材料の流れを予測し、アールの大きさを決定したり、フォーマーの多段階鍛造プロセスの順番を変更する、あるいは後加工の切削工程で残留応力を解消する手法などを製品にあわせ、適宜選択するという。

　KO-KENでは、4機のパーツフォーマーの担当作業員はわずか3名だという。たとえ1名欠員しても業務上は問題なく作業できるという。膨大な量の生産可能量に対し、数人でモノづくりが進む。クオリティの高い製品の量産によりコストも低減されるが、工場内に設置するのに約半年ほどかかったという。パーツフォーマーの稼動の際の振動を他に伝えないために更地状態のときにコンクリートの太い棒を地中に埋め込み、さらに機械と床のあいだには振動減衰装置を組み込んでいる。

第二章
クルマで活躍する機械要素

　どんなに複雑で高度な動きをする機械装置でも、単純な機械の要素を組み合わせて構成されている。その内部を分解してみるとボルトやナット、軸や軸受などの部品が構成上欠かせないものであることが分かる。
　たとえば、エンジンを頭に描いてみよう。
　シリンダーブロックとシリンダーヘッド、それにシリンダーブロックとオイルパンは、ボルトで締結されている。ボルトがまさに≪機械の要素≫である。
　エンジンの内部で活躍しているクランクシャフトは直線運動を円運動に変えるメカニズムの≪機械の要素≫であり、あるいはコンロッドは遥動運動を直線運動に変換するメカニズムの≪機械の要素≫である。カムシャフトに付いているカム山も回転運動を直線運動に変換するメカニズムの≪機械の要素≫である。
　タイミングチェーンやタイミングベルトは、クランクシャフトの回転運動をカムシャフトにタイミングよく伝達するメカニズムの≪機械の要素≫。同じ機械の要素でも使われている個所でその役割が異なるケースが珍しくない。たとえば、ばねはエンジンでもバルブスプリングとして使われているが、バルブステムに巻きつけられているバルブスプリング(ばね)はバルブを閉じる役目をするばねである。サスペンションで使用されているコイルスプリングは、路面からの突き上げを柔らかく受け止め、車体に振動をソフトに伝える役目をする。
　シャシーの世界で回転運動を直線運動に変換する≪機械の要素≫として分かりやすいのは、ステアリングギアであるラック＆ピニオン。ステアリングホイールを動かすということは回転運動で、それにつられてステアリングシャフトが回転し、ピニオンギアがラックギアの上で回転することで、ラック本体が左右に動き、タイヤの方向を

変える。同じ回転運動を上下の直線運動に変える働きをするドアレギュレーターの≪機械の要素≫はリンクである。わかりやすいので手動式のドアを思い出して欲しい。ハンドルを回すとドリブンギアが回転し、それと一体のアームが動き、アームのローラーが左右に動くことでアームの角度が変化し、ウインドウが上下する。

　CVTのプーリーと金属ベルトも≪機械の要素≫である。油圧でプーリーを動かすことでそれに絡む金属ベルトが動き、プーリー上を滑り、トルク伝達が変化する。無段変速のメカニズムも≪機械の要素≫から構成されているのである。

　ポンプ作用をする≪機械の要素≫もある。エアポンプ、オイルポンプ、ウォーターポンプなどは、ベーンを使ったり、ばねを使ったり、歯車を使ったりするなどで、ポンプの役目をしている。

　いずれにしろ、このように≪機械の要素≫というのは、機械を構成するうえでなくてはならない存在。その意味から語学でいえば単語やフレーズ、あるいは基本構文に当てはまると説明するひともいる。

　≪機械の要素≫は、なにもクルマやバイクだけに限ったことはない。モノづくり現場で活躍する加工機械、製造機械などにも採用されている。たとえば、プレス機械のスライド調整機構には、ねじを使った回転運動を直線運動に変換するメカニズムが使われているし、樹脂製品の成形でなくてはならないインライン式の樹脂成形機には巨大なねじを使っての「粒子を移動させる」機械の要素が活躍している。

　機械とはいえないが、油の粘性を使った部品としてクルマには欠かせない存在がある。ショックアブソーバー内のオイルである。ダンパーのオイルは、油の粘性をフルに活かすことで減衰力を発生させるものだ。この内部で活躍しているオリフィスは油がさらに流れにくくする働きで、所定の減衰力を発生させる≪機械の要素≫である。

　同じ流体であるATF(オートマティック・トランスミッション用オイル)は、トルクコンバーター内で、文字通りトルクを伝達する役目とトルクの増大作用もしている。

　サーモスタット内のワックスは、熱変化でその体積を変化させ、バルブを開閉することでエンジンクーラントの温度調整、つまりエンジンの温度を調整することでドライバビリティ向上、燃費向上、排ガス浄化などのアシストをしている。

　≪機械の要素≫としては、ここではボルト&ナット、ギア、ばね、ベアリング、継ぎ手、チェーンやベルト、ファスナーなどを取り上げた。このほかにも、オイルシール、プーリー、スプロケット、スプライン勘合、コッター、ノックピン、割りピン、リベット、キーなどがある。

1.ボルト&ナット

●役割と使用法

　自動車を構成するたくさんの部品を結合させる手段の代表選手が、ネジである。ネジ部をもつ基本最小部品がボルトとナットである。部品を結合させる手法として溶接、リベット、接着などがあるが、これらは永久結合方式といわれる。

　ボルト&ナットは、これとは違って必要とあれば工具を使い分解が簡単にできる便利さを持つため、さまざまなところで活躍している。非永久結合スタイルのものは必要不可欠な要素といえる。ちなみに、英語でNuts and Boltsといえば「基本のキ」を意味している。

　ネジの使われ方としては、締結用のボルト&ナットのほかにも、液漏れを防ぐための管用テーパーネジ、旋盤などの機械や構造物を直線的に移動させる役目をする送りネジ、ジャッキなど大きなトルクを支えるところで位置調整をする役目のネジ、ターンバックルなどの張力を加減する役割のネジなどがあり、ネジが活躍する世界の間口は意外と広い。

　歴史を振り返ると、15世紀終わりから16世紀初頭にかけて活躍したレオナルド・ダ・ビンチが残したノートにネジ加工の原理がスケッチされていることからも推察できるように、金属製のボルト、ナット、小ネジ類は遅くても16世紀の初頭にヨーロッパで出現したとされる。この締結用のネジは馬車や荷車で使われているし、フランス統一の基礎をつ

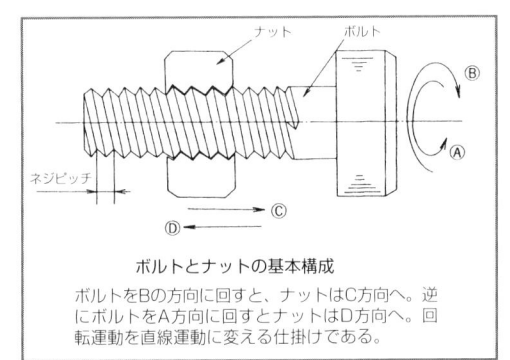

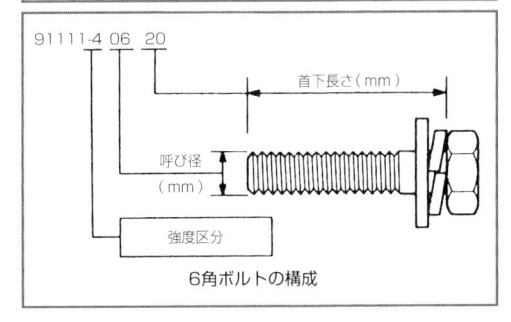

ボルトとナットの基本構成

ボルトをBの方向に回すと、ナットはC方向へ。逆にボルトをA方向に回すとナットはD方向へ。回転運動を直線運動に変える仕掛けである。

6角ボルトの構成

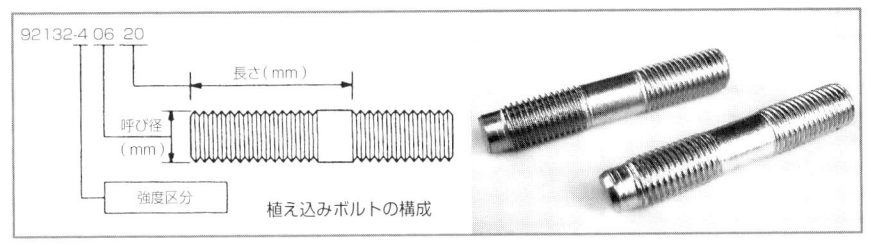

```
92132-4 06 20
      │  │  │  └─ 長さ(mm)
      │  │  └──── 呼び径(mm)
      │  └─────── 強度区分
      └────────── 植え込みボルトの構成
```

くったルイ11世は、金属製のネジで組み立てられた木製ベッドで寝ていたといわれる。この時代の鎧のなかには胸当て部分をネジ止めするタイプもあるほど。

●ネジの歴史

　日本人が生まれてはじめて金属製のネジを目にしたのはそれほど新しくはない。
　種子島、つまり火縄銃からだとされる。1543年、種子島に漂着したポルトガル人が携えていた2丁の火縄銃。のちに戦国時代の覇権争いを左右する武器となる火縄銃は最盛期には日本列島に2万丁以上存在していたと言われる。この火縄銃の銃底には尾栓と呼ばれるメネジがねじ込まれていた。当時の日本の金物づくりといえば鍬や鋤などをつくりあげる野鍛冶(のかじ)と言われる鍛冶屋、それに刀剣をつくり上げる刀鍛冶である。
　尾栓のオネジの加工は、手間はかかるが比較的簡単だった。たとえば、三角に切った紙を丸棒に巻きつけ、その線に沿ってやすりで削り込んでいったと思われるからだ。ところが、銃底メネジの加工は最大の難問だった。この製造法は鉄砲鍛冶のあいだで長くマル秘中の秘とされていた事項で、門外不出だった。あらかじめオネジがぎりぎり入るところまで中ぐりをして、熱を加え、冷えたオネジを収め、しかるのちに上から叩き、成型していく、いわば熱間鍛造成型でつくり上げたといわれる。
　イギリスから始まった産業革命によって、ネジ(ボルト&ナット)の需要が劇的に拡大する。ボルト&ナットを大量につくりあげる機械が必要となり、そうした背景から登場したのがねじ切り旋盤である。このねじ切り旋盤の登場で、これまでバラバラだったネジの規格(ネジ径、ねじ山の形状、ピッチなど)に少しずつ統一の兆しが見え始めた。というのは、当時のボルト&ナットは規格がなかったので、ボルトとナットをバラバラにしてしまうと、あらかじめ目印などを付けておかない限り、ねじ込み可能な相手を見つけ出すことができなかった。そのうち、機械メーカーが製作していたボルト&ナットはやがてネジ専門のメーカーにより製作され、ある一人の男により明確な規格が誕生する。
　それが「ウィットウォース・ネジ」の名で現代にその名が残るジョセフ・ウィットウォース(1805〜1887年)である。彼のすごいところは、当時のネジというネジ、ボル

ウイング（蝶）ボルト。手で脱着できるが締め付けトルクには限界がある。

6角ボルト。

アイボルト。吊り下げに耐えるつくりになっている。

ワッシャー付きの6角ボルト。ボルト先端がとがっているのは、相手のナットの芯に納まりやすくするため。

フランジ付きの6角ボルト。
シリンダーヘッドカバーを止めるボルト。定寸締め式で、しかも薄平ワッシャー多数タイプでもある。

ステンレスボルト。ボルト穴に入れやすいようにネジ先端を細くしている。シートレールの取り付け用など。

ト、ナットをとことん調べ上げ、整理し、ねじ山の形状、外径、ピッチについての《統一見解》を具体的に示したことだ。これは「ウィットウォース・ネジ」としてイギリスの多くの工場に受け入れられ、やがてこのネジで組み立てられたイギリス製の機械類が全世界に広がるのである（ウィットウォース・ネジとそれ以後のネジの大きな違いはネジ山の角度が55度で、それ以後のものは60度である）。

ところが、いつの世も規格をめぐる覇権争いは起きるもので、ネジの世界でもアメリカでは1868年アメリカネジと称するアメリカのインチ規格が登場し、フランスではメートル法によるメートルネジが1894年登場する。

●締め付け力とは何か

クルマやバイクの世界では、スパークプラグのネジ部、タイヤのバルブステムのネジ部などごく特殊なネジを除き、みなメートル法のISOネジ（メトリックネジ）である。ねじ山の角度は60度である。

使用頻度の高い、M8×1.25でいえば、メトリックネジで、ねじ径が8mm、ピッチが1.25mmという意味である。6角部の2面幅はスパナやメガネレンチ、ソケットツールなどの工具をかけるところで、工具サイズはその2面幅で表す。M8ならたいていは2面幅が12mm、もしくは13mmとなる。

ちなみにインチネジは、たとえばUNC，UNFを使い、呼び、山数、記号、等級などをあわせて表記する。たとえば、「1/4-20　UNC-2A」なら、呼びが1/4インチで、1イン

第二章　クルマで活躍する機械要素

ハンドルロック用ボルト。締め付け後にさらにオーバートルクをかけ先端の6角部を故意にもぎ脱落させ、二度と取れなくさせる特殊ボルト。

リアゲートのダンパー取り付け用特殊ボルト。球状部にダンパーが取り付く。

ワッシャー付きの6角ボルト。TBは締め付けトルク表示。

バンパーカウルを留めている特殊ボルト。

いわゆる通しボルト。オイルパンやヘッドカバーを留めるボルトに使われている。

ダンパー付きボルト。オフロードバイクのウインカーなどに採用することで多少の転倒時でもランプ破損を引き起こさない。

木ねじ。マイナスドライバーを使用する。

チ(25.4mm)のなかに20山がある2A級のインチネジ、となる。1/4よりも小さなものは、No.0、No.1、No.2……No.10というようにナンバーで呼ぶ。級というのはネジの等級、つまり精度のことで、1級、2級、3級などがあり、1級ネジは公差が厳しく、3級になると逆に交差が粗い。

クルマで使われるボルトの種類はいくつかある。

まずスタッドボルト。これは植え込みボルトともいわれるもの。両端にネジが切ってあるボルトで、シリンダーヘッド面、インテークマニホールド面、ハブボルトがこれである。いずれも、間違っても緩んだり、ねじ山が破損するというトラブルがあってはいけないところだ。「嵌(は)め合い長さ」と「ねじ山にかかる力」の関係で重要個所にはスタッドボルトが採用されている。

通常の通しボルトでは、座面に近い1〜2山に多くの力がかかり、座面から遠くなれ

ばほとんど力がかかっていないことがわかっている。だからねじ山の嵌め合いは3山以上にすること、ねじ山が多くても締め付けに働いていないねじが増えるだけということ。ところが、スタッドボルトの場合は、嵌め合っているねじ山に分散してチカラがかかる(応力分散)ので、傷みやすい大きな力がかかる個所がある。脱着では厄介

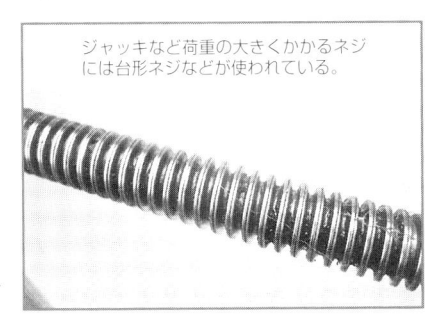

ジャッキなど荷重の大きくかかるネジには台形ネジなどが使われている。

83

な面があるが、スタッドボルトが昔から多く使用されているのである。

ちなみに、このボルトの脱着にはスタッドボルトリムーバーというSST(特殊工具)を使うか、ダブルナットといってナットを二つかませ、そのナットにレンチ2本をかけることで見かけ上の「ボルト頭」をつくり、緩めたり締めたりする。

溶接ボルトというのもある。これはウエルドボルトとも呼ばれ、ボルトとナットによる締め付けが困難な狭いところや、部品組み付けの際の位置決め用として使われる。

アースボルトは先端にドリル状の切りかきをもうけ、車体側のナットに付着した塗膜をはぎ落としながら締め付ける際に使用する。

●ゆるみ止め対策

ネジにより二つ以上の部品を締結した場合、使用中にそれらの部品が外力や振動により締結状態が変化しないことが重要。つまり、脱落したり、隙間が開いたり、ずれたりしない状態を維持する必要がある。締め付け力が低下することをネジの緩みという。ネジの緩みが進むと脱落してしまうので、こうしたトラブルがないことがネジに与えられた役割だ。

ネジの適正締め付け力は、ネジの強度、被締め付け物の強さ、外力の大きさなどにより決められており、とくに重要な個所では締め付けトルクを守る必要がある。たとえばコンロッドメタルのキャップ。締め付け力が適正値より大きいと被締め付け物であるメタルキャップがわずかに変形し、メタルのオイルクリアランスが規定値よりも小さくなり、メタルの焼き付きを引き起こすケースがある。逆に締め付け力が不足すると激しいコンロッドの外力変動によりナット、メタルキャップがエンジンの回転中に脱落し重大なエンジントラブルに直結する。

ねじの取り付け時に、ねじ山やボルトの座面にゴミ、異物などの付着物があるとボ

左からE型トルクス、T型トルクス、いじり止めトルクスボルト。

ヘキサゴンボルト。別名内6角ボルト、キャップボルトとも呼ぶ。

タッピングビス。いろいろな頭のものがある。

オフロードバイクのリアブレーキに採用されている特殊ボルト。

第二章　クルマで活躍する機械要素

通常の6角ナット。

ドライブシャフト用ナット。

ウイング(蝶)ナット。

フランジ付きの6角ナット。

右2つはキャッスルナット(別名：溝付きナット)で、溝に割りピンを入れ回り止めとするタイプ。左はカシメることで回り止めをおこなえるナット。

ホイールナットに使われている袋ナット。

ルトを正規のトルクで締め付けても軸力が十分に上がらない。見かけ上の軸力でしかない。異物が破壊したときや、異物が被締め付け物に陥没した場合は、自己弛緩を引き起こし、緩み事故につながる。ねじ山や座面を念入りに清掃してからボルトを取り付けるというのは、こうした理由からである。

　それでも、振動や外力でボルトが緩むため、さまざまなゆるみ止め対策がある。

　バネ上のワッシャーであるスプリングワッシャーを入れる、ナットの先端にバネ板を組み込んだセルフロックナット、ナットを2重にかけるダブルナット、皿バネを組み込んだロックワッシャー、一昔前のアクスルナットに使用されていたオネジの中をコッターピンを通すキャッスルナット、ケミカルのロックナット剤をねじ山に塗布するなどの手法がある。

　脱着の際、レンチが当たる6角部は、外6角タイプが基本であるが、頭部分をよりコンパクトにする目的で内6角ボルトと呼ばれるタイプのヘキサゴンボルトがある。ヘッドボルトはこのヘキサゴンボルトが多く採用されている。さらに、カド部をより多くし、いわゆるなめるというトラブルを避けるためのトルクスボルトもある。そのトルクスボルトのバリエーションとして「いじり止めのトルクスボルト」も登場している。エアバックの取り付け部のボルトがこれで、不用意にいじらせないために中心部に突起を取り付けてある。

　シリンダーヘッドやコンロッドボルトには1980年代終わりごろから通常「塑性域締め付け」用のボルトが採用されている。これは高出力化に対応したもので、金属特性で

85

ある塑性域でのボルトの伸びを利用する。これまでの弾性域締結に比べ、より均一な軸力での締め付けができるとして信頼性向上と耐久性アップを狙っている。つまり、弾性域では軸力を高めていくとボルトの伸びが正比例していくが、あるポイント(降伏点)を越えると軸力が一定の領域がある。これが塑性域である。塑性域で使用したヘッドボルトは、再使用ができないのが常識だが、通常は首下の長さを長くとり、再使用可としている。ただし、首下の長さが限度値を超えた場合(ホンダの場合は、2か所のねじ径で判断する)は再使用ができないようにしている。

形状と強度区分の見方			強度区分
六角ボルト(標準座面)		頭部に数字がある	4T〜7T
六角ボルト(標準座面)		無印	4T
六角ボルト(つば付き座面)		無印	4T
六角ボルト(標準座面)		頭部に浮き出し線が2本ある	5T
六角ボルト(つば付き座面)		頭部に浮き出し線が2本ある	6T
六角ボルト(標準座面)		頭部に浮き出し線が3本ある	7T

6角ボルトの強度区分識別法

●塑性域締め付け用のヘッドボルト

クルマやバイクのボルトを締め付けるとき、サービスマニュアル(修理書)にそのボルトの締め付け基準トルクが明記してある場合は、トルクレンチを使うのが原則だが、基準値が載っていないものに関しても、ボルトそのものの強度が決まっており、それをもとに定められたトルクを守る。ボルトの強度区分は表にもあるように4T、5T、6T、7Tで標準座面のボルトとつば(フランジ)付きボルトとは若干締め付けトルクが異なる。標準座面でボルトの頭に無印もしくは4などの数字が浮き出ている場合がある。それとつば付き座面で無印なら、いずれも4Tの強度を持つボルトだ。頭部に浮き出した線が2本あるボルトは5T、フランジ座面で頭部に浮き出した線が2本あれば6T、標準座面で頭部に浮き出した線が3本あれば7Tのボルトだという意味だ。

クルマの整備に限らないが、メンテナンスの基本はボルトを外す作業である。なかでも一番外れにくく厄介なのはプーリーを留めているクランクシャフトのフランジ付きボルト。タイミングベルトを交換するときに外す必要のあるボルトだ。ネジ径が14mm前後で、6角部の2面幅が22mmというタイプ。マニュアルを見るとSSTを使い簡単に外れそうには書いてあるが、実際には締め付けトルクが130〜190Nmとハブボルトの1.5〜2倍であるうえ、作業しづらいところにある。そこで、ボルトにレンチをかけておきクランキン

コンロッドボルトは通常SCM、つまりクロームモリブデン鋼が使われている。

グして緩める手法をとる。それでもダメならラジエター、コンデンサー、バンパーなど前面の邪魔なパーツをみな取り外し、前から大型トラックのホイールナットを脱着するインパクトレンチを使いようやく外れるという事例も少なくないほど。とにかくメカニック泣かせのボルトであることは間違いない。

●量産ボルトは"転造"によるつくり

「ねじを切る」という言葉があるので、ねじはバイトなどで切ってつくり出すものと思われがちだが(もちろん、旋盤などでつくり出すことも可能)、現在大量につくられるねじは、冷間鍛造でつくられた棒材を転造という手法で製造する。転造というのは、塑性変形といって、弾性限界を超えたチカラを素材である棒材に加え、無理やりに永久変形させてしまうというもの。これを転がしながらおこなうので≪転造≫というのである。

転造するための工具はダイスといい、丸ダイスを使用するケースと板ダイスを使う場合の2タイプがある。丸ダイスによる転造は、二つまたは三つの丸形状のダイスのあいだに丸棒を通過させることで塑性変形させ、ねじをつくる。平ダイスは、2枚の板状のダイスがあり、片方を固定しておき、もう片方は往復運動をさせることで、このあいだに棒材を指し込み、通過するあいだに変形させる。転造でカタチを整えた半製品は、熱処理を施され、製品となる。なお、ボルトを鉄素材から冷間鍛造、転造まで一貫生産する専用機・ボルトフォーマー(ボルトメーカーともいう。73頁参照)がある。これは棒材を切断→成型加工(3〜5工程)→(搬送)→転造という流れで、1分間に100〜300個を量産する。

クルマやバイクで通常の個所に使用される量産のボルト&ナットの素材は、炭素鋼または合金鋼である。これより少し高級なボルトだとSNCM鋼(ニッケルクロモリブデン鋼材)あたり。もちろん、ターボチャージャーなど高熱に耐える個所には、超熱耐熱鋼のインコネル(ニッケルベースの合金)などが使われている。

転造の方法
平ダイスによるボルトのつくり方の例。
固定ダイス
往復ダイス

ちなみに、ベテランの整備士になると、そのボルトの姿、つまりネジ径、ワッシャー付きかどうか、ネジ部の長さ、強度表示、フランジ付きかどうかなどから、そのボルトがどこで使われているかがたちどころに分かるという。逆に言えば、それぞれの部署でボルトの要求スペックが存在するということだ。

2.ギア

　動力伝達の手段には、ベルト、チェーンなどあるが、機械で主役となるのはギアだ。ギアは、ボルト、ナット、軸受、軸などいわゆる≪機械要素≫のなかでもっともポピュラーな存在である。ギアは、クルマの世界では、よく知られるようにトランスミッション、デファレンシャルなどに使われ、クルマを成立させる上でなくてはならないもの。

●各種の歯車の特徴

　ギアを組み合わせて減速すれば、回転速度は下がってトルクは上がる。この動力伝達要素はピンギアとして5世紀の中国で実用されていたようだ。レオナルド・ダ・ビンチのノートには今と同じ歯形の歯車が出ているし、16世紀には歯形の理論解析が進んでいた。実用的なギアが生産できるようになったのは1820年頃で、当時の織物機械には正確に回転する軸が必要で、そのためには騒音の出ない歯車が要求されたのである。自動車も最初のうちはベルトやチェーンなどによる駆動装置が使われたが、

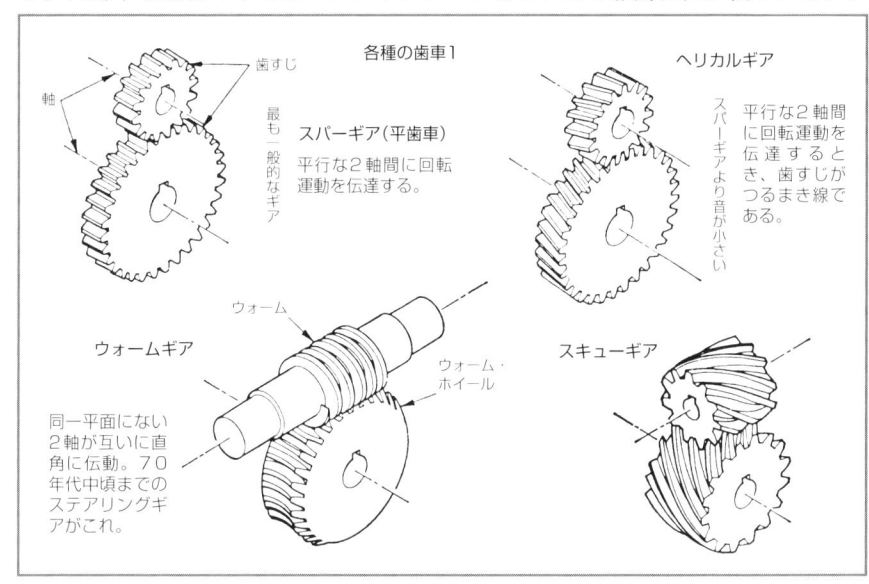

各種の歯車1

軸／歯すじ／最も一般的なギア

スパーギア(平歯車)
平行な2軸間に回転運動を伝達する。

ヘリカルギア
平行な2軸間に回転運動を伝達するとき、歯すじがつるまき線である。スパーギアより音が小さい

ウォームギア
ウォーム／ウォーム・ホイール
同一平面にない2軸が互いに直角に伝動。70年代中頃までのステアリングギアがこれ。

スキューギア

フォードが有名なT型を発売する(1908年)ころからギアの性能が飛躍的に高くなり、かつ生産技術も発達した。

歯車はいろいろな形がある。歯車に要求されるのは伝動の損失や摩耗が少なく、騒音が出ないことである。減速のために使用されるギアにはスパーギアとヘリカルギアがあるが、歯面の接触が連続的に行われるヘリカルギアのほうが歯の接触音が少ない。しかし、歯のひとつひとつが荷重を受けて変形することを考えればスパーギアのほうが損失が少ない。ウォームギアは徹底して連続接触なので歯音は出にくいが、歯面の滑り速度が大きいから伝動効率と耐久性は低くなる。

軸を90°曲げる歯車はベベルギア、日本語でいうと傘歯車である。ハイポイドギアはデフギアで使われるが、この歯切り自体が難物で、まともなギアができなかった。これを解決したのがグリーソン社の歯切り盤である。

ベベルギアをカーブさせたスパイラルベベルの歯切り盤は、技術的にも性能的にも優秀で、同社の独占であった。1920年代の終わり頃に、スパイラルベベルの軸を下げることによってプロペラシャフトの位置を下げて自動車の床を低くしたのがハイポイドギアである。日本語では食い違い曲がり歯傘歯車である。

これ以降、ファイナルドライブ用のギアはグリーソン社のハイポイドギアの歯切り盤を使用することになり、自動車メーカーの生産能力はグリーソン・ハイポイド・ゼネレーターの台数によって決まるとまでいわれた。しかし、今ではFFが多くなり、それほどではなくなっている。

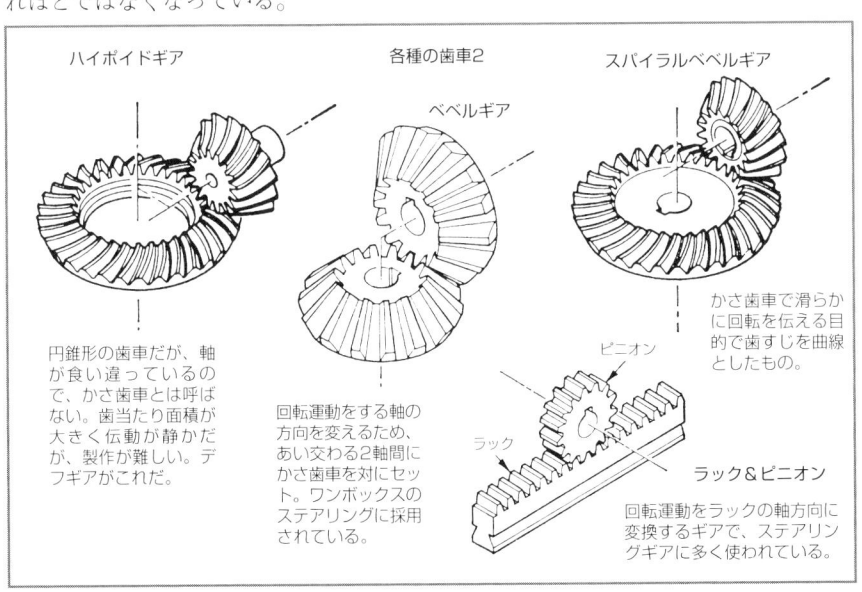

各種の歯車2

ハイポイドギア
円錐形の歯車だが、軸が食い違っているので、かさ歯車とは呼ばない。歯当たり面積が大きく伝動が静かだが、製作が難しい。デフギアがこれだ。

ベベルギア
回転運動をする軸の方向を変えるため、あい交わる2軸間にかさ歯車を対にセット。ワンボックスのステアリングに採用されている。

スパイラルベベルギア
かさ歯車で滑らかに回転を伝える目的で歯すじを曲線としたもの。

ラック&ピニオン
回転運動をラックの軸方向に変換するギアで、ステアリングギアに多く使われている。

ギアは切削加工してから熱処理をする。加工には材料が柔らかい状態の方がよいが、完成品としては硬い方がよい。そのために、浸炭とか窒化といった表面硬化加工をほどこす。さらに、それに焼き入れが伴う。

●トランスミッション用ギアの製造

歯車の世界には、機械式の時計や計器のように、伝える力は小さいが回転角を正確に伝える必要のあるタイプと、クルマのトランスミッションのように回転する力と回転数を伝えるタイプがある。クルマのトランスミッションのギアが要求されるのは、信頼耐久性だけでなくノイズの低減である。日本の自動車製造技術は、いまやトップランナーではあるが、30～40年前まではさまざまなトラブルに当時の先輩エンジニアは苦労し続けた。ギアから発生するノイズもそのひとつだった。

歯車にはJISのきちんとした評価があり、世界的に見てその評価基準は誇るべきものなのだが、実際モノづくりの世界ではJISの基準をクリアしているだけでは、満足できるものは出来ないという。ノイズの発生が商品性を損なうこともありうる。自動車メーカーでは社内のギア（歯形）形状評価基準をつくり、JISのレギュレーションとは別の、より厳しいスタンダードでギアづくりをしている。

取材したのは厚木から約8キロ北にある三菱ふそうトラック・バス中津工場。この工場は30年ほど前に産業用のエンジン工場としてオープンしたのだが、6年前の2000年にこれまで東京都太田区にあったギア製造工場（丸子工場）がそっくり引越し今日に至っているという。

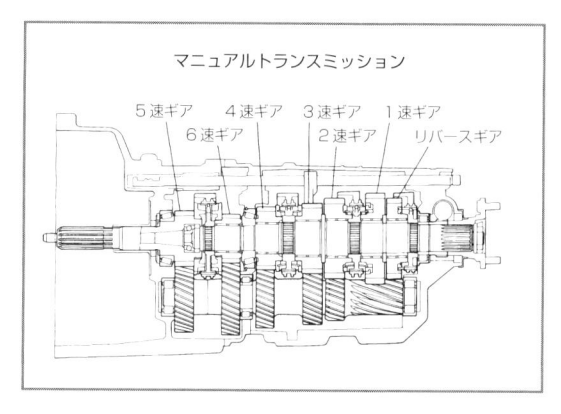

ここでつくられたギアやシャフトは、川崎工場に送られ、別の工場でつくられるハウジングやカウンターシャフトなどのミッションを構成する部品と一堂に会し、組み立てられ、さらにエンジンと合体し、シャシーへと組み込まれる。ちなみに、この工場から出荷されるミッションの部品は、小型と中型車用については部品ごとに搬送されるが、大型車用は1台分に使う部品がキットになってパレットに載せられ搬送されるという。

ギアとメインシャフト、カウンターシャフトの素材は、クロムモリブデン鋼（SCM）

である。SCMは構造用合金鋼の仲間で、浸炭焼き入れをすることで強度が向上する合金鋼である。

　クルマのトランスミッションで使用されるギアは、いわゆる≪はすば歯車≫である。平歯車に比べ噛み合い率が高く取れるので伝達効率が高いだけでなく、歯の噛み合い変動が少なく滑らかな回転運動を得ることができ、振動や騒音を少なくできる。というのは、歯の噛み合いが、1点からはじまり次第に噛み合い幅が増し、また次第に減じていくからだ。ただし、軸方向のスラストが生じることと製造や検査が面倒なことが欠点だといわれている。

歯面を仕上げるシェービングカッター。

●浸炭焼入れで高い強度を獲得

　まず、熱処理前の工程までを見る。粗材が旋盤による切削、つまり≪旋削加工≫に入る。鍛造製の粗材をギアの外径、上下寸法などを専用機(NC旋盤)で加工する。このとき使う工具は、スローアウエイチップと呼ばれる高速度鋼(ハイス)や超硬にチタンナイトライドなどと呼ばれる特殊なコーティングを施した切削用工具である。旋削加工を終えると≪歯切り工程≫へと入る。文字通りギアをつくり上げる工程で、一見するとトウモロコシ状の回転式歯切り工具が活躍する。これを英語でホブ(HOB)カッターといい、ホブカッターが活躍する工作機械をホブ盤と呼んでいる。

ギアの歯切り加工をおこなうホブカッター。

　後はクラッチ歯が設けられ、さらにシェービング仕上げ、つまり歯面をさらに精密

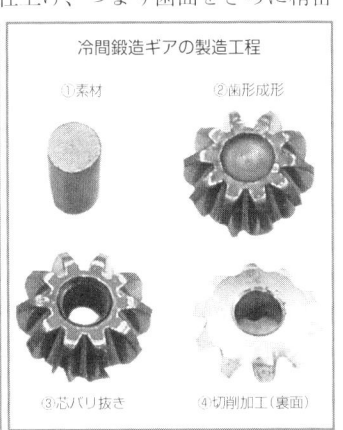

熱間鍛造ギアの製造工程
①素材　②裏込み　③仕上げ
④芯バリ抜き　⑤歯形切削加工

素材を1000℃前後に加熱し鍛造する。バリ抜きして切削し成形する。

冷間鍛造ギアの製造工程
①素材　②歯形成形
③芯バリ抜き　④切削加工(裏面)

91

ギアのプロフィールをミクロンオーダーでデータどりする測定機。

に整えられ、ドリルでオイル通路を設けられる。この一連の工程で興味深いのは歯面仕上げ加工（シェービング）である。シェービングカッターと呼ばれる専用のギザギザが設けられたカッターがマシン内キャビンの中で正転と逆転を繰り返し、歯の右側と左側をシェービング加工する。ワークをホールドするテーブルが前後に5mmほど動くことで、歯先全面をくまなくシェービング加工、この時間わずか60秒だった。

次に熱処理工程で、浸炭焼入れ。これは、900℃オーバーで炭素を多く含んだガス雰囲気中に半製品を置くことでギアの表面に炭素を浸透拡散させ、その後急冷させる焼入れ法。焼入れに要する時間はギアの大きさにより異なり、最短4時間から最長になると10時間にも及ぶ。この浸炭焼入れによりギアの表面硬さは焼入れ前HRC（ロックウエル）硬度で20ほどだったのが、いっきに59以上に硬くなる。ただし、表面は硬いが内部は硬くならないので中心部に粘り強さが残り、ギア全体としての強度が確保される。焼入れの炉は全長が約20m弱で、基本的にはLPGを燃料とする省エネ炉だが、微妙な温度調整は電気でおこなっているという。

このあと1速とリバースギアなど負荷の比較的小さなギアを除き、ショットピーニングが施される。これは1mmにも満たないごく小さな鋼球をワークの表面に高速でぶつけることで、表面に圧縮残留応力をともなう加工硬化を生じさせ、表面硬度と疲労強度を高める手法である。

圧縮残留応力というのは材料中に残された圧縮応力のこと。材料特有の引っ張り応力に達すると破壊が生じるため、あらかじめ圧縮応力が働いていると、そのぶん材料強度が向上する効果があるのを利用したもの。これによりHRC硬度でいうと59ほどあったものが61以上になる。なお、最近の高負荷傾向にあるギアには1工程増えるのだが、ダブルショットをかけて、さらに強度を向上させるケースもあるという。

●ミクロンオーダーの寸法精度技術の秘密

ところで、熱処理をおこなえば変形し、わずかながら収縮もする。焼入れ前と焼入れ後ではミクロの目でモノを見るとずいぶん違ってくる。歯のカタチ、歯の斜めの形状を歯筋というが、その歯筋（ハスジ）、歯ぶれ、歯の頂点と隣り合う歯の頂点の距離、つまりピッチが微妙に変化する。それを歯車測定器と呼ばれる機械でギアの各部を緻密に測定する。測定子を直接ギアの各部に押し付けゆっくりと移動させることで実測を図面に描く。焼き入れる前に歯車測定器でデータを取り、焼入れ後に再び測定

平歯車のバックラッシュ

法線方向バックラッシュ
ピッチ円(噛み合い)
円周方向バックラッシュ

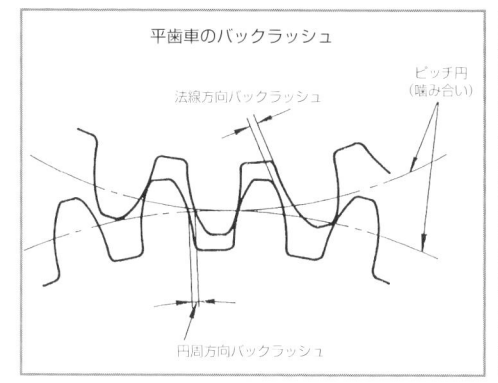

完成したばかりの小型トラックのメインシャフト。

し、変化をデータ蓄積する。一般的に言えるのは、熱処理後は歯の山全体がどちらかに倒れる傾向にあり、これを見越して熱処理前の機械加工をおこなう。

熱処理後一部のギアではショットピーニングされ、その後端面を研削し、砥石を使い内径を研削し、最後に噛み合い試験をして完成する。

ギアの歯を拡大鏡片手によく観察してみると、クラウニング（crowning）といって目視では判別が付かないが、7～10ミクロンほど膨らんでいる。ギアに荷重がかかるとこれが相手の歯とベタあたり状態になり荷重の分散効果を発揮。このとき「片当たり」とか歯先が立って相手の歯と「線当たり」状態になるとノイズが発生する。デフギアでこうした噛み合い不具合からの高周波音発生トラブルに苦心した経験があるという。

歯車管理標準をつくりあげ10数年前からより高い品質のギアづくりを目指している。ギアにかかる荷重、ストレスはエンジンやタイヤからの入力と言い換えてもいいのだが、そのストレスは歯元曲げ強度、それにピッチング歯面強度に分けられる。前者がとくに厳しいのが低速段、つまりリバースと1速2速である。後者は高速段で3速、4速、5速がこのピッチング歯面強度がより重要となる。しかも、ここ数年環境対応によりエンジンがトルクアップされる傾向なので、ギアにもより高い強度が求められている。

ギアのノイズ対策としては歯車諸元の見直しとして噛み合い率向上、捩れ角修正、歯車研削化などのミクロ的解決のほかに、サブギアを追加してバックラッシュゼロにすることでガラ音追放、さらにはケースの2重構造化、車両自体での騒音カバー追加などさまざまな取り組みがあるが、費用対効果、軽量化、耐久性など数々のパラメーターを加味して対策が講じられる。

ギアのモノづくり最終段階として「噛み合い試験」がおこなわれる。これは、マスターギアと出来立ての製品との噛み合い回転中の軸間距離の変化量を測定。このとき歯厚、歯振れ、打痕の三つを測定し、基準品と照らし合わせるというもので、全点数おこなわれる。

3.ばね

　ばねは、基本的な機械要素のひとつである。ばねの働きを物理学的に表現すれば、材料自体の弾性変形によりエネルギーを吸収・蓄積することで、その機能を果たす。通常機械材料はある程度の弾性を備えているが、ばね素材はとりわけ弾性変形態が大きい。つまり、弾性限界が高い素材である。

　一般的には、ばね材料は鉄系材料と非鉄系材料の二つがあるが、非鉄系ばねは特殊な用途で使われるもので、大部分が鉄系ばね材料である。材料の鋼の特徴である素材コストが安く、しかも熱処理でさまざまな特性が得られるところが魅力。鋼の強度は熱処理である焼入れ、焼き戻しや冷間加工により劇的に向上する。これらの組み合わせで高い弾性限界と耐久性を備えることができる。

　鉄系ばね材料も「熱間成形ばね材料」と「冷間成形ばね材料」の二つに分類できる。

　熱間成形用のばねは、サスペンションのコイルスプリング、トラックの懸架装置の構成部品であるリーフスプリング、トーションバーなどに使われる。これらのばねは比較的大きいので冷間成形ができない。そこで、860〜900℃ほどに加熱し短時間で成形をおこない直ちに焼入れ油槽に入れる。さらに、ここから硬さがロックウエル硬度で50度ほどになるところまで焼き戻しがおこなわれ、粘りが加えられ、ばねとしての機械的な強度や物性を付与される。

　冷間成形ばね材料は、冷間での成形なので小さなばねに多く使われる。種類はオイルテンパー線、ピアノ線(硬鋼線)、ステンレス鋼線の三つに分かれる。

　オイルテンパー線は、線の状態で連続的に焼入れと焼き戻しを施した線のことを指し、ばね成形前に熱処理されている。オイルテンパー線の太いタイプはサスペンションにも使われることもあるが、大部分は線径5mm以下でエンジンのバルブスプリングに多く用いられる。

　ピアノ線は、伸線加工において機械的な強度を発生させる線で、伸線加工前にいわゆるパンティング処理をおこなう。パンティング処理というのは、線材を連続的に加熱しオーステナイト状態にしたのち500℃前後の温度に急冷し、微細なパーライト組織にすること。これにより、その後の常温での伸線加工がやりやすくなり、ばね材料のふさわしい特性を具現化できる。ピアノ線は耐熱性に関してはオイルテンパー線に劣るがバルブスプリングをはじめとするさまざまなばねに使われている。

冷間成形ばね材料のステンレス鋼線は、耐食性に狙いを定めたオーステナイト系がよく使われている。オーステナイト系のばね用鋼線は、18%のクロムと8%のニッケルを主成分としているが、この状態では機械的強度不足なので、これを伸線により加工誘起のマルテンサイトを出現させ、機械的強度を高めてばね素材としている。

以上三つの冷間成形材料は、ばね成形時に加工ヒズミがはいり耐へたり性がダウンするため、焼鈍（焼きなまし）をおこないヒズミを除去している。また、ばね製品の大部分はショットピーニング処理を施されるケースが少なくない。

●サスペンション用ばねの種類

サスペンションに使われる金属製ばねには、コイルスプリング、トーションバー、リーフスプリングの3種類がある。リーフスプリングは曲げ変形を利用しており、コイルスプリングとトーションバーは線材の捻れ変形を利用している。

どの種類のばねを使うかは、サスペンション形式や駆動方式とのかねあいによるが、リーフスプリングは車軸式やダブルウィッシュボーン式、コイルスプリングは車軸式やダブルウィッシュボーン式、ストラット式、セミトレーリングアーム式、トレーリングアーム式など。トーションバーはオフロード用4WD車のフロントサスペンションにダブルウィッシュボーンと組み合わせて用いられる。ドライブシャフトと干渉しないためである。

ばねは一般的に荷重とたわみが比例するが、形状を工夫することで荷重とたわみが比例しない、いわゆる非線形ばねにすることができる。たわむにつれてばね定数が高くなれば、小さな凸凹でも大きな凸凹でもショックを少なくして吸収することができ

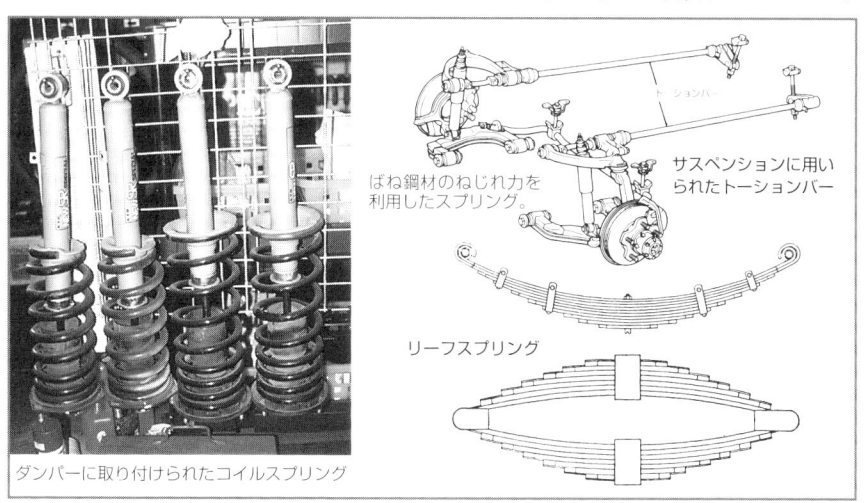

ばね鋼材のねじれ力を利用したスプリング。

サスペンションに用いられたトーションバー

リーフスプリング

ダンパーに取り付けられたコイルスプリング

コイルスプリングの構造と非線形コイル

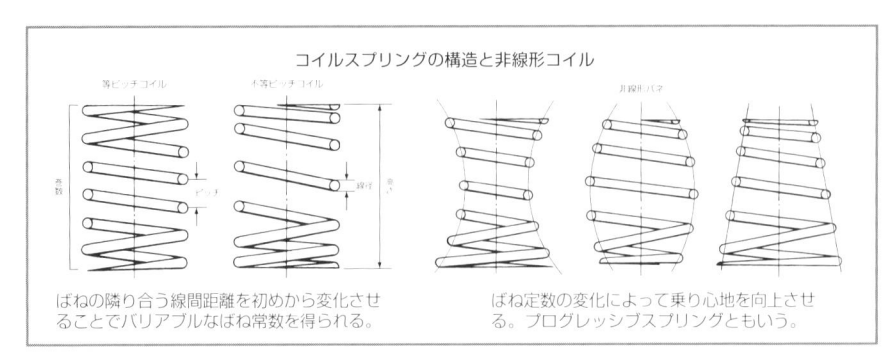

ばねの隣り合う線間距離を初めから変化させることでバリアブルなばね常数を得られる。

ばね定数の変化によって乗り心地を向上させる。プログレッシブスプリングともいう。

る。また、積み荷の有無で車両重量が大きく変化するトラックなどでは、ばね定数が非線形のほうがよい。

リーフスプリングは大型トラックのリアサスペンションに使われている親子板ばねが非線形特性をもっている。主ばねに小さなリーフスプリングを重ね、空車時には小さなばねは働かず、積み荷が重くなると主ばねがたわんで、小さなリーフスプリングも加重を負担することでばねが硬くなる。

コイルスプリングでは素線の間隔を変えて、非線形特性にできる。コイルスプリングが圧縮されて素線が隣同士で密着し、有効巻き数が減少してばね定数が高くなる。

●動弁系のコイルスプリング

スプリングは自重とばね定数によって定まる固有振動数を有する。スプリングがバルブの開閉のために圧縮と復元をくり返す。ところが、エンジン回転スピードが上がると、圧縮と復元の高調波成分によって加振され共振を起こすのがサージングである。これはバルブの不整運動で避けなくてはならない。

各種素材のバルブスプリング

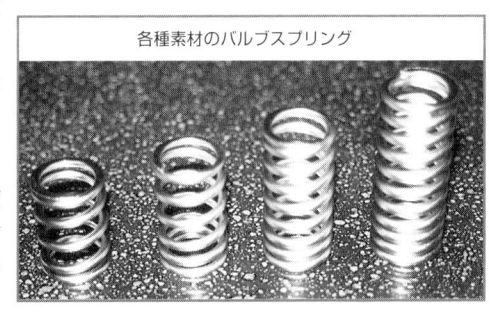

そのために巻きピッチを変化させ、非線形のばね定数にする。密に巻いた部分が互いに接触したり離れたりすることにより固有振動数が変化する効果がある。もうひとつの方法として、ダブルスプリング式にする。一方のスプリングがサージングを起こしても、もう一方が所定のばね定数を維持していれば影響は半減する。ダブルスプリングを使用する場合、巻き方向を互いに逆にして、からまないようにすることが必要である。

●コイルスプリングの材料と製造

　コイルスプリングの材料は主流となっている熱間成形のコイルスプリングの場合、JIS規格でいうSUPといわれる低合金鋼(あるいはバネ鋼鋼材ともいう)が使われる。SUP3～SUP13までいろいろあり、このバネ鋼の特徴は炭素含有が0.5～1.0%で、焼入れ性のよいもの。内部まで均等に焼入れができ、これにより疲労破壊強度を高めるためである。

　足回りのコイルスプリングの直径は10mm以上もあるため、通常の炭素鋼では保たない。さらに強靭性を負荷させる鼻薬的添加元素としてニッケル、モリブデン、バナジウム、クロム、マンガン、さらには焼入れ性を高める目的でボロンを添加する。

　コイルスプリングの製造プロセスは、熱間圧延した材料を受け入れ検査→テーパーロール→860～900℃に加熱しコイリング→焼入れ・焼き戻し→ショットピーニング加工→セット荷重加工→塗装→荷重試験→完成、という流れ。

　このなかのコイリングとは、900℃付近まで加熱した状態で溝付きの芯がね(リードスクリュー)に半製品を沿わせコ

熱間成形のコイルスプリングの製造。コイリングは加熱してコイル状に成形する工程。

イル状に成形するもの。焼入れ焼き戻し工程で、硬さをだいたいHRC硬度で45前後にしている。このあたりが強度と反発力などの物性がよいとされている。

　熱処理されたままの鋼材は表面に引っ張り残留応力が残っているので、ごく小さな鋼球を表面に高速で万遍なく(スプリングを回しながら)叩きつけることで、圧縮残留応力に変化させ、疲労強度高める。これがショットピーニング加工である。ショットピーニング後、使用される最大荷重を超える圧縮荷重をスプリングに加える。このセット荷重工程により、バネの弾性限界を高め、バネのへたりを小さくする。このままだと錆びやすいので表面を塗装して完成する。

　バルブスプリングなどの冷間成形のコイルスプリングは、所定の引っ張り強さに熱処理されたオイルテンパー線(SWP：ピアノ線のこと)を素材とし、コイルマシンで成形され低温焼き鈍しされる。その後、ショットピーニング加工されてから熱間成形のスプリングと同じプロセスで製品となる。

4.ベアリング

　ベアリングは回転する部分に使用される最重要部品のひとつだ。≪産業の米≫とまでいわれるベアリングは、自動車ばかりか、飛行機、鉄道、家電、コンピューターなどありとあらゆる機械製品になくてはならないもの。

　日本語では軸受けといわれるように、回転する軸を支え、その回転をスムーズに保証するために存在する。一般にベアリングは、滑り軸受けと転がり軸受けの2タイプがある。前者はエンジンのクランクシャフトのジャーナル部やピン部に使われているベアリングである。平軸受け、プレーンベアリングとも呼ばれるもので、単にメタルと呼称されるケースもある。後者はボールベアリングなどでホイールに取り付けられるハブベアリングやATの内部に使われる。

　転がり軸受けは、内輪(インナーレース)と外輪(アウターレース)のあいだに転がる転動体が主流構成部品である。機械の回転部を効率よく回すためには欠かせない部品である。軸受産業の発達が機械工業の高度化を促進しいわゆる近代社会を支えている、といっても大げさではない。

　このベアリングの構造は、内輪と外輪とのあいだに転動体がはまっていて、内外輪と転動体とのあいだの転がり運動によって軸を支えている。転動体には、玉(ボール)、ころ(ローラー)、針状のころ(ニードル)の3タイプがある。このなかでは、ニードルの転動体は外径を小さくする上では有利である。

●ハブベアリングの世界

　クルマにはエンジン内部、ミッション内部などいたるところにベアリングが使われているが、まずハブベアリングを引き合いに出してベアリングの世界を探ってみる。

　乗用車や小型トラックなど比較的負荷が小さなクルマのハブには、ボールベアリングが使用され、中型トラックや大型トラックなどアクスルに大きな負荷がかかる車両の場合のみテーパーロー

転がり軸受け(ハブベアリング)

これが第1世代のハブベアリング。左がボールベアリングタイプで、右が荷重の大きなトラックなどに採用されているテーパーローラーベアリングタイプ。いわゆるコロの上部分を外輪(アウターレース)といい下部分を内輪(インナーレース)という。

第二章　クルマで活躍する機械要素

ラーベアリングを採用している。テーパーローラーベアリングはボールベアリング式にくらべ薄く軽くできるが、ローラーのスラスト面が滑るため、これが大きな抵抗になり、燃費のうえからは不利。しかもレースの転走面上に線接触で当たっているため、ベアリングをセット(圧入)する場合、万が一斜めに打ち込むとローラーの姿勢が悪くなり、トラブルに直結する。その点ボールベアリングは、多少斜めにセットされてもローラーベアリングほどナーバスではない。

　レースのボールの転走する面は0.3Sほどの表面粗さである。別名スーパーフィニッシュとも呼ばれるほどの鏡面仕上げ。ちなみにレースの嵌合(かんごう)面の粗さが3〜4Sだからその仕上げぶりが理解できる。

　ボール自体はJIS表示のSUJ2といういわゆるズブ焼き鋼で、表面粗さは0.2Sとウルトラスーパーフィニッシュ仕上げ。

　ホイールベアリングで使用されるボールの大きさはクルマのクラスでだいたい決まっている。軽自動車でϕ9.525mmつまり3／8インチ、コンパクトカーでϕ11.9063mm(15／32インチ)、2リッタークラスでϕ12.7mm(1／2インチ)、オーバー2リッタークラスでϕ13.4938mm(17／32インチ)である。

　ボールベアリングの構成部品はボール以外ではインナーとアウターのレース、ボールを保持する保持器、それにシールでできている。保持器はPA66つまりナイロン6−6製でボールを等間隔で保持する役目をし、シールは内部の潤滑剤(グリス)が外に出ない目的で外側がSPCと呼ばれる鉄製の板金、外側がステンレスSUS304もしくは430製として、そのあいだにNBR(ニトリルゴム)でシールしている。グリスが熱膨張を想定して容積比で約4割程度を充填しているという。

　ホイールベアリングの寿命はおよそ走行20万キロといわれる。ボールそのものの疲労よる劣化という問題は解消しており、あるとすればシールからの水の進入によるトラブル事例だという。縁石にタイヤを強くぶつけベアリングレースに傷が付くことによるトラブルもある。この場合、まずノイズが発生し、そのまま使い続けるとノイズが大きく

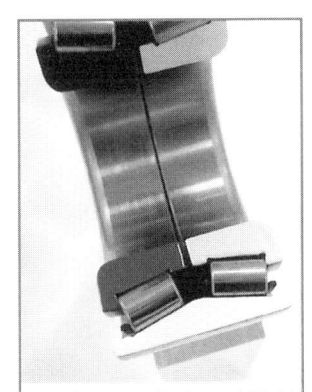

テーパーローラーは、レース内面に対して線で接触している。それにスラスト面が滑るので、ボールベアリングにくらべフリクションが大きくなる。ちなみに、テーパーローラーベアリングはもともとはアメリカのティムケン社のアイディアだという。

ボールタイプのベアリング。両端にシールが納まり内部のグリスの流出を防いでいる。ボール自体の耐久性は高く、クルマ一生分以上だが、トラブルがあるとすればシールの不具合で水が浸入することだというが、これもゴム素材やリップ形状の変更で劇的によくなっている。

第2世代のハブ。指をさしている部分にハブボルトが取り付くとともに、外輪（アウターレース）をかねている。ちなみに、これはFF車のリアで、ホンダのフィットがこのタイプ。

第2世代のハブの裏側。黒いリング状のものがハブベアリングのシール（SUS製）である。

第3世代のハブ。ハブボルトだけでなく、ナックルを取り付ける機能を組み込んでいる。内輪（インナーレース）回転タイプで、FF車のリアである。たとえばヴィッツのリアにこのタイプが採用されている。

第3世代のボールベアリング部のアップ。ベアリング内でボールを等間隔で保持するために、グラスファイバー入りのナイロン6-6（ポリアミド樹脂の一種）を採用している。

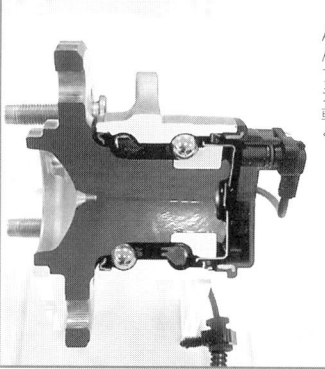

ABSセンサーを組み込んだ第3世代のハブ。ハブの背後にドライブシャフトなどがないFF車の従動輪（後輪）によくあるタイプである。

ABSセンサーの樹脂カバーを取り外したところ。スリットのたくさん入ったパルサーリングが見える。ちなみにセンサー部とパルサーリングのエアギャップは0.8～1.0mm。水の浸入をきらい2重パッキンタイプとなっている。

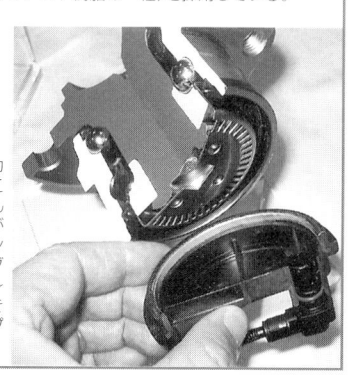

なるばかりでなくレース表面が剥離し騒音が発生する。シール性についてもゴム素材を見直し、さらにリップ形状をモディファイするなどで従来品より1.5倍の耐久性を向上させているようだ。乗用車の世界ではトラブルはまずないが、荷重の大きなトラックの場合、プリロードをかけすぎることによる焼き付きが起きることがある。だから、トラッ

第二章 クルマで活躍する機械要素

こちらは、駆動輪用の第3世代タイプで、駆動輪なので、ABSセンサーが外輪をかねているナックル取り付け部にセットしている。FF車のフロント、もしくはFR車のリアがこのタイプのハブを採用する。

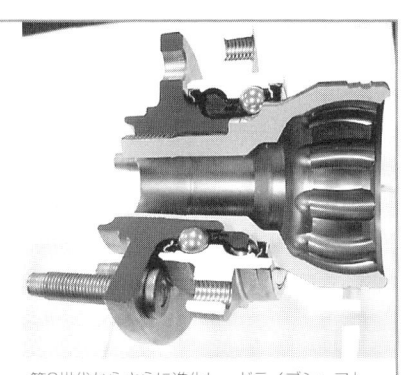

第3世代からさらに進化し、ドライブシャフトの外輪まで組み込んだ第4世代のハブがこれ。ドライブシャフトを量産しているNTNだからこそ提案できた近未来商品。2009年の量産を目指し現在実車でのテスト中だそうだ。

ブレーキローターまで組み込んだ第3世代のハブ。ホンダレジェンドのフロントで、高性能車にありがちなジャダー対策を追求したひとつのカタチといえる。ただし、鋳物とローターとスチールのハブの組み合わせなので機械加工には苦心したという。

最新のモノづくりテクノロジーである有限要素法をフルに活用してとことん贅肉をそぎ落とした軽自動車用の最軽量ハブ(第3世代)がこれ。近い将来このタイプが市場に出る見通しである。ちなみに、従来ハブにくらべ約30％軽量化だというからバネ下軽減で、操縦安定性の向上が見込まれる。この手法は、軽自動車に限らず使える。

クの世界では定期的なグリスの交換とプリロードの管理が大切となる。

●トランスミッションのベアリング

　ATの中に使われているベアリングは平均すると29個。この数字は、ベアリングメーカーの軸受技術部のスタッフが複数のATを実際に分解して調べたデータである。このうち多いのは、ニードルベアリングで23個、つまり全体の約8割を占める。テーパーロー

101

FA処理済のテーパーローラーベアリングは、AT内部などで活躍している。

マニュアルトランスミッションで活躍する高スラスト用樹脂保持器付きの円筒コロ軸受け。

ボールベアリング

比較的負荷の大きなところに使われるのがニードルベアリング。MT、CVTで使われる各種ニードルベアリング。

ATで使われるベアリングの約8割、MTの約6割、CVTで4割強使われているのがニードルベアリング。これはスラストニードルベアリング。

ラーベアリングが平均で3個、ボールベアリングが2個で円筒コロ軸受が1個である。

　ATを含めトランスミッションには、ベアリングの種類別には、ニードルベアリング、ボールベアリング、テーパーローラーベアリング、それに円筒コロ軸受(シリンドリカル・ローラーベアリングともいう)と呼ばれるサポートベアリングなどに使われるコロ径が6mm以上のベアリングという4タイプがある。

　いまや少数派になったマニュアルトランスミッションは、トータルで16個。ニードルベアリングが一番多く10個、あとはボールベアリング3個、テーパーローラーベアリング2個、円筒コロ1個という具合。CVTでは全部で18個ほどのベアリングが使われ、うち8個がニードルベアリングで、5個がボールベアリング、3個がテーパーローラーベアリングで、円筒コロが1個である。

　ATのニードルベアリングのうちスラスト受けに使うことでフリクション低減を図っているのがスラストニードルベアリング。プラネタリーギアの前後とトルクコンバーターのステーターの前後に使われている。ベアリングを採用することでフリクションを低減している。

　ところで、ATに使用されるプラネタリーギア内のニードルベアリングは、他のベアリングに比べストレスが高い。プラネタリーギアはエンジン回転の3倍の高回転になるものがあるからだ。しかも、構造上潤滑しづらいところにあり、高出力化にともない、ベアリングのタフネスさを向上させている。

第二章　クルマで活躍する機械要素

　また、CVTではプライマリーとセカンダリーシャフトの前後にボールベアリングが使われている。リダクションシャフトには二つのテーパーローラーベアリングが採用されている。さらにデフの横には二つのテーパーローラーベアリングがあり、トルクコンバーターのステーターの前後にはスラストニードルベアリングが活躍している。トルクコンバーターと第1プーリーの間にある遊星歯車（プラネタリーギア）の内部にもニードルベアリングが数個使われている。

　CVTのベアリングでつらいのは、駆動プーリーのフロント側ベアリングと従動プーリーのリア側ベアリングだ。この部分で位置決めをしているので、CVTメーカーサイドから芯ずれ許容値は0.1mm以内と厳しいものの、ベアリングメーカーはこの二つの軸受けのガタはゼロを目指している。通常ボールと転動面は100：102〜104ぐらいの曲率差でいいが、これを砥石による研磨工程を介在させることで100：101まで詰めている。

　ATやCVTに多く採用されるニードルベアリングのコロ表面にHL加工と呼ばれる特殊な加工を施した製品がある。HLというのはハイ・ルブリケーションの略で、日本語でいえば「高い潤滑性」という意味である。コロの表面にある特殊な手法でごく小さなくぼみを設ける。その深さは1ミクロン、大きさは10数ミクロンで、このディンプルのなかに潤滑油を保持させることで耐久性を飛躍的に延ば

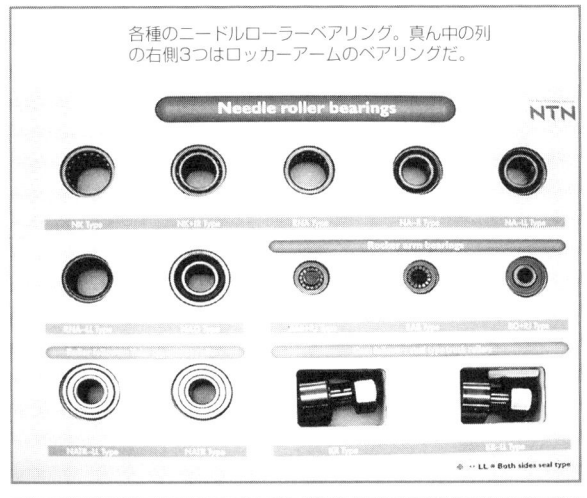

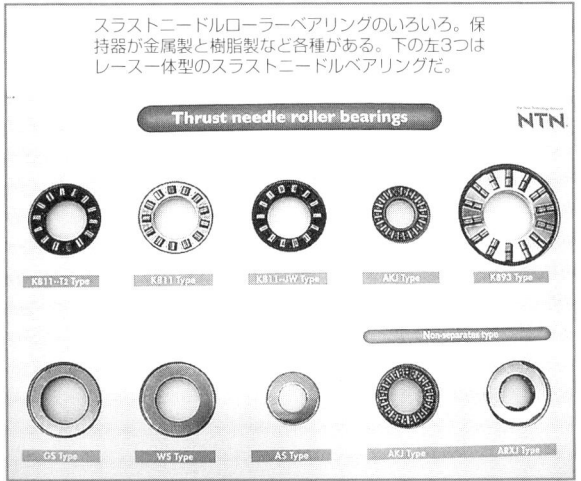

各種のニードルローラーベアリング。真ん中の列の右側3つはロッカーアームのベアリングだ。

スラストニードルローラーベアリングのいろいろ。保持器が金属製と樹脂製など各種がある。下の左3つはレース一体型のスラストニードルベアリングだ。

すというものだ。エンジンのシリンダー内壁にクロスハッチと呼ばれる細かな溝をつけオイル保持をするのとほぼ同じ発想である。

このHL加工は、1988年から量産化し、現在では相手の面粗度、潤滑油量、粘度で穴の深さと大きさをチューンする「マイクロHL」と呼ばれる表面改質までバージョンアップしているという。

●コストを上げないで寿命などの性能アップの努力

ベアリングの素材は、過酷な運転条件で長時間にわたり精度を保つ必要があるため耐摩耗性、耐衝撃性を有する「高炭素クロム軸受鋼」である。JIS表示で言えば特殊用途鋼のひとつであるSUJ2である。

この"軸受鋼"も進化している。1965年時点での素材ベースの軸受鋼の寿命が「1000×10の4乗」だったのが、20年後の1985年には10倍に寿命が向上している。これには非金属物介在物の含有量の減少と酸素含有量の減量があった。その後、浸炭窒化処理や熱処理での長寿命化、さらにはモリブデン、シリコン、クロムなどの元素を加えるなど、合わせワザによるベアリングの寿命コントロールができるようになった。

こうしたなかで5年がかりで完成したのがFA（Fine Austenite Strengthening）処理をほどこした軸受鋼だ。これは「金属の結晶粒が細かければ細かいほど材料の降伏強度が高くなる」というホール・ピッチの法則を活用したもので、焼入れ工程を2回に分けて結晶粒の微細化を実現させている。材料そのものは従来からのSUJ2だが、結晶粒の大きさをノーマルの10ミクロンから半分の5ミクロンにして疲労強度が3〜14倍に向上。幅があるのは異物混入時のパラメーターが加わるからだ。

厳しい使用状態にさらされる高回転型スポーツエンジンのロッカーアームに、この

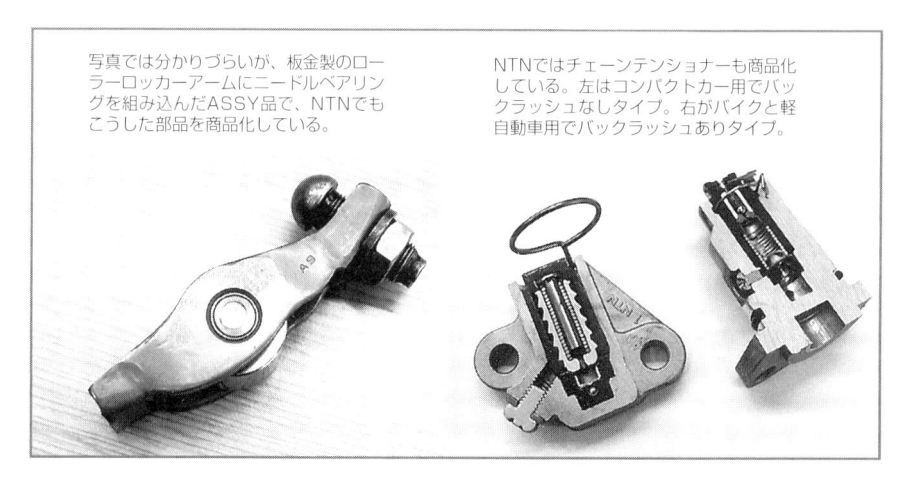

写真では分かりづらいが、板金製のローラーロッカーアームにニードルベアリングを組み込んだASSY品で、NTNでもこうした部品を商品化している。

NTNではチェーンテンショナーも商品化している。左はコンパクトカー用でバックラッシュなしタイプ。右がバイクと軽自動車用でバックラッシュありタイプ。

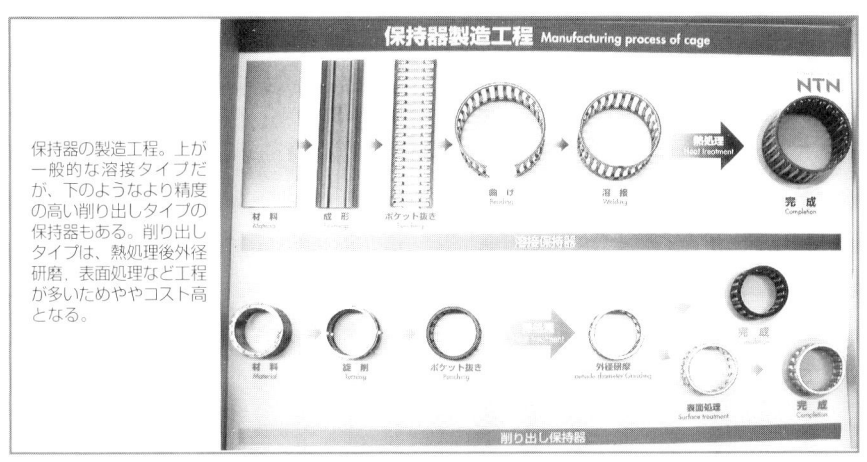

第二章 クルマで活躍する機械要素

保持器製造工程 Manufacturing process of cage

保持器の製造工程。上が一般的な溶接タイプだが、下のようなより精度の高い削り出しタイプの保持器もある。削り出しタイプは、熱処理後外径研磨、表面処理など工程が多いためややコスト高となる。

FA処理を施したニードルベアリングが採用されている。このFA処理のおかげでロッカーアーム自体の幅を狭くでき、エンジンのコンパクト化に役立っているという。

●ニードルベアリングの製造

ニードルベアリングは外輪、ケージ(保持器)、それに針状コロの三つから成り立っている。この製造では、シェルとも呼ばれる外輪は平板をブランク抜きし円盤状にして、絞り加工し底抜き→ツバ切りをおこなう。これはトランスファープレスで作業され、その後焼入れされ表面処理加工でスタンバイ。保持器は、素材の帯鋼と呼ばれる板材を成形し、ポケット抜き→切断→曲げ→溶接と進み最後に熱処理。針状コロは、鋼材メーカーから入手した線材をまず切断し、端面を成形→バリ取りと進み熱処理される。熱処理されたものは、研削で外径を出し、磨き加工される。

膨大な量のコロは、1ミクロン単位で五つとか六つのグループに分けられ、外輪と保持器とドッキングされニードルベアリングとしての姿が整う。そのあいだに検査が2重3重におこなわれ、洗浄→防錆と進みようやく製品となる。

●プレーンベアリングの世界

単純なかたちをしたプレーンベアリングには、一体モノと半割りタイプがある。一体モノは軸を差し込まなくてはならないので、一般的には小さなものに限られ、エンジンの世界だとコンロッドの小端部(ピストンピンとの結合部)に一体構造のベアリング(ブッシュ)が採用されている。半割りタイプのプレーンベアリングは、組み立てにも便利なため大きなものやエンジンなどのクランク軸にごくポピュラーに採用されている。ミクロンオーダーのトライボロジー(摩擦工学)である。

単純な平軸受けというのは、機械本体に軸を受ける穴をあけただけで、特別な潤滑措置を持たず、低荷重・低速回転の世界ではあまり精度を必要としなかった。ところが、自動車のエンジンなど軸に対する荷重や精度などが要求される軸の場合、そうはいかない。軸受け合金、つまりメタルが使われる。機械本体の穴へメタルをはめ込み、その表面粗さ、軸との当たり具合、潤滑方法などがきちんと考慮されないと成立しない。

メタルの素材としては青銅、リン青銅、ホワイトメタル、アルミニウム合金などがある。いずれも軸素材よりもやわらかく、万が一オイル切れを起こし焼き付いても軸自体にダメージを与えないようにしている。軸(クランクシャフトなど)自体をもし交換すると高価だが、メタルなら比較的安く済むからである。

プレーンベアリングで軸が回転し続けるには、いくつもの問題が存在し、それらをクリアする必要がある。ひとつは、軸と軸受けの二つ以上の部品が互いに面接触しながらすべり運動を行うので、摩擦によりエネルギーの一部が消費される。消費されるエネルギーは熱に変わり、ひどくなると焼き付きというトラブルを引き起こす。こうしたすべり摩擦によるエネルギーの消滅→熱発生→焼き付きを避ける目的で潤滑が必要となるわけだ。そのために油膜保持をキープする。表面張力に小さなオイルが隙間に入り込み、薄い油膜をつくり、金属同士が直接接触することをなくし、抵抗を極力減らし熱の発生を低減する。

プレーンベアリングでは、オイルが入り込むわずかなクリアランスの中で、オイルは軸の回転により圧縮され、部分的に高圧になる。このオイルのクサビ効果により、軸がつねにオイルの中でフローティング状態で回転するのが理想。この状態を維持するためには、オイル供給が大きなポイントになる。通常は、軸受けの上側から自然落下により供給するが、同時に、オイルが軸受け全体に行き渡る目的で軸受け内面に溝を設けていることもある。

●究極のトライポロジー

エンジンのクランクシャフトに採用されているプレーンベアリングは、その目的から、耐焼き付き性、なじみ性、耐腐食性、耐疲労性、埋没性などの条件が要求される。このうち、耐疲

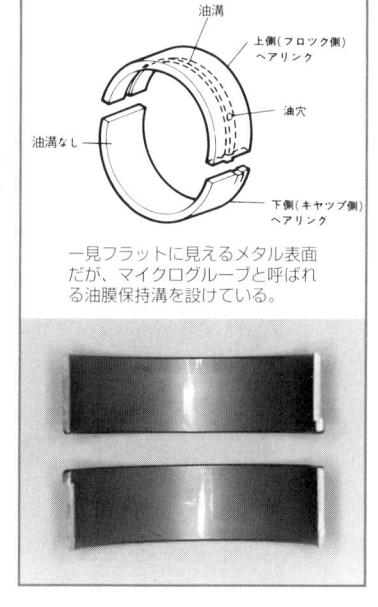

一見フラットに見えるメタル表面だが、マイクログルーブと呼ばれる油膜保持溝を設けている。

労性は耐焼き付き性、なじみ性に対し相反する特性であり、これら両者の特性をできるだけ満足できる工夫が凝らされている。そのひとつが、銅板を基礎材料（母材）にしてその上に軸受け材料を溶かし、銅の強さを利用したベアリングが用いられている。その材料により、アルミメタル、ホワイトメタル、ケルメットメタルがある。

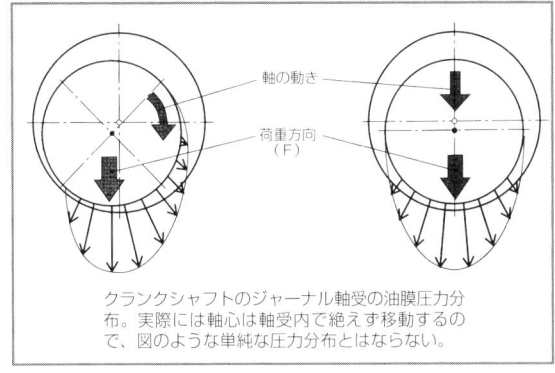

クランクシャフトのジャーナル軸受の油膜圧力分布。実際には軸心は軸受内で絶えず移動するので、図のような単純な圧力分布とはならない。

　アルミメタルは、銅を母体にして、その表面にアルミ合金を貼り付けたもので軽くて耐摩耗性にすぐれており、最近のエンジンには多く使われている。

　ホワイトメタルもやはり銅を裏金として、その表面にすず、銅、アンチモン、亜鉛など白色合金を貼り付けたもので、なじみ性にすぐれてはいるが、強度が小さいので疲労しやすい。ケルメットメタルは、同じく銅を裏金として銅と鉛の合金を張り合わせたもので、ホワイトメタルに対し耐疲労性が大きいがなじみ性にやや劣り、またエンジン側のクランクジャーナルピンなどに表面硬化を施す必要がある。ケルメットメタルはホワイトメタルでは耐えられないような高速高荷重のエンジンに適しているとされる。

　現在クルマのエンジンで使用されているプレーンベアリングは合金層が薄く、各部の寸法が精密に加工されているマイクロプレシジョン（精密仕上げ極薄肉）インサートベアリングと呼ばれており、適切な締め代（クラッシュ）と適切な張りがあるため、ベアリングの裏金はハウジングに密着して、適切なオイルクリアランスが得られるようになっている。

　かつては、なじみ性の要求からプレーンベアリングの構成素材には欠かせなかった鉛が、環境問題から代替物に替わっている。1990年代後期から登場したのが、ポリアミドイド（PA：ナイロン）と呼ばれる耐熱性の高い樹脂である。これは欧州向けのヤリス（ヴィッツ）のコモンレール式直噴ディーゼルエンジンのメタルに早々と採用されているもので、樹脂コーティングの均一性に苦心したという。ロール転写と呼ばれる一種のプリント技術を活用し鉛に替わる樹脂をコーティングして、焼成工程を経てつくり上げている。厚みは約0.006mmほどだ。

　最近のメタルに求められているのは、幅を狭くすることである。幅を狭くすることでフリクションロスを低減し、燃費を高め、出力も向上させることができるからだ。

5.継ぎ手

　継ぎ手は物と物とを継ぎ合わせる部分に使用され、英語ではジョイントという。回転軸の方向を変える「継ぎ手」が、自動車には3箇所に使われている。プロペラシャフト、ドライブシャフトそれにステアリングシャフトである。単に物と物との継ぎでなく、軸から軸に動力を伝える役目を果たすもので、機械としても単純なものではない。

●ユニバーサルジョイント

　プロペラシャフトとステアリングシャフトに使われている継ぎ手はユニバーサルジョイントと呼ばれるもので、別名カルダンジョイント、あるいはフックジョイント、またその形状からクロスジョイントとか十字継ぎ手とも呼ばれる。カルダンジョイントと呼ばれるのは16世紀にイタリアの数学者カルダンが羅針盤の支持装置にこのジョイントを使ったのが最初からで、フックジョイントと呼ばれるのは天文学者のロバート・フックが17世紀に再発見したところからである。もっぱらこの呼び名はイギリスで使われ、アメリカではユニバーサルジョイント、日本では

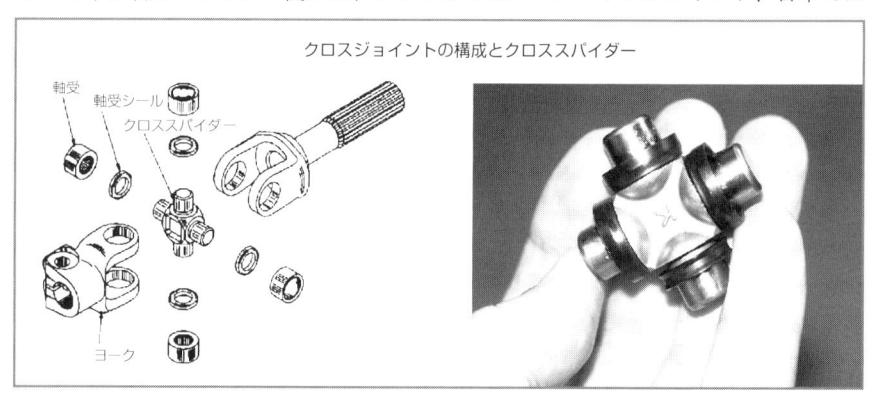

ステアリングシャフトで使われているユニバーサルジョイント。1台のクルマに、これを2個使っている。

クロスジョイントの構成とクロススパイダー

軸受
軸受シール
クロススパイダー
ヨーク

第二章　クルマで活躍する機械要素

ハンドツールのユニバーサルジョイント。

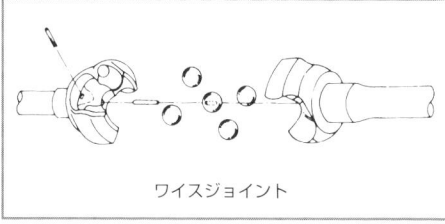

ワイスジョイント

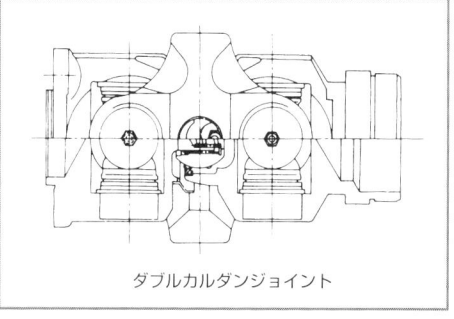

ダブルカルダンジョイント

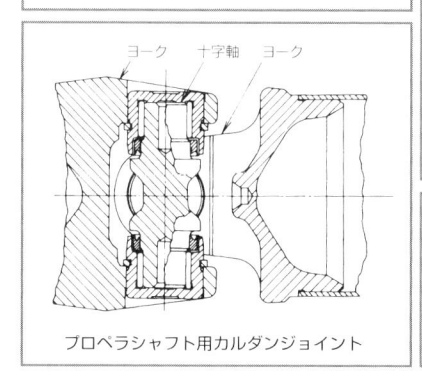

プロペラシャフト用カルダンジョイント

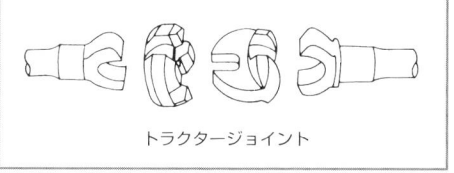

トラクタージョイント

十字継ぎ手と呼ばれることが一昔前までは多かった。

　工具の世界でもユニバーサルジョイントはポピュラーな存在で、ソケットの根元にユニバーサルジョイントを付けたユニバーサルソケットがある。奥まったところにあるボルトやナットを脱着するのに便利な工具である。

　ユニバーサルジョイントは十字軸と入力軸側ヨーク、および出力軸側ヨークの三つから構成されている。ヨーク(yoke)とは繋ぎ棒、鉄芯の意味だ。

　ユニバーサルジョイントはよく知られるようにジョイントの入力側と出力側の回転数が等しくない「不等速ジョイント」であるため、回転が速くなると振動がひどくなる。一定回転の入力に対して出力側は1回転に2回、速度が変動し、これがバイブレーションとなる。あるいはジョイント部の角度がある一定以上になるとガクガクする。

　20世紀初頭に現われたFF車にはこのユニバーサルジョイントが使われていた。有名なFF車であるシトロエン2CVの場合は、まだ技術的に未熟なものだった。

　この解決策のひとつとして「ダブルユニバーサルジョイント」(ダブルフックジョイントとも呼ばれた)が前輪のドライブシャフトとして登場した時代があった。2個のユニ

バーサルジョイントを組み合わせることで、回転変動の相殺を狙ったもので、ゼロ度を含むある設計角度では中間軸と駆動軸および被駆動軸とのなす角度が等しくなり等速状態になるが、そのほかの角度では片方のユニバーサルジョイントの回転中心からセンタリングボール中心までの距離が一定であるため、各軸のなす角度が異なり、厳密には等速ではなかった。ちなみに、このダブルユニバーサル式のFF車としては、シトロエン7CV(1934年)、パナールダイナ、1930年代のアメリカのコードL29などがある。

●等速ジョイントの代表バーフィールドジョイント

現代のFF車のドライブシャフト機構は「等速ジョイント」が使用されている。駆動軸と被駆動軸の間の速度差がなく等速状態で回転を伝えるジョイントである。前輪駆動車のドライブシャフトのように、大きなジョイント角をとる場合、回転を滑らかに伝えるためにはユニバーサルジョイント(カルダンジョイント)では無理で、等速ジョイントの必要性が出てくるのである。

等速ジョイントの代表選手である現代のFFの駆動輪に多く使われているバーフィールドジョイント。このバーフィールドジョイントをいち早く採用し成功を収めたクルマが新世代FF車の先がけとなった初代ミニ(1958年)である。

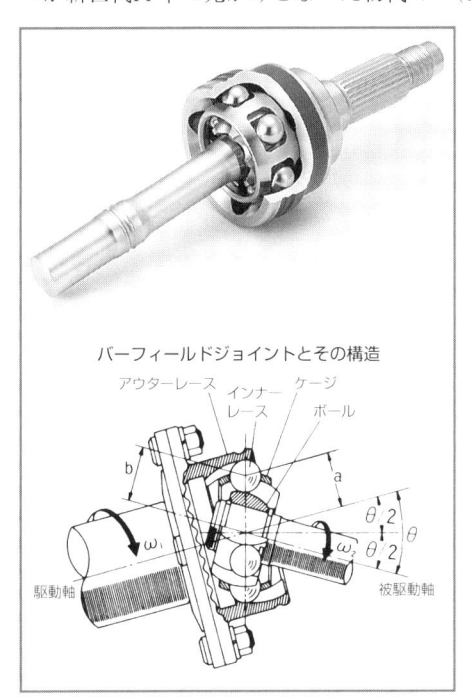

バーフィールドジョイントは、四つのおもな構成部品から成り立っている。6個のボールを持つ外輪(アウターレース)、それに対応する6個のボール溝をもつ内輪(インナーレース)、ボールを保持するケージ、それと6個のボール。バーフィールドジョイントにおいては、ジョイント角度に関係なくトルク伝達の役目をするボールは、つねに駆動輪と被駆動輪の2等分面上に位置するようになっている。バーフィールドジョイントの固定式をBJ(ベルジョイント)といい、スライド式をDOJ(ダブルオフセットジョイント)と呼んでいる。

ドライブシャフトの軸素材は炭素鋼で、ボールは軸受け鋼、ケージは浸炭鋼で、アウターレースは冷間鍛造の炭素鋼で高周波焼入れをしている。イン

バーフィールドジョイントとその構造
アウターレース　インナーレース　ケージ　ボール
駆動軸　被駆動軸

バーフィールドジョイントの種類

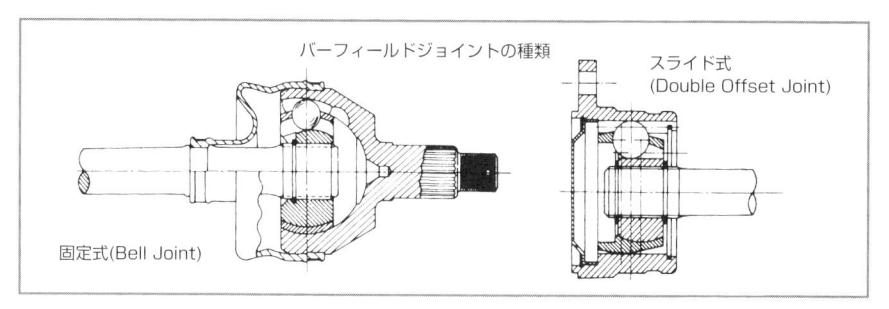

固定式(Bell Joint)

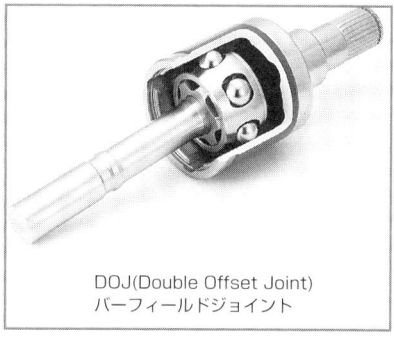

スライド式
(Double Offset Joint)

ナーレースは浸炭鋼で同じく高周波焼入れをおこなっている。

ドライブシャフトのインナー側に使われることが多いトリポードタイプのユニバーサルジョイントは、三つの主要構成部品を持つ。一つは同一平面内の3本のトラニオン(trunnion：耳軸)をもつトリポードであり、残りはそのトラニオンにはめあわされた内径円筒面を持つローラー3個とそのローラーの外球面がはめあわされる三つの互いに平行な円筒溝を持つチューリップの花形状のハウジングである。

DOJ(Double Offset Joint)
バーフィールドジョイント

なお、ユニバーサルジョイント(擬似ユニバーサルジョイントを含む)には、このほかインディ500でかつて1930年代に活躍したミラーのFFレーシングカーが採用していた「ワイスジョイント」がある。ワイスジョイントは、1924年にワイスが発明した等速

トリポードジョイントの種類と構造

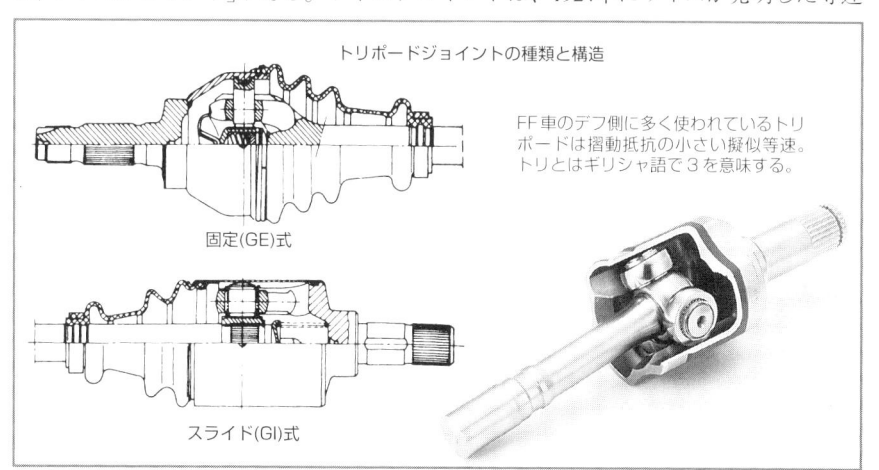

固定(GE)式

スライド(GI)式

FF車のデフ側に多く使われているトリポードは摺動抵抗の小さい擬似等速。トリとはギリシャ語で3を意味する。

111

ジョイントで、1個のセンタリングボールと4個のトルク伝達用ボールそれに2個のヨークから構成され、4個のボールにはボール溝によって軸交角の2等分面上に並ぶことにより等速ジョイントの条件を満たしている。ただし、トルクを伝えるボールが4個あるにもかかわらず、1方向のトルクに対して2個のボールが働くだけで残りの2個のボールが遊んでいることから、大きいわりにはトルク容量が低いという欠陥がある。

●ステアリングにも等速ジョイントが採用される？

　1950年代までのジープ、日産パトロールなど、それに1966年式サーブ96、東ドイツの国民車トラバント、1937年式DKW、1955年式のスズライト(2ストローク360cc)などに使われた「トラクター(T)ジョイント」がある。トラクタージョイントは、1920年代後半にフランスのグレゴアールがダブルカルダンジョイントからヒントを得て完成させた擬似等速ジョイントで、二つの中間継ぎ手とそれらの平面を介して連結された二つのヨークから構成される。このジョイントは構造上摺動部が多く潤滑とシールに問題があることから理想にはほど遠かった。

　ステアリングのユニバーサルジョイントにも、等速ジョイントを採用する動きが出ている。ユニバーサルジョイントの場合、2個のジョイントを設定角度が等しくなるように組み合わせ、さらに互いの回転角速度変動を打ち消しあう回転方向位相に配置することで等速性を確保している。設定角以外では等速性が失われ、首振り角度の範囲が狭いなどの欠点を持つからだ。

　等速ジョイントにすることで、こうした欠点を解消するだけでなく、小型化と軽量化にもプラスとなる。全作動角領域で等速かつ滑らかな作動をするため、レスポンスのよいハンドリングにできる。ただ、このスタイルはコスト高のためか、今のところ採用されているクルマはないが、近い将来登場すると思われる。

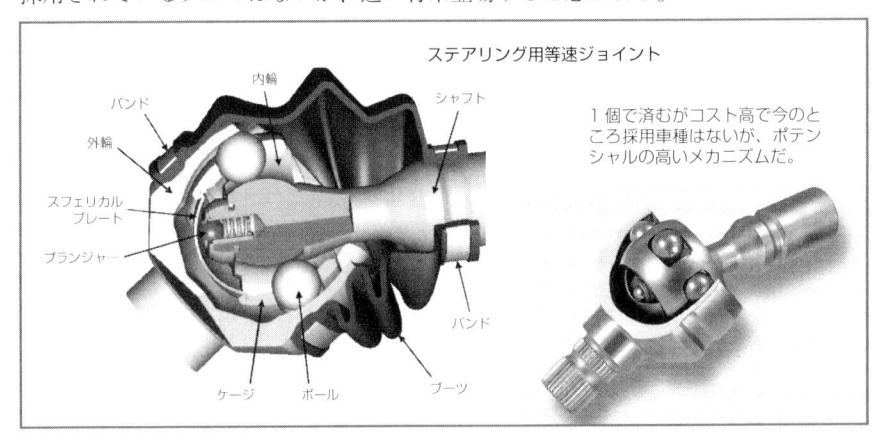

ステアリング用等速ジョイント

バンド / 内輪 / シャフト / 外輪 / スフェリカルプレート / プランジャー / ケージ / ボール / ブーツ

1個で済むがコスト高で今のところ採用車種はないが、ポテンシャルの高いメカニズムだ。

6.ガスケット

●ガスケットの定義と分類

ガスケットは「流体(液体と気体のこと)がある系から漏れるのを止めるための防御物」である。

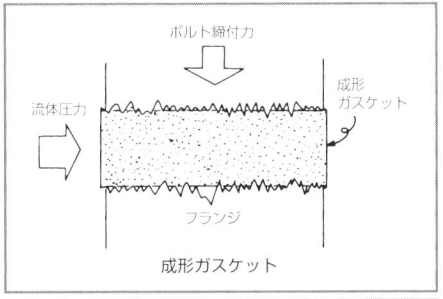

ガスケットは形態で分類すると、成形ガスケットと液状ガスケットの二つに大きく分けられる。成形ガスケットはフランジ面のカタチにあわせた定型で供給され、フランジ間に挟み込んでシールをおこなうタイプ。液状ガスケットはFIPG(フォームドイン・プレース・ガスケット)といわれて、文字通り現場成形ガスケットで、フランジ部に塗布し、その後時間経過で反応を起こし弾性体となりシールをおこなう。成形ガスケットにくらベシール性が高い。日本では1970年代から徐々に使われだした液状ガスケットは、コスト、シールの信頼性、作業性が高く、近年増加の一途をたどっている。素材はシリコーン系が多数派だが、トランスミッションケースのように嫌気性の変成アクリレートを使っているケースもある。

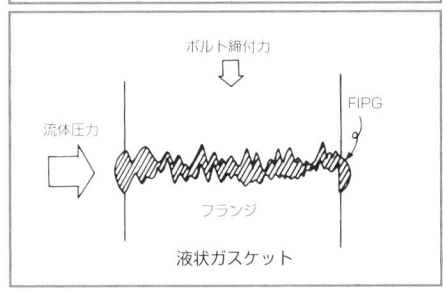

液状ガスケットの優位性を示す一例として、サーモスタットハウジングのガスケットがある。通常、この部分のガスケットは薄肉の非金属ガスケット(最近は耐熱アクリルゴム使用のケースもある)が常識的なのだが、長く使ったエンジンの場合アルミのハウジングが熱ヒズミを起こし、板状のガスケットではシールがままならないケースがある。サーモスタットハウジングのあわせ面をオイルストーンや砥石で平滑にする必要が出てくる。この作業は職人的スキルが必要になるが、液状ガスケットなら、ある程度平滑なら完璧にシールをしてくれる。

材料からガスケットを分類すると、金属製のガスケット、非金属製のガスケット、それに金属と非金属との組み合わせの3タイプ。金属ガスケットは、オイルパンのドレンボルトに使われている平ワッシャー状のもの、それにブレーキパイプなどに使われるユニオン結合部で見ることができる。素材はステンレスもしくは軟鉄、あるいは銅製だ。

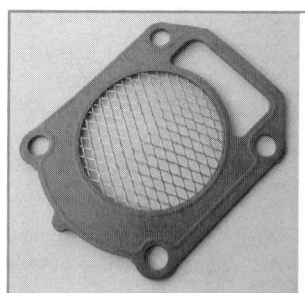

スロットルボディに使われているメッシュ付きのガスケット。

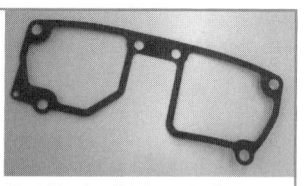

サージタンクで使われているガスケット。

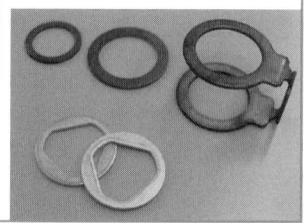

燃料系、パワステ回りで使われているのはこうした金属ガスケットだ。

　非金属製のガスケットは、現在は使用禁止となっているが一昔前のクルマにはよく見られたアスベスト、オイルパンとシリンダーブロックのシールに使われたコルクラバー、タイミングベルトのケースカバーやヘッドカバーに使われているゴム系、それにトランスミッションケースに使われる紙などがある。

　金属と非金属との組み合わせガスケットはヘッドガスケット、エキゾーストマニホールド・ガスケット、それにエキゾーストパイプで使われている。かつてはアスベスト＋メタル（ステンレス）だったのが、その後グラファイト＋メタルとなり、近年はあとで出てくるようにメタルだけとなる。

●ヘッドガスケット

　ヘッドガスケットはシリンダーヘッドとシリンダーブロックにはさまれてつねに高温の燃焼ガスにさらされ、その燃焼ガスをはじめ、潤滑油、冷却水を外部に漏れないようにシールする役目をしている。近ごろのエンジンは、高性能化、軽量化、低燃費化を目指して新技術が採用され、ますますヘッドガスケッ

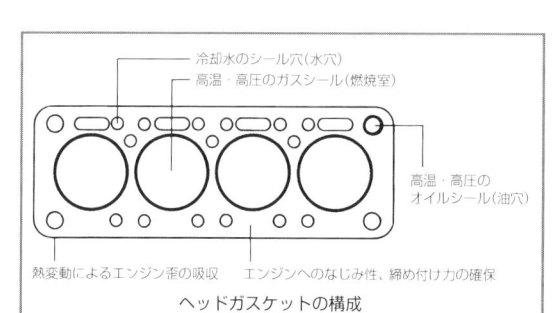

冷却水のシール穴（水穴）
高温・高圧のガスシール（燃焼室）
高温・高圧のオイルシール（油穴）
熱変動によるエンジン歪の吸収　　エンジンへのなじみ性、締め付け力の確保

ヘッドガスケットの構成
シリンダーヘッドガスケットのエンジンに対する役割。高温・高圧のガスシールだけでなく、高温・高圧のオイルシール、冷却水のシール穴、熱変動によるエンジン歪みの吸収などマルチな役割をガスケットは担わされている。

トへのストレスが高まっている。単体で見れば≪薄い板状の部品≫だが、数限りないノウハウが詰まっているものだ。

かつては自動車のヘッドガスケットはアスベストを母材とするタイプが主流だった。母材のアスベストは繊維のため繊維の隙間に空気が入りそれがシール性を阻害している。そのため、含浸処理といってバインダー（結合材）としてシリコン系のゴムやNBR（ニトリルゴム）が使われていた。さらに、母材のアスベストだけでは剛性が維持できないため内部に芯金として板金を組み込んでいる。丸穴フックタイプ、シングルフックタイプ、平板波付きタイプ、金網タイプなど数種類の芯金があった。

ダイハツの軽自動車のメタルガスケット。2枚タイプ。4ヶ所にグロメットが付いてASSYとしている。

アスベストは長いあいだある意味「夢の素材」だった。熱にも強く、物理的に安定し、しかもなによりも安く手に入るものだった。ところが、1980年代後半、アスベストが人間の身体に有毒だということで、現在では製造はおろか使用禁止となっている。

●グラファイト製ガスケットからメタルにバトンタッチ

熱によってガスケットの厚みが変化し、ヘッドボルトの軸力が下がるというヘタリ現象が起こり、当時、メカニックの仕事のなかでシリンダーヘッドガスケットの交換はごく日常であった。CAE（コンピューターエイディド・エンジニアリング）などによるエンジン各部の科学的な応力解析研究がスタートする前で、エンジン設計も経験値を駆使したごくプリミティブなものだった。1980年代に入り高出力高回転エンジンが登場し、それにあわせ、ボルト穴やボア周辺に金属（SUS304など）のグロメットによる補強を施して、応力緩和に対応しているが、それにも限界があったようだ。

ノンアスベスト素材として1980年前後に登場したのが、グラファイトである。アスベスト製のガスケットよりへたりが少なく、グロメットの加工性もほぼ同じ。アスベスト製はバインダーとしてNBR（ニトリルゴム）を使うケースが多かったため、耐熱性に関してはやや問題を抱えていたが、グラファイト製はNBRを使わないので、その課題から解消された。

グラファイト製のヘッドガスケットのデメリットは、アスベストよりもコストが高く（そのため汎用エンジンや産業用エンジンの一部ではグラファイトに替わりアラミド系母材を使うケースもあった）、オイルと水に少し弱い点だ。グラファイトの持つ物性に起因している。グラファイトはカーボン（C）が鱗片状に重なっているため、も

しそこへ水や油が浸入すると組織が崩れるという傾向にある。荷重の小さな場合は、組織破壊が起きなかったり、遅れたりするのだが、高性能エンジンなどの場合はグロメットでしっかりシールする必要がでてくる。

●メタルガスケット100％の時代に

　ヘッドガスケットの世界で、グラファイト製がピークを迎えるのが1990年ごろ。その頃からメタル製のガスケットが主流派になっていった。いまでも補修用アフターマーケット向けとしてグラファイト製のヘッドガスケットが生産されてはいるが、現行のエンジンでは圧倒的にメタルヘッドガスケットが主流となっている。

　メタルガスケットはスチールラミネート・ガスケットとも呼ばれる。メタル製ガスケットは、2枚もしくは3枚のステンレス鋼板で、なかには数枚の軟鋼板を積層し、その表面にステンレス鋼板（SUS301系をベースにしたバネ鋼）の薄板で覆う構造もある。基本は2～3枚構造だが、ディーゼルエンジンなど圧縮比が高く熱負荷が大きなケースは3～5枚、ガソリンエンジンの場合は1～3枚である。ちなみに、枚数が多いとボア回りのビードの圧縮性の負担が小さくなり耐久性には有利となる。このため、メタルガスケットのなかには、ボアの周辺だけ小規模に追加メタルを施しているエンジンもある。

　メタルヘッドガスケットは、使用条件が厳しいディーゼルエンジンにガソリンエンジンよりも一歩先に採用された。アスベストやグラファイトにくらべ、締め付け時の厚さ精度が高く、耐クリープ特性も劇的にすぐれ、しかも金属のため耐久性、経時変化が少ない。もちろん、コストもグライファイトにくらべ安い。

　締め付け厚さは、アスベストやグラファイト製ガスケットの場合、1.0～1.2mmだったのが、メタルにすることで半分以下の0.3～0.4mmと薄くでき、燃焼室の無駄な空間を限りなく小さくすることが可能となり、排ガス性能にも大いに貢献している。金属のため、熱伝導性が高くガスケット自体の温度分布が均一化し、しかもエンジンとのなじみがいいし、その高い耐圧性とあいまってシリンダーヘッドの締め付け軸力の保持を可能としている。シリンダーヘッドボルトの塑性域締め付けが可能となった背景にはヘッドガスケットのメタル化があったのである。

　メタルガスケットのボア回りだけでなく、水回り、オイル回りにもビードが設けられている。ビードを設けることで相手のブロックやヘッ

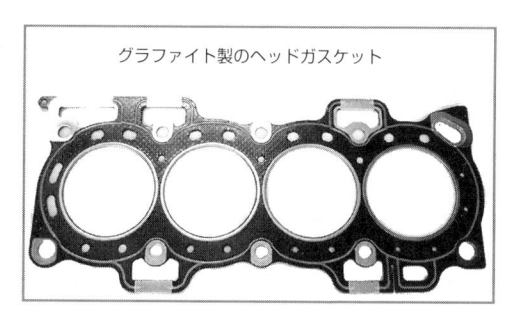

グラファイト製のヘッドガスケット

第二章　クルマで活躍する機械要素

3枚もののフッ素ゴムコーティングのメタルガスケット。

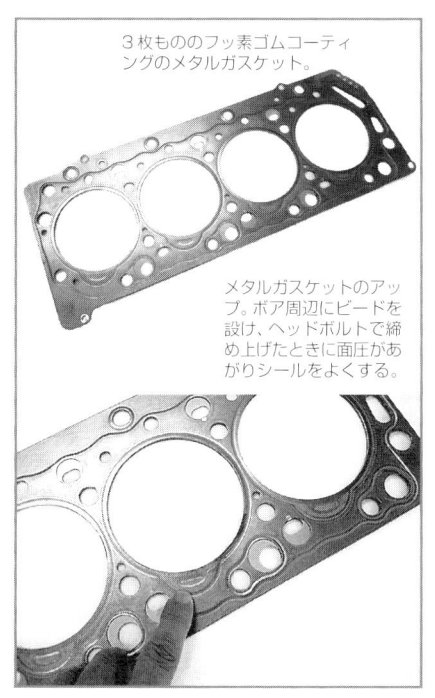

メタルガスケットのアップ。ボア周辺にビードを設け、ヘッドボルトで締め上げたときに面圧があがりシールをよくする。

ド面に対し線接触状態となり、ヘッドボルトで締め付けることで、この線接触部の面圧が向上する。

　これにより燃焼ガス、冷却水、エンジンオイルの三つをシールすることが可能になる。ビード部にはフッ素ゴム(FKM)もしくはNBR(ニトリルゴム)のコーティングを施し(なかには全面にコーティングしているケースもあるが)よりシール性を高めている。

　メタルガスケットの採用により、これまでのガスケットにまつわる課題の耐久性、経時劣化、コスト、締め付け厚さ精度などがほぼ解決された。エンジンをオーバーヒートさせなければほぼ一生モノの部品といえる。ただし、万が一オーバーヒートさせると、ヘッド自体に歪みが生じ、ビードによるシール力が極端にダウンし、その結果リークに陥る。

　メタルガスケットを成立させるにはいくつかのハードルがある。シリンダーまわりはグロメットを巻いて圧力をあげガスシールできても、水穴とオイル穴のシールはヘッド締め付け力がシリンダーまわりにくらべ弱い場合が多い。そこでシリコンラバーかフッ素ゴムのOリングをはさんでシールしなければいけない。また、母材がスチール板なので硬く強く、均等な締め付け力が必要で、ディーゼルエンジンの場合、太いヘッドボルトで1気筒あたり6本以上で締めてヘッド下面とブロック上面の剛性も強くする必要がある。さらに、柔軟性が乏しいので曲がりの少ない平坦な加工と細かい面粗度を要求される。

　つまり、メタルガスケットを前提としたエンジン設計が必要となり、使用され始めた時点ではエンジン開発者泣かせの部品だったようだ。

●量産にこぎつけるまでの数々の苦労とは

　新規のヘッドガスケットは、ガスケット専門メーカーでつくられている。
　自動車メーカーのエンジン開発者からエンジンの諸元や図面を入手し、ヘッドボルトの軸力、シリンダーヘッドとシリンダーブロックの表面粗さ、それに燃焼圧などの

データをもとに、締め付け厚さを決める。

こうした情報をもとに、正式なヘッドガスケットの図面を製作し、試作へと入る。試作したものは静的評価といわれる試験、たとえば感圧試験プロセスをおこなうという。これは、特殊なシートを使い、色の変化で具体的にどこの部分、たとえばボアの周辺やグロメットの回りなどの面圧を確認できるというもの。

試作品のヘッドガスケットは、エンジンダイナモ上で厳しいテストを受ける。これは自動車メーカーやエンジンメーカーに決められた試験パターンで通常は100～300時間で、長時間の使用によるガス漏れ、水漏れ、オイル漏れがないかテストする。

新エンジンの場合、試作エンジンが完成してから量産にこぎつけるまで最低でも1～2回の設計変更があり、それにあわせヘッドガスケットもより完成度の高い製品にする。量産が決定すれば、型の手配などにより、品質を安定させて量産できる体制がつくられる。

メタルガスケットの素材は、SUS301系のステンレスの板材。幅は30cmや40cm前後で、厚みが0.2～0.25mmだという。

プレスマシンで切断と成形をおこなう。この時点でほぼおなじみのガスケット形状となる。上下に金型が付いている。送り作業もするプレス機だ。

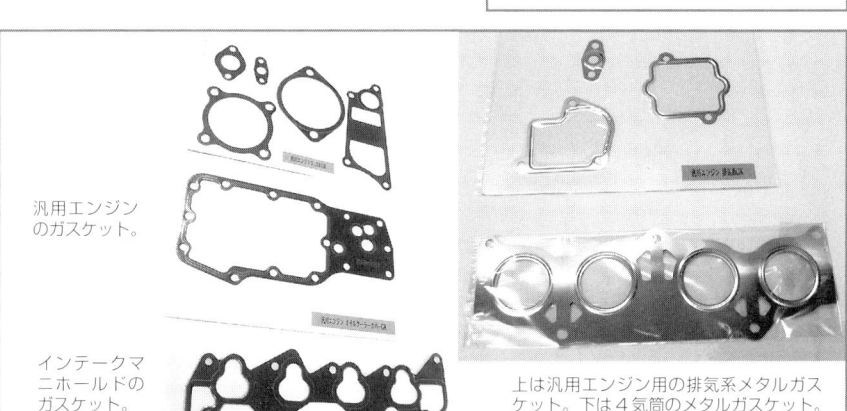

汎用エンジンのガスケット。

インテークマニホールドのガスケット。

上は汎用エンジン用の排気系メタルガスケット。下は4気筒のメタルガスケット。

7.タイミングチェーン

　駆動力の伝達に、ベルトと並んで古くから使用されたのがチェーンである。かつてはエンジンのパワーをホイールに伝えるのにチェーンを使用した。現在の自転車と同じ発想である。しかし、現在チェーンがクルマで使用されるのは、クランクシャフトの回転をカムシャフトに伝え、最適なタイミングでバルブを開閉するためである。かつてはタイミングベルトに牙城を脅かされていたタイミングチェーンは、ここ10数年のうちに盛り返し、いまではベルトを完全に凌駕している。

●タイミングチェーンの復活

　タイミングチェーンは、静粛性の要請からタイミングベルトに押され、一時日本の乗用車のエンジンからチェーンが消えたことがある。ベンツやポルシェなどごく一部の自動車メーカーを除き、世界のエンジンメーカーがベルトにし、そのピークに達したのは1985年ごろだった。それから2年後の1987年に新生のタイミングチェーンが「サイレントチェーン」という名称で日産のサニー用に登場している。

　ところが、サイレントチェーンという名称であった1987年式サニーGA15のタイミングチェーンは現在のサイレントチェーン（インボリュート歯形のスプロケットに滑り込むように噛み合うため衝撃力が小さく静粛性が高い）ではなく、今でいうローラーチェーンであった。

　日本におけるタイミングチェーンは長いあいだダブルのチェーンだった。もともと椿本チエインは自転車のチェーンからスタートした企業だが、1957年（昭和32年）にBS規格のタイミングチェーンを商品化。BSというのはブリティッシュ・スタンダード。2列タイプの06Bというタイプでピッチが8分の3インチ、9.525mmである。

　この2列のBS規格のローラー

上がピッチ9.525mmのローラーチェーン06E。下がブッシュタイプのタイミングチェーンで06D（ピッチは9.525）。前者のローラー径と後者のブッシュ径は6.35mmで同じ。06Dはプレートが厚いことに注目。06Dはトヨタのプロボックスに載る1NDディーゼルエンジンに採用されている。

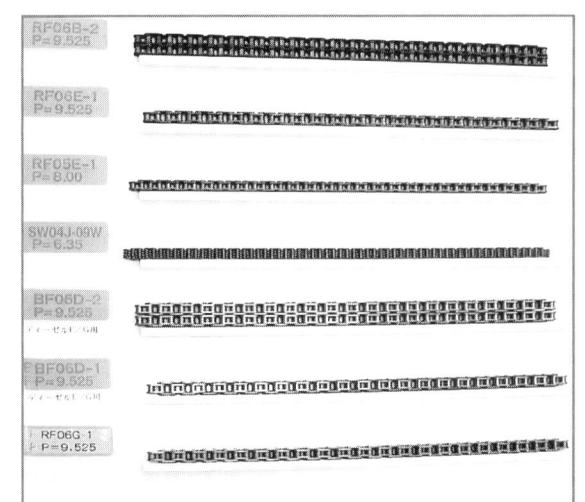

```
RF06B-2
P=9.525

RF06E-1
P=9.525

RF05E-1
P=8.00

SW04J-09W
P=6.35

BF06D-2
P=9.525

BF06D-1
P=9.525

RF06G-1
P=9.525
```

椿本の歴代のタイミングチェーンの主要ラインアップ。一番上が1957年に登場したオースチン、ルノー、ヒルマン用で、BS規格の06Bのダブルチェーン。2列タイプのピッチ9.525である。80年代の中ごろまでタイミングチェーンといえばこれだった。2段目の06Eは、1987年日産サニーのGA15エンジンに採用されたシングルチェーンで、チェーン暗黒時代を切り開いた商品だという。Eというアルファベットは欧州市場を狙った商品を表しているという。3段目の05Eは、1993年に椿本が独自に開発したオリジナル・ディメンジョンのローラーチェーン。ピッチが8.0mmでピッチ、ローラー、ブッシュなどすべて独自の寸法である。トヨタの4気筒エンジンをはじめ数多くのエンジンに採用され、いまでは椿本のタイミングチェーンの約3割をこれが占めるという。4段目のものはサイレントチェーンで、1998年デビュー。下から3段目はディーゼルエンジン用のブッシュチェーン。下から2段目のシングルタイプは、プロボックス1NDエンジンに採用されている。一番下のチェーンは、「最強のガソリンエンジン用のチェーン」の異名をとるローラーチェーンで、ゼロクラウンに採用。ピッチは9.525だが、ローラー径が通常6.35mmであるのに対し7.06mmと太くし、さらにピンも太くし、プレートを厚くして耐久性を高めている。

チェーンは、1981年には月に100万本（2列52リンク）まで量産したという。ところがこれをピークにして、タイミングチェーンの生産は右肩下がりとなった。

本来チェーン工場であるはずの同工場でもタイミングベルトの生産を1968年からはじめ、1980年にはトヨタ車向けの直6の1Gに量産化している。

日産のGA15エンジンに採用されたシングルのローラーチェーンは、チェーン復活の第1号であった。従来のダブルチェーンではなくシングルのローラーチェーンという、当時としては斬新さが「サイレントチェーン」と命名させたらしい。

これより先に、海外ではこのピッチ9.525の06Eというシングルのローラーチェーンは、サーブの90、900の4気筒DOHCに採用され、GMのサターンのエンジンにも使われた。1989年には、GMとフォード向けにマサチューセッツ州に椿本チエインは、現地工場をつくっている。

●ピッチ8mmのオリジナルデザインでチェーン全盛時代を再現

　1993年、椿本の技術陣はピッチ8mmのローラーチェーン05Eを開発した。ピッチがインチからミリに変わっただけではなかった。これまでのチェーンはすべてインチの世界。4分の1インチ（6.35mm）、8分の3インチ（9.525mm）という具合。つまり8mmと切りのいい数字であることは椿本独自の開発製品ということを意味する。当初、ピッチ8mmのローラーチェーンはバランサー用のチェーンとして開発された。当初は、06E

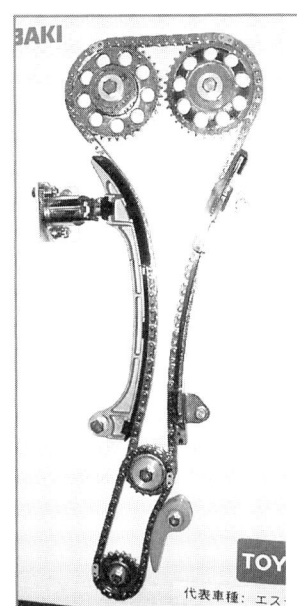

第二章　クルマで活躍する機械要素

こちらはローラーブッシュの内面粗さを測定する装置。

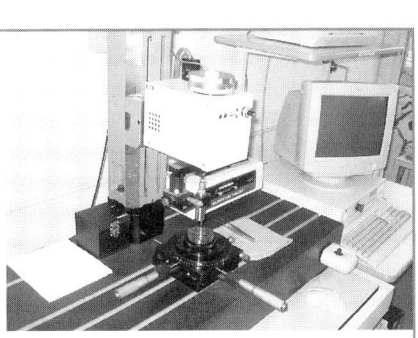

ピンの金属組織や表面処理具合を顕微鏡で確認するため、テストピースの中に検査部品を埋め込み、それを研磨する機械がこれ。研磨機である。

代表車種：エス

エスティマ、ノア、セリカの1AZエンジンにも椿本のドライブシステムが採用されている。下部に見えるのはオイルポンプで、このオイルポンプのチェーンドライブだ。

　のピン、ローラー、ブッシュそれぞれの寸法をベースにまったくの相似形でピッチ比率(8/9.525)のディメンジョンで試作したという。ところが、耐久試験ではチェーンの伸びが予想以上に大きくなるのでピンを太くし、それに合わせブッシュも大きくしローラーも大きくした。試作と数多くの品質確認試験、この往復を何度もおこない、スプロケの歯の形状も新しいものにデザインしなおしている。
　ピッチが8.0mmの05Eは、静粛性を満たすものとして需要が急増したという。ピッチが小さいほどスプロケが多角形になり、衝撃音が小さくなるので音がより静かになる。しかもローラーチェーンゆえに耐久性も高い。
　シングルチェーンで耐久性を確保できた大きな理由は、ピン部の表面処理技術にあったという。1950年代から80年代にかけ全盛だったダブルチェーンの06Bは、現在のチェーンに比べ約10倍の伸びを示している。
　正確にいうと、オイル管理がきちんとして使用されれば、今のチェーンであれば、30万キロ走ってチェーンを測定してみてもわずか0.1％の伸びでしかない。新品状態でも実は品質のばらつきは最大で0.2％あるので、誤差の範囲ともいえるほど。しかし、オイル管理のよくない条件化ではチェーンが伸びてしまう。そのために品質確認試験

チェーン回転疲労試験室。張力と回転数を変化させることで、チェーンの回転疲れ限度を評価する試験。繰り返し数1×10の7乗回でのステアケース（階段状の意味）によりチェーンの疲れ限度を評価している。

劣化オイル（ガソリンエンジン用とディーゼルエンジン用の2タイプあり）を使用し、200時間にわたりチェーンの伸びを評価する。オイル量、油温、時間を自在にコントロールできる。

で組成がはっきりしている劣化オイルを使用し、チェーンの伸び性能評価をおこなっているという。この劣化オイルはオイルメーカーと共同で性状や粘度、異物混入などを考慮し開発した擬似的なもので、いわばイジワル試験だ。それで200時間ほどの実験でだいたい0.2％しか伸びないという。

昔のダブルチェーンを劣化オイルでのテストで200時間を回そうとしても、途中でチェーンが切れたり伸びきり状態となりスプロケットから外れたりというトラブルになる。

チェーンの耐久性が劇的に向上した理由のひとつは、ピン部の表面処理だという。クロマイジング処理の登場でシングルチェーンの耐久性が高まった。それ以前のピン部には浸炭焼入れ処理で、硬度がせいぜいHv（ヴィッカース）800。クロマイジング処理をするといっきにHv2000の硬度となることでピン部の耐摩耗性が高くなったという。

●ディーゼルエンジンのブッシュタイプチェーン

ガソリンエンジン用のタイミングチェーンはローラーチェーンが主流であるが、ディーゼルエンジン用となるとローラーを使わないブッシュタイプのチェーンが99％だという。

一般にディーゼルエンジンは性能・排ガスのためバルブとピストンのクリアランスをガソリンエンジンより可能な限り狭く設定している。チェーンの伸びはピンとブッシュ間の摩耗から起きるトラブルだから、その対策としてピンとブッシュの硬度を高め、寸法精度を向上させることのほかに、ピンとブッシュの接触面圧を低減する。そこで、ローラーを廃止してまでもピンの径をぎりぎりまで拡大したのがディーゼル用のブッシュチェーンである。

第二章　クルマで活躍する機械要素

チェーンの長さ測定器。一定の荷重で引っ張ったときの長さを光電管方式で測定する。140mmの短いタイプから最大1240mmまで測定でき、荷重最大値が800N。測定誤差はわずか5ミクロンだという。

マイナス40～150℃の雰囲気温度で、ガイドとレバーの繰り返し強度試験機。

　ディーゼルの厳しい環境下で、ローラーチェーンとブッシュチェーンの伸び測定をしてみると、およそ2倍以上の性能差が出るという。このことからもピンの径をできるだけ大きくすれば耐久性にプラスであることは理解できる。

●圧倒的に静かなサイレントチェーン

　現在はサイレントチェーンを採用しているエンジンが多くなっている。ピッチは6.35mm（インチでいえば4分の1インチ）。

　エンジンのタイミングチェーンとしてピッチ6.35mmのサイレントチェーンが商品化されたのは、1998年である。

　ローラーチェーンやブッシュチェーンは、自転車やバイクのチェーンと似た形状や構成を持っているが、サイレントチェーンは、その形状からリンクを持つギアというイメージである。リンクプレート自体がインボリュート歯形のスプロケットに滑り込むようにかみ合うためローラーチェーンに比べ衝撃音は劇的に小さくなり、全体としてのチェーンの騒音が異質になるという。

　エンジンに搭載した状態でその違いを聞き分けようとすると、格段にサイレントチェーンが静かであることが理解できる。音を言葉で言い表してみると、ローラーチェーンの場合はジャラジャラといった感じ。それがサイレントチェーンになるとニャラニャラという実に柔らかな音になる。これは低回転から高回転まで同じ。

　ローラーチェーンが、プレート、ピン、ブッシュ、ローラーの四つの部品で構成されているのに比べ、サイレントチェーンは、プレートとピンの二つだけ。ただし、ピ

123

ンの数はローラーチェーンと変わりないが、プレートの数が4枚／5枚、5枚／6枚といった組み合わせで、ローラーチェーンよりも多くなる。ちなみに、バランサーをドライブするサイレントチェーンは3枚／4枚が多数派で、オイルポンプ駆動のサイレントチェーンでは2枚／3枚のもある。

サイレントチェーンの特徴は、ブッシュを持たず、ピンとプレート穴が軸と軸受けの関係になっている。つまり、リンクプレート自体が強度を受け持っている構造である。強度部材であるプレート枚数が多い分、引っ張り強度を見るとサイレントチェーンのほうがローラーチェーンより一枚上手だという。

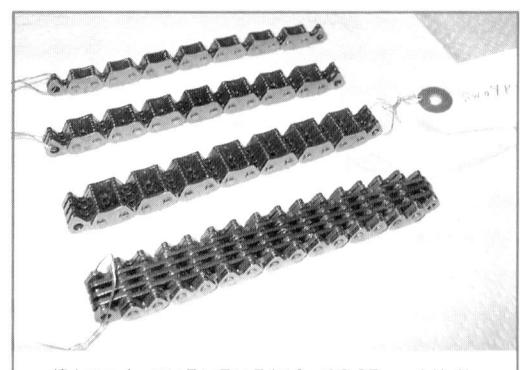

椿本でつくっているいろいろなピッチ6.35mmのサイレントチェーン。上からオイルポンプをドライブするもの、バランサーシャフトをドライブするもの。上から3つ目が日産QR、HR、MR、CRなどの新型エンジン、マツダのデミオのエンジンに採用されているタイミングチェーン。一番下のが、背面でもスプロケットを動かすことができる日産のVQエンジンで採用されているタイプ。

サイレントチェーンは、ローラーチェーンにあるような圧入個所が少ないため初期伸びが小さい。ところが、同じ表面処理を施してもピンの摩耗は約2倍になる。これはピンとプレートとの接触面圧が高いからだ。

ローラーチェーンは、圧入部分がサイレントチェーンより多いため、組み立て歪(ひずみ)がやや多く出て、初期伸びが多く出るが、その後の運転伸びは、ブッシュというしっかりした軸受けがあるため良好だという。一方で、サイレントチェーンは、リンクプレートの穴が軸受けとなる分、ピンにかかる面圧自体が大きくなりそれが大きい磨耗につながるという。

サイレントチェーンのピンの外径とプレート穴とのクリアランスは、ローラーチェーンに較べ平均で10ミクロン、MAXでも20ミクロン小さく仕上げているという。プレートごとのバラツキが大きいと一部の面圧のみが高くなり、ピンの摩耗が過大になるという。

自動車のタイミングチェーンにサイレントチェーンが採用できた理由は、いくつもの合わせワザというか技術の蓄積があったからなのだが、そのなかで最大のものは、ピンの硬度をよりいっそう高めることができたからだ。具体的には、ピンの表面処理にクロマイジング処理を施し従来の浸炭焼入れと比較して表面硬さをヴィッカースHv800→Hv2000に引き上げている。これがダブルチェーンからシングルチェーンにできた大きな

第二章　クルマで活躍する機械要素

きっかけだった。サイレントチェーンのピンは、これよりさらに上をいくHv3000まで高めたもの。バナジウムカーバイドという表面処理を施すことで、さらに硬くでき、サイレントチェーンを自動車のタイミングチェーンで成立させることができたのである。

●緻密なモノづくり

　ローラーチェーンの構成部品は、内プレート、外プレート、ブッシュ、ローラー、ピンの5つである。内＆外プレートは、素材の板材(直径1.3mほど幅60mmのコイル状の素材だった)をプレス機で成型→熱処理→硬さなどの検査→ショットピーニング加工→面取りと磨くという順。中実のピンだけは丸断面の素材であるが、ブッシュとローラーは、板材をロール状に丸くする捲き成形、または冷間鍛造。つまり、五つの構成部品はすべてまずはじめに成形機で成形される。プレートを成形するとき独自に開発したプレス型でおこなう。この工程では端面の仕上がりを上々にするためにシェービング加工もおこなっているので、高い品質の端面を量産工程で得ている点に注目するべきだ。

　プレートの端面をきれいにすることで、シューへの応力やチェーンの挙動も変化するという。現在のエンジンはVVT機構などタイミングチェーンから見るとより高い強度を求められる一方、燃費を低減させるた

ピンの素材は径が2.5mmから4.5mmφの丸断面のコイル材。素材はリンクプレートとは異なり合金鋼(クロームモリブデン鋼)である。

リンクプレートの素材がこれで炭素鋼である。肉厚1mmほど、幅60mmほどのコイル状の素材である。直径約1.3mだ。写真の場合、6段積みにしてある。

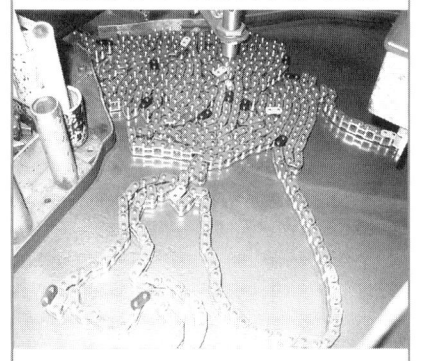

連結工程から出てきたタイミングチェーンの半製品。ところどころに黄色にペイントされているのは、顧客の工場ラインでスプロケット側のタイミングマークに合わせて組み立てるのに用いる。しかも、製品の長さに合わせてカシメを省き、最後の工程で切断後、無端状態(エンドレス)に連結する。

125

連続プルーフ機。組み立て時のヒズミを取り去るため、モーターのチカラで荷重をかけてやる。一種の慣らしである。このとき寸法の確認もしている。

サイレントチェーンの製造工程。サイレントチェーンは構成部品が少ないので、工場のリーン化ができるのかもしれない。

サイレントチェーンの最終検査。

めにフリクション低減を求められる。つまり相反する世界の中で高いレベルのタイミングチェーンが要求されている。同じ理由でプレートに圧入されるピンも、より直角度を求められる。もし曲がってピンがプレートに収まれば、騒音が大きくなるばかりか、メカロス、耐久性にも悪影響を及ぼすからである。また、チェーン摩耗伸び性能向上のためにも、プレート穴の面性状をよくすることが有効なのである。

　タイミングチェーンの世界での量産で安定したモノづくりの最大のポイントは、月に100万本をバラツキなしに量産するために、ライン上で作業員がルーペを片手にチェックしたり、専用ゲージで確認したり、あるいは自動寸法機を途中のラインで入れているし、検査部門ではロットごとに専用の画像処理機で粗さ測定をしている。これによりピッチ8mmのローラーチェーンのブッシュの内径とピンの外径のクリアランスは5ミクロン。6.35mmのサイレントチェーンのプレート穴とピンのクリアランスは30〜40ミクロン。ピッチ8mmのローラーチェーンでいえば、わずか一コマ8ミクロンの誤差でしかない世界なのである。また、ブッシュやローラーの厚みは、すべて1mm以下の薄物で、これに熱処理をするのは、簡単なことではない。1mm厚全部焼きを入れると脆くなるので、靭性を内部に残し表面硬さだけを高くするには、熱処理時間、温度などシビアな条件管理が必要である。

8.ベルト

　クルマに使われているベルトといえば、クランクプーリーを介してオルタネーターやステアリングポンプなど補機類を駆動する補機ベルト。それにクランクシャフトの回転角に対してバルブの開閉時期を正しく保つ役目を担うカムシャフトを回転させるためのタイミングベルトがある。

●補機ベルト

　補機ベルトは、いまやVリブドベルトが主流だが、少し前まではVベルトがポピュラーだった。Vベルト以前にもうひとつプリミティブとも言うべき≪ラップベルト≫が使用された。

　ラップドベルトというのは、台形断面の生ゴムのまわりを帆布と呼ばれる平織りのコットン布で覆ったもので、1960年代まで広く使われていた。その後に出たVベルトやVリブドとは比べものにならないほど短寿命で、ゴム自体がアジャスト不能なほど伸び、帆布もボロボロになり、当時のユーザーはトランクルームにスペアの補機ベルトを備えていないと怖くてロングツーリングに出られなかったほど。ラップベルトの紙ケースには「もう一本スペアをご持参ください」という注意書きが明記されていた。のちのVベルトやVリブドベルトではノイ

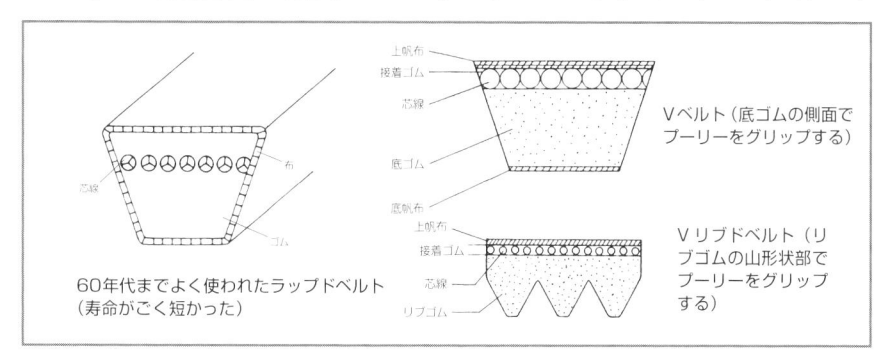

1本のVリブドベルトで全ての補機をドライブするサーペインタイン方式。

60年代までよく使われたラップドベルト（寿命がごく短かった）

Vベルト（底ゴムの側面でプーリーをグリップする）

Vリブドベルト（リブゴムの山形状部でプーリーをグリップする）

127

Vベルトは少数派だが使われている。寿命は約4万km。

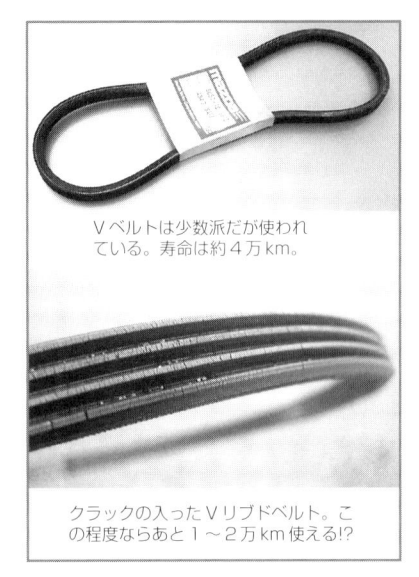

クラックの入ったVリブドベルト。この程度ならあと1〜2万km使える!?

ズ面でのトラブルがたまに起きることがあるが、このラップドベルトに関しては騒音のクレームはあまりなかったと当時の開発者から聞いたことがある。

1970年代の前半に登場したVベルトは、底ゴムと呼ばれるゴム部分が従来の生ゴムからCR（クロロプレンゴム）に変えられ、耐熱性と耐摩耗性が向上した。底ゴムは金属のプーリーを捕らえることには変わりないが、底ゴムの上部に2mm厚ほどのポリエステルコードを織り込んでいる。この繊維部分がプーリーと接触することでゴム自体の耐摩耗性をさらに高める仕組み。ラップドベルトにおける帆布の替わりをこの繊維部分が担ったことで、ラップドベルトにくらべ劇的に寿命を伸ばしたが、通常は走行4万キロで交換だった。

乗用車の世界では、Vリブドに替わったが、トラックの世界ではVベルトが健在で、その大半はコグドベルト仕様である。Vベルトのゴム部分を歯形形状にすることで屈曲率を高くし、それにより発熱量を少なくして耐久性を高めている。トラックは2本がけにすることで寿命を20万キロ近くもたせている。

1980年代に登場したのがVリブドベルトである。3山、4山、5山、6山、7山などのタイプがある。軽自動車がだいたい3山と4山で、2リッタークラスが6山、3リッターカーになると6〜7山と考えてまず間違いない。山の数が多いほど駆動伝達トルクが大きくなる。

Vリブドベルトの特徴のひとつは、表と裏のどちらでも屈曲させて使える点だ。このため、サーペインタイン（蛇のように曲がりくねるという意味）タイプの補機ベルトを成立させることができ、1本の補機ベルトで間に合わせることで、エンジン全長の短縮化に貢献している。ちなみに、日本車初のサーペインタインベルトの採用は1989年登場の初代セルシオだった。

Vベルトの場合は、ベルトの張りを一度調整すればベルトテンションが長期にわたり維持され、メンテナンスの必要が劇的に減った。ひび割れが入っても、すぐには破断にまでいたることが少ないので寿命が長い。ただし、大部分屈曲を大きくとるサーペインタイプでは、背面でもドライブすることもあって、ベルトの寿命は短くなり、走行5万キロでの交換となるケースもある（曲げが少ないと10万キロ以上の寿命を持つ）。また、Vベルトのようなプーリーとの底のクリアランスがないため、ベルトの張

りすぎはベアリングなどへの負担になる場合もある。Vリブドベルトは、回転変動が大きなディーゼルエンジンには不向きで、たいていはVベルトが使われている。

●タイミングベルト

潤滑の必要もなく低騒音であるなどの利点を持つタイミングベルトは、チェーン方式にくらべエンジン全長が長くなるというデメリットを持つため、現在は姿を消しつつある。補機用ベルトとは構成が異なっており、背ゴム、芯線、歯ゴム、歯面帆布の四つからなる。

背ゴムと歯ゴムは当初Vリブドベルトと同じ素材のCR（クロロプレン・ゴム）であったが、1980年代の後半から耐熱性、耐摩耗性はもちろんのこと耐油性、引っ張り強さなどの機械的強度によりすぐれたHNBR（水素添加ニトリルゴム）にシフトとしている。HNBRは、耐油性のゴムであるNBR（ニトリルゴム）の改良版でNBRの持つ不飽和結合を水素化して安定させたもので、コストはCRにくらべ約5倍もするが、これにより寿命が約3倍延びたとされる。CRの場合は熱負荷によりクラックが入り、やがて歯こぼれや破損に結びついたが、HNBRの採用でこうしたトラブルが激減した。

芯線には高強度で伸縮性の小さいグラスファイバーもしくはアラミド繊維を用い、歯面帆布には耐摩耗性にすぐれたPA（ナイロン）を使っている。

あまり知られていないが、タイミングベルトの歯型には、ユニロイヤルがかつてパテントを持っていたHTDタイプと、グッドイヤーがパテントを取得していたSTPDタイプの2種類がある。前者は丸断面形状で、後者は頂上がフラット形状で微妙に異なりまったく互換性がない。HTDタイプが多数派で日本の自動車メーカーではHTDだけを採用するメーカー（ホンダや三菱）、両タイプを採用するメーカー（トヨタ、日産など）に分かれる。

ちなみに、タイミングベルトにからむ部品、タイミングプーリーの素材は鉄系の焼結合金、亜鉛メッキを施した冷間圧延鋼板などが使われている。

材　　料	
背ゴム	HNBR
芯線	ガラス繊維または合成繊維
歯ゴム	HNBR
歯面帆布	合成繊維（ナイロン）

タイミングベルトの構成

タイミングベルトとプーリーの組み合わせ。走行10万kmごとの交換とエンジン全長短縮要請でチェーン方式に押され気味だ。

9.樹脂ファスナー

　クルマの世界で見ることができる部品同士の組み付け(締結)には、ボルト止め、リベット結合、溶接などがあるが、つい忘れがちになるのが樹脂ファスナーである。それほど強度はいらないが、軽くて見栄えがよく、ワンタッチで締結作業ができるメリットを備えている。ボルトやナットのように錆びる心配がないことからクルマの艤装、モール、エンジンルーム内でも活躍している。ドアのトリム(内張り)のクリップ、パイプのクランプ、ワイヤーハーネスのクランプ、ウエザーストリップ、ガーニッシュのクリップ、ホールプラグ、その応用例でサンバイザーホルダーなど1台のクルマに600点以上の樹脂ファスナーが取り付けられている。

　その歴史は意外と新しい。樹脂ファスナーは1960年代から日本へ導入・技術供与が始まったという。樹脂ファスナーの最有力企業であるニフコの創業者である小笠原敏晶氏(現ニフコ会長)が導入のきっかけをつくった。

　樹脂ファスナーは、形状や素材などの基準が自由で、カスタマーである自動車メーカーからの依頼でつくるためそのアイテム数が増えていき、色違いを含めればニフコに限ってもなんと3万点前後の樹脂ファスナーがある。

　樹脂ファスナーは樹脂成形品なので射出成形法で成形する。つまり金型をつくる必要があり、年に2000個以上の金型をつくっているという。

　通常自動車部品というのは耐熱性、引っ張り強度、生産性、コストなどさまざまな要求が求

ショールームにあるオブジェ。「1台のクルマに600～700個の樹脂ファスナーが使われている！」そんなメッセージを伝えている。

められるが、樹脂ファスナーの世界特有の≪要求特性≫というのがある。繰り返し性、抜去力、挿入力、逆パンチ使用、座屈性などが樹脂ファスナーのテクニカルタームである。≪繰り返し性≫というのは、脱着性のことで、樹脂ファスナーの場合、だ

いたい4〜5回ほどの脱着を念頭においての性能を見るという。《抜去力》というのは、樹脂ファスナーを引き抜くときの力のことだ。基本的には樹脂ファスナーにとってはこの抜去力が大きいほど外れにくく具合がいいし、逆に《挿入力》は小さければ小さいほど要求値を満たすものとして歓迎される。つまり挿入力と抜去力の差が大きければ大きいほど樹脂ファスナーとしては良好な特性だといえる。

カラーページでないのが残念。樹脂ファスナーは、形状の多様性だけでなくカラーが豊富な世界だ。

逆パンチというのは相手のパネルの穴のことだ。パンチ穴の入り口方向なら入れやすいが、逆側となるとバリがついていて樹脂ファスナーが入りづらいとか最悪挿入できないケースがある。このあたりの性能を《逆パンチ使用可》とか《逆パンチ使用不可》と呼んでいるのである。《座屈性》というのは、挿入時に樹脂ファスナーがスムーズに穴に入らずにつぶれてしまうことで、剛性と穴に対するガイド性が要求される。

●基本ファスナーの種類

　基本ファスナーの形状は六つに大別することができる。ブラッシュクリップ、トリムクリップ、アンカークリップ、ボックスアンカークリップ、2Pクリップ、スクリューグロメットの六つである。

　一つ目は「ブラッシュクリップ」である。ブラッシュクリップのブラッシュはbrush、つまりブラシのことで、フロアマットやルーフライニング、トランク内のサイドライニングなどで活躍する。10個前後の羽根を持っていて、その羽根のたわみで強度を出すタイプ。比較的大きな保持力を必要としないところで使われる。羽根の形状に工夫を凝らすことで多少強度を増すタイプとか、入れやすくする工夫をしている製品がある。材質は、ナイロン6（ポリアミド：PA6）もしくはPOM（ポリアセタール）である。

　二つ目は、「トリムクリップ」。ドアの内張りを留めているファスナーで、センターピラーやクオーターピラーのガーニッシュなどで多く見かける。当初は2ピースタイプで、その後カヌータイプ→3本脚タイプ→4本脚タイプと進化している。2ピースタイプのトリムクリップは、繰り返し性が良いが、抜去力が低い、しかも逆パンチ使用ができない。

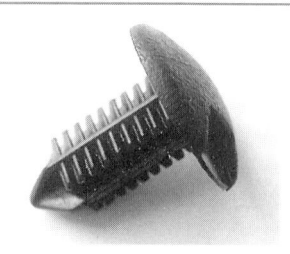

マットやルーフライニングなど厚みのばらつくもので比較的保持力を必要としないところで使われるブラッシュクリップ。羽根のたわみで強度を出すため入れと抜けの差が出しにくい。

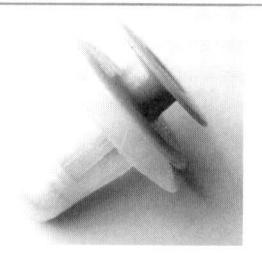

トリムクリップ。ドアトリムなどで活躍する樹脂ファスナーで、数回の繰り返し性がある。現在は3～4本脚タイプ。

アンカークリップ。ワイヤーハーネスやウォッシャーチューブの保持をするなどで活躍する。取り外しはできない。

ボックスアンカークリップ。バンパーやラジエターホースのクランプに使われる樹脂ファスナー。せん断方向の荷重に強く取り外し不可だ。

2P（ピース）クリップ。カウルトップグリルやフェンダーフロントインナーに使われている。ねじタイプ、ブッシュタイプ、ターンタイプなどがある。

スクリューグロメット。インナーフェンダーの取り付け、ドアライニングなどで使われる。

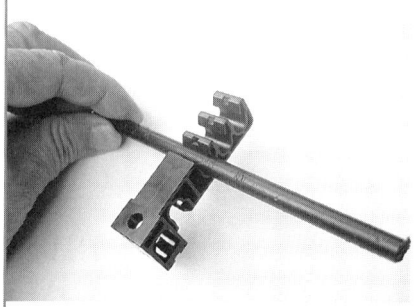

エンジンルームなどで活躍する「パイプクランプ」。ワンタッチで留めることができるのがメリット。PA6、PA66製などだ。熱負荷があまりないところではPP製もある。

エンジンフードの高さ調整のとき活躍する「フードバンパーラバー」。左がごく普通のゴム（EPDM）タイプだが、右は北米仕様の高級車向けにニフコがつくった新商品。POM製で、3ピースタイプで少しコストがかかったという。ボディへはワンタッチで取り付けられ、左のゴム製に比べ微調整ができるのがメリット。

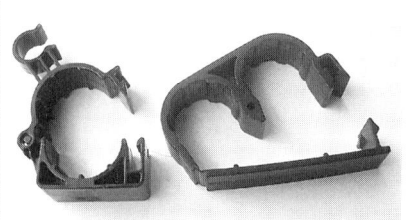

こちらは「爪付きのパイプクランプ」。パイプの挿入力が低くパイプの保持力が高い。ただし繰り返し使用ができないタイプもある。

第二章　クルマで活躍する機械要素

リアシートの座面を車体に取り付ける「リアシートフック」。軟質ポリアセタール（POM）あるいはPP（ポリプロピレン）製だ。

耐熱性が高く挿入と抜去の差がでにくいカヌータイプのトリムクリップ。繰り返し使えない。スーパーエンプラのPOM（ポリアセタール）製だ。

樹脂ファスナーの応用例の一つであるハードトップ車のウインドウガラスのスタビライザー。ポリアセタール製だ。

POMとゴム（EPDM）でつくられた「防振クランプ」。燃料パイプやブレーキパイプのクランプとして活躍し、ガソリンやブレーキフルードの脈動を車体に伝えない構造。

ウエザーストリップを成立させている樹脂ファスナー。POMまたはPA（ナイロン）6製だ。

　カヌータイプのトリムクリップというのは、横断面でカットするとカヌー、つまり船の断面をイメージする形状。1ピースにすることで2ピースにくらべコストが低くはなったが、繰り返し性が悪く、逆パンチ使用不可などの課題が残る。

　トリムクリップは3本脚あるいは4本脚タイプが登場した10数年ほど前に大きな転機を迎えている。挿入と抜去の差を出しやすく、しかも繰り返し性が高くなった。とくに4本脚タイプは座屈性が高く逆パンチ穴に対応できるメリットをもち、これが主流となっている。材質は2ピースタイプではPP（ポリプロピレン）だったが、カヌータイ

133

プではPOMになり、3本脚と4本脚タイプでは軟質POM（別名：タフアセタール）と呼ばれるウレタンを数％混入した素材としていることから性能向上を実現したという。

次は「アンカークリップ」と呼ばれるものだ。anchorつまり「固定する、投錨する」クリップで、車体にワイヤーハーネスを保持したり、ウォッシャーチューブを保持したり、ラジエーター＆パワステホースを保持、あるいは燃料パイプとかブレーキパイプを車体に取り付ける役目。文字通り"イカリ形状"をしていて、一度取り付けると取り外しができないタイプ。ウイークポイントは横方向への力がかかると外れやすい点だ。

この欠点をクリアしたのが同じアンカークリップでも「ボックスアンカークリップ」である。相手のパネルに食いつく部分が箱状になっていて、その両サイドにクサビ状の突起を設け、挿入時にクリック感を持たせ、安定した保持力を実現している。バンパーカウル、燃料＆ブレーキパイプ、ラジエーターホースやパワステホースを車体に留めている部分に使用されている。アンカークリップは以上二つとも素材はナイロン、POM、PPなどである。

もうひとつは「2P（ピース）クリップ」だ。

フロントのインナーフェンダーの取り付け、バンパー、カウルトップグリル、シールドフロントスプラッシュなどに使われているタイプで、ピンを押してグロメットの脚を開かせ固定する。取り外しも再使用もOKだ。インナーをピンといい、アウターパーツをグロメットと呼んでいる。2Pクリップには、解除方法で、ネジタイプ、プッシュタイプ、ターンタイプ、プルタイプの4種類がある。ネジ形状のピンを持つスクリュータイプ、それに指で押して解除するプッシュタイプ、プラスドライバーを用いて解除するプッシュターンタイプ、マイナスドライバーでピンをこじ開けるプッシュプルタイプなどである。

2Pクリップの素材はナイロン6、ナイロン66、POMのほかに、ピンをPOM、PBT（ポリブチレンテレフタレート）、グラスファイバー入りPP（ポリプロピレン）、グロメットをPOM、PAを選択しているようだ。せん断力が100kg近いタイプもある。

●樹脂ファスナーの新しい動き

最後に紹介するのが「スクリューグロメット」だ。

これは、ボディなどに先に取り付け、ライニングなどをタッピングスクリューで固定するためのクリップのことをいう。具体的にはドアライニング、フェンダーの周辺、バンパーカウルに見ることができる。スクリューグロメットは、オープンタイプとクローズドタイプの2タイプがあり、前者は長いネジが使えるがシール性に期待できない。後者はネジの長さに制限があるが、シール性が高い。ネジの破壊トルクはおおむね前者のオープンタイプのほうが高い。素材はナイロン6が主流である。

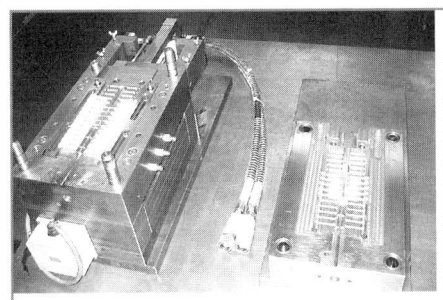

第二章　クルマで活躍する機械要素

樹脂ファスナーの「金型」。右が固定、左が稼動部。ニフロックと呼ばれる素早く樹脂のリベッティングができる製品の金型。素材はチッ化処理した炭素鋼で重量は約300～400kg。

マシニングセンターで製作された金型の一部（入れ子）。アンカークリップのものだ。この事業所にある金型製造部門ではこれを約2時間でつくり上げるという。

出来上がった半製品。ライナーとゲートを切り離せば製品となる。このあとカッターなどで切り離される。

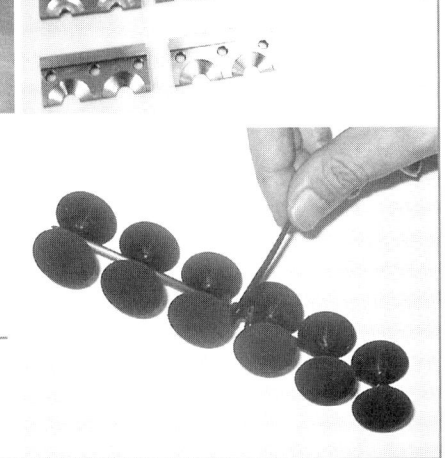

　樹脂ファスナーをめぐる新しい動きが二つほどある。
　ひとつは≪複数の樹脂ファスナーをできる限り統合して種類を減らしコストダウンにつなげる≫ということ。これはたとえばある自動車メーカーですでに展開されており、内装で使う樹脂ファスナーの数が従来だと120数アイテムあったのを統合して10数アイテムに絞り込んでいる。外装の樹脂ファスナーも従来90アイテム以上だったのをわずか5アイテムに減少し、生産コスト減を実現している。
　もうひとつは≪エルゴノミクス対応ファスナー≫というもの。
　これは挿入力を従来なら5～8kgだったのを半分以下の3kg以下にダウンし、装着性を劇的に高めていること。自動車メーカーの製造ラインでの装着性が高くなれば省力化ができ、コストダウンにもなるからだ。また、エルゴノミクスはもともと作業者の負担を軽減するために考え出されたもの。たとえば、アメリカでは作業によって腰痛になったとか指が痛くなったという労災を引き起こし裁判沙汰となる。そこで、製品から見直そうということから生まれたコンセプト。微妙な爪の形状を見直すことで可能となり、抜去力の増大も同じ手法で実現している。
　なお、樹脂ファスナーは、射出成形法によりつくられるが、その詳細については第三章の樹脂のところで解説する。

第三章
クルマの素材

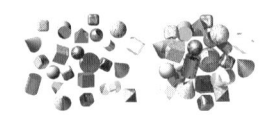

●クルマに使われる金属素材

1台の自動車に使われている部品点数はおよそ3万点ほどである。これらの部品を構成している素材のうち、もっとも使用量の多いのは鉄系素材で、およそ7割。残りの3割はアルミや銅、貴金属などの非鉄系の金属とそれに非鉄金属と呼ばれる樹脂、ゴム、繊維、塗料、セラミックス、ガラスなどである。

車両重量1.2トンのクルマならそのうちの鉄素材が占めるのは840kg。「クルマは鉄の塊である」というのは、あながち間違いではない表現である。

クルマをつくるうえで鉄がこれほど欠かせない存在となっているのは、とても強い金属で少々の衝撃にも強く、加工しやすいのだ。他の金属元素(たとえば炭素、ケイ素、クロム、モリブデン、マンガンなど)を加えたり、あるいは熱処理をすることよって強さや硬さ、加工のしやすさなどの性質を自由に調整できる。焼入れ処理により鉄

クルマに使われる主な金属の種類と性質

金属名		密度 (g/cm³)	融点 (℃)	特徴
金	(Au)	19.3	1063	耐食性が良く、金属中最大の展延性をもつ。
鉛	(Pb)	11.3	327	軟らかく、強度は低い。耐食性にすぐれる。
銀	(Ag)	10.5	961	展延性に富み、電気・熱の伝導性が良い。
銅	(Cu)	8.9	1083	展延性に富み、電気・熱の伝導性が良い。
ニッケル	(Ni)	8.9	1453	耐熱・耐食性にすぐれる。強磁性。
鉄	(Fe)	7.9	1536	Alに次いで多く存在する。
すず	(Sn)	7.3	232	低融点で、展延性に富み、耐食性も良好。
亜鉛	(Zn)	7.1	419	硬くて脆い。メッキやダイキャスト用に利用。
チタン	(Ti)	4.5	1680	耐食・耐熱性にすぐれる。比強度は鋼より高い。
アルミニウム	(Al)	2.7	660	比重が軽く、電気・熱の伝導性が良い。非磁性で軟らかい。
マグネシウム	(Mg)	1.7	659	非常に軽い。活性で耐食性は劣る。

第三章 クルマの素材

鉄製とアルミ製のホイール
比較的自由な形状をつくれるアルミホイール（右）に対し、低コストを追求できるスチールホイール（左）。

の硬さや強度が高められ、焼き戻しにより粘りが与えられる。このほか熱処理としては「焼きならし」と「焼きなまし」などの方法もある。

鉄の性質に大きな影響を及ぼすのが炭素である。鉄に炭素の含有量が増えると、強くなるが伸びが少なくなり、炭素量が減ると軟らかくなり粘り強くなる。

炭素の含有量により、鉄は鋼と鋳鉄に分類される。炭素の含有量が約2%以下のものを「鋼」と呼び、それ以上の炭素含有量の鉄を「鋳鉄」と呼んでいる。鋼にも炭素量により極軟鋼、軟鋼、硬鋼、最硬鋼などがある。ボディパネル、クランクシャフト、ボルト、ナットなど鉄鋼材料のなかで広く使われている材料である。炭素鋼にニッケルやクロム、モリブデンなどの元素を適量添加したものが「特殊鋼」で、ギア、エキゾーストバルブ、アクスルシャフトなどの材料となっている。

鋳鉄は鋼にくらべ炭素量を多く含んだ鉄のことで、ケイ素やマンガン、硫黄、リンなどを加え鋳型に流し込み、必要な形状に成形する。エキゾーストマニホールドや少し昔のシリンダーブロック（今でも一部のエンジンはこれ）、ブレーキドラムなどに使われている。

非鉄金属の代表がアルミニウム。アルミは鉄の比重の1/3と軽い。熱伝導性が高く耐食性にすぐれているため、その合金であるアルミ合金でシリンダーヘッド、シリンダーブロック、ホイール、ピストンなどに使われているのはよく知られている。熱と電気の良伝導体で加工性の高い銅は少し旧いクルマのラジエターに使われていたが、いまでもオルタネーターやスターターなどの電装部品には欠かせない素材である。

鉛、スズ、亜鉛などは軸受メタル、ハンダ、装飾部品で活躍しているし、白金、パラジウム、ロジウムなどの貴金属は排ガス装置である触媒に多用されている。

荷重（応力）による破壊

静的破壊	ゆっくりした増加荷重による破壊
衝撃破壊	急激な増加荷重による破壊
疲労破壊	繰り返し荷重による破壊
遅れ破壊	一定荷重による破壊
その他	加工歪み、熱、腐食などによる破壊

合金鋼の種類と特徴

分類	種類、特徴、用途など
機械構造用鋼	クロム鋼、クロムモリブデン鋼など。熱処理を施し、高強度にして使用する。
ステンレス鋼	クロムやニッケルが多量に添加されており、耐食、耐熱性に優れる。
耐熱鋼	ステンレス鋼よりさらに合金成分を多くし、耐熱性の向上が図られている。
ばね鋼	シリコン、マンガン、クロムなどを含む。熱間成形ばねに使用される。
軸受鋼	高炭素クロム系で、ころがり軸受用に広く使用される。
工具鋼	高速度工具鋼、合金工具鋼がある。タングステンやバナジウムなどを含む。
快削鋼	被削性向上のため、硫黄や鉛が添加されている。

●クルマに使われる非金属素材

　非金属材料は樹脂、ゴムなど多様だ。そのなかで、樹脂は加工性が高く、軽量で、コスト的にも有利な素材として近年増加傾向にある。その背景には、エンジニアリング・プラスチックやスーパーエンプラと呼ばれる高熱にも耐え、耐薬品性に優れた素材が開発されてきたことがある。

　ゴムもエンジンマウントなどは、その物性上天然ゴムが多く使われるが、耐熱性や耐薬品性に強い合成ゴムの発明で使用が伸びている。シートやフロア、トリムなどで必要な繊維は化学繊維と呼ばれる素材が主体ではあるが、近年では環境問題から植物繊維も徐々に増えつつある。今後とうもろこし、サトウキビ、竹などの植物由来の自動車部品が珍しくなくなる時代が来るだろう。

●金属の表面処理

　表面処理とは、その金属のベースはそのままで表面だけの性質を変化させることで、部品にするに際して要求される性質が得られるようにする方法。つまり表面処理技術で、通常の金属のクオリティを上げることができるテクノロジーである。

　金属に求められるのは、摩耗しないこと、破壊されないこと、腐食を起こさないこと、美しく光沢があることである。とくに自動車やバイクの部品に求められるのは、耐摩耗性と疲労強度アップである。耐摩耗性向上の表面処理としては、浸炭焼入れ、高周波焼入れ、軟チッ化処理、TD処理などがある。疲労強度をアップする表面処理技術としては、浸炭焼入れ、高周波焼入れ、軟チッ化処理、さらにショットピーニング。同時に二つの処理を施すものもある。表面処理技術のおもなものを説明しよう。

■浸炭焼入れ

　浸炭焼入れには固形浸炭、ガス浸炭、滴注浸炭などがあるが、このなかで比較的ポピュラーなのはガス浸炭だ。ガス浸炭は930℃付近のRXガスにCm＋Hnガス中で加熱して表面層の炭素量を増加させた後、変態点(圧力や温度などの外部条件の変化による物理的性質や原子配列などが変化するはざま)以上の適当な温度で焼入れをおこなう。これにより、表面が内部に比べ劇的に硬さが増加する。最後に再び焼き

表面処理法の種類

表面処理法の分類		表面処理法の種類	適用例
表面変質	加熱焼入れ	高周波焼入れ、レーザー焼入れ	リアシャフト
	加工硬化	ショットピーニング、表面ロール	バネ類
	溶融、半溶融	TIG再溶融チル	カムシャフト
浸透拡散	Cの浸透・焼入れ	浸炭焼入れ	ギア類
	C・Nの浸透・焼入れ	浸炭浸窒焼入れ	ピストンピン
	N・C・Nの浸透	軟窒化、窒化、イオン窒化	エンジンバルブ
	S・N・Cの浸透	浸硫	ブッシュ類
	金属元素の浸透	クロム浸透処理、TD処理	排気系ボルト類

戻しをおこなうことで靭性を高める。トランスミッションのギアやステアリングのピニオンギア、ドライブシャフトなどに用いられている表面処理である。

■高周波焼入れ

　高周波焼入れとは、高周波誘導電流により鋼材の表皮を変態点以上の温度に急速に加熱したのち急冷して硬化させる処理のこと。強靭で耐摩耗性を必要とするクランクシャフト、アクスルシャフト、ステアリングラック、トランスミッション部品など幅広く用いられている。ここで活躍する高周波誘導加熱機とは、強磁性体(鋼など)に銅管(コイル)を巻きつけ、周波数1～10KHzを通じることで電磁誘導作用を発生。この誘導電流を使い金属を鍛造温度に加熱する装置。

■軟チッ化処理

　タフトライド処理ともいう。鋼および鋳鉄部品を通常570℃付近の塩浴やガス雰囲気中で処理し、表面に数ミクロンから数10ミクロンの窒化物層および0.1～1.0mm程度の窒素が拡散した層を得る処理のこと。疲労強度と耐摩耗を向上させる。エンジンバルブなどにこの例が見られる。

■レーザー焼入れ

　焼入れ硬化性のある材料表面に高エネルギー密度のレーザービームを照射し表面を急速に加熱し、その熱が熱伝導で加工物内部に伝達され急速に冷却される。いわゆる自己冷却による焼入れである。高周波焼入れにくらべ水や油を使わないこと、必要部位だけを高速に硬化することができるため焼入れヒズミが少ないのが利点だが、コスト面で折り合いがつかず、あまりポピュラーな処理ではない。

■TIG再溶融処置

　高密度エネルギー源のひとつであるTIG(タングステン・イナート・ガス)の溶接用の電源を使いアルゴンガス雰囲気中でタングステン電極とワークの間にアークを発生させ、そのアーク熱を活用してワークを溶融し、硬化または微細化する。硬化目的で使われるケースとしては、カムシャフトのノーズ部など耐摩耗性を必要とする個所。微細化することで引っ張り強度を高める目的ではシリンダーヘッドのバルブ間に処理してバルブ間亀裂を防いでいる。ただし、これは補修の世界だが。

■TD処理

　TDとはトヨタ・ディフィジョンの略でディフィジョンとは"拡散"の意味だ。豊田中央研究所で開発された鋼の表面被覆処理法で、クロム、ニブル、バナジウムなどの金属元素を850～1020℃の溶融ほう砂浴中に浸漬することで、被処理物中の炭素原子とクロム、ニブル、バナジウムなどが結合し表面に5～15ミクロン程度の炭化物が形成させる。この表面層は耐摩耗性がとてもよく、耐摩耗性ばかりでなく耐焼き付き性、耐かじり性、耐食性も向上する。鋳造、鍛造の金型やプレスの金型に用いられている。

表面処理層の硬さ

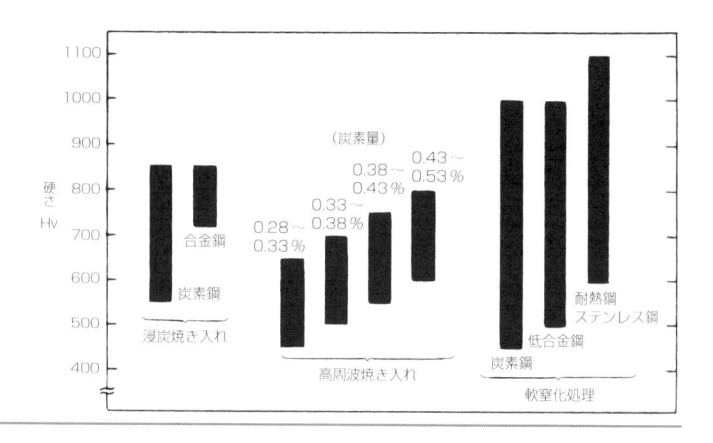

硬さHv、縦軸（400〜1100）
- 浸炭焼き入れ：合金鋼、炭素鋼（約850）
- 高周波焼き入れ：炭素量 0.28〜0.33%、0.33〜0.38%、0.38〜0.43%、0.43〜0.53%
- 軟窒化処理：炭素鋼、低合金鋼、耐熱鋼ステンレス鋼

■T6処理

T6とはアルミニウムの熱処理記号で、溶融化処理をおこなった後、加熱により室温以上で時効処理をおこなうことをさす。微細な析出物が生じ、機械的性質や磁気的性質が向上するので、アルミホイールやシリンダーヘッドなどにおこなっている。

■イオンチッ化処理

鉄系の部品、金型、冶金工具などの耐摩耗、耐焼き付き性能を高めるための熱処理のひとつ。被処理物を低圧力化の窒素と水素の混合ガス中に置き、被処理物を陰極として電圧をかけ、混合ガスをグロー放電させる処理。電離した窒素イオンが被処理物表面に衝突し、そのエネルギーで表面に厚さ数10ミクロン、ビッカース(Hv)硬さ500〜1000程度の鉄と窒素の化合物層が形成される。マスキングによる局部的な処理も簡単にできるのも美点。

■ショットピーニング処理

ショット(鋼粒)を空圧あるいは遠心力で加速し、加工面に衝突させておこなう吹き付け加工。表面層に残留圧縮応力を生じさせ、かつ加工硬化によって疲労強度を向上させる手法だ。コイルスプリングやリーフスプリングに昔から施されている表面処理。

●メッキによる質の向上

ふつう≪メッキ≫といえば装飾目的と耐食性向上の二つだが、自動車部品に施されるメッキ処理はさまざまな品質設定目標が挙げられる。つまり装飾向上、防錆向上だけでなく硬度アップ、潤滑性向上、導通性向上、なかにはハンダ付け性向上という目的を持つケースもある。メッキをほどこす部品も、金属だけでなく樹脂(エンジニアリング・プラスチックス)、セラミックスなどが開発され、インテリア部品をはじめ、ドアのアウターハンドルにごく当たり前に使われている。

第三章　クルマの素材

メッキの方法には、電気メッキ、溶融メッキ、無電解メッキ、真空メッキなどがある。

■電気メッキ

電気メッキの原理は、電解液中に被メッキ物を陰極として通電し、表面にメッキ金属を析出させるというもので、装飾・防錆、機能とさまざまな目的に応じて比較的安価な金属皮膜を付与することができるため、クルマの部品だけでなく家電、航空機、通信機、装身物から雑貨にいたるまで広く使われている。

電気メッキの工程は、研磨→前処理→メッキ→後処理の流れ。研磨は自動車部品の場合単一部品ごととなるので、効率よく研磨するため自動研磨機などが使われる。一般にメッキ密着不良のおよそ7割は前処理の不手際に起因するといわれるほど前処理は重要だ。クルマの部品の前処理は、アルカリ脱脂→電解脱脂→酸浸漬後さらに電解脱脂→酸浸漬を繰り返し、表面の活性度を高めている。電気メッキには析出する金属により亜鉛メッキ、クロムメッキ、ニッケルメッキなどがある。

亜鉛メッキは、クルマの外装パーツなどで使われる防食メッキ法で、鉄素地が露出しても亜鉛層が陽極的挙動をとるため、犠牲防食となり鉄を腐食からまもる作用がある。亜鉛の白錆を防ぎ耐食性を高める目的で亜鉛メッキ後クロメート処理をおこなう。これは金属を溶液中に浸漬し表面に金属塩皮膜を誕生させて耐食性と装飾性を高める役目をする処理。

もうひとつの電気メッキでよく使われるニッケルメッキは、自動車の外装部品でポピュラーなものである。耐食性向上のためイオウ含有量の異なるニッケルメッキを2～3層施し、上層が犠牲皮膜、下層が保護皮膜となる多層ニッケルメッキが多い。

クロムメッキは、クランクシャフト、シリンダーライナー、カムシャフト、各種軸受などに用いられる電気メッキで、とくにメッキ厚み5μ以上のものを工業用クロムメッキとして装飾用クロムメッキと区別している。

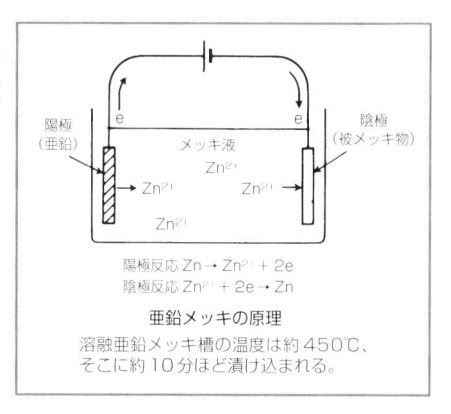

陽極反応 $Zn → Zn^{2+} + 2e$
陰極反応 $Zn^{2+} + 2e → Zn$

亜鉛メッキの原理
溶融亜鉛メッキ槽の温度は約450℃、そこに約10分ほど漬け込まれる。

■無電解メッキ

電気の力に頼らないで金属皮膜を析出させるものを無電解メッキと呼んでいる。化学反応を利用してのメッキのため化学メッキとも呼ばれる。

メッキの厚みがどの部位においても均一にでき、しかもメッキ厚膜を電気メッキよりもコントロールしやすい特徴を持つ。金属上だけではなくセラミックス、プラスチックス、ガラス、繊維、無機粉体などの種々のものにメッキできる。

さらに、メッキ液中に各種の微粉粒子を添加すると耐摩耗性アップ、自己潤滑性の向上、磁性を帯びた性質など高規格な機能メッキを実現することもできる。

プラスチックメッキで使われる樹脂の大半は、ABS樹脂。この樹脂はブタジェンゴムを含むため樹脂の表面が活性でメッキに適する。PP(ポリプロピレン)やエンジニアリングプラスチックスのPOM(ポリアセタール)も比較的多くメッキされ使われている。プラスチックメッキの要求機能は装飾、軽量化、成形性、絶縁性、光透過性がある。

■溶融メッキ

溶かした金属のなかに被メッキ物を入れ(浸漬)表面に金属を付着させるというメッキ法を溶融メッキという。溶融メッキはパネルなどの面積の大きなものの防錆に適するが、高温作業となるためメッキの種類が限定される。被メッキ物の融点よりも低い融点の金属メッキしかできないので、被メッキ物が鋼板の場合、亜鉛、スズ、アルミニウム、鉛などしかできない。

クルマの車体パネルに使われる亜鉛メッキ鋼板(防錆鋼板とも呼ぶ)は成形性、溶接性のうえから亜鉛メッキ層に鉄を約9%含んだ合金メッキを使用する。こうすると、電気メッキの純亜鉛にくらべ高温多湿の環境下で長寿命となる。

アルミニウムメッキは、亜鉛メッキよりも耐候性がすぐれ、Fe-Al合金層の形成で高温での耐酸化性を示すためマフラーや熱交換装置にも使われる溶融メッキ法である。

■真空メッキ

真空中で金属をガス化、あるいはイオン化させて対象物に付着させる物理的蒸着法である。イオンプレーティングとスパッタリングの二つの手法がある。電気メッキと異なりプラズマ空間で処理するため金属以外の素材、たとえばガラスや樹脂などにも処理できる。

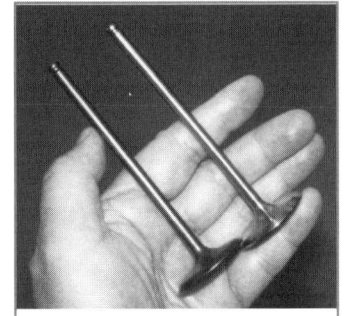

真空メッキでチタンコーティングされたバルブ。

高真空の雰囲気中でたとえばチタンを蒸発させ、対象物に蒸着する。高真空圧にすることで蒸発温度が下がり蒸発しやすいからだ。電圧をかけ蒸発粒子をイオン化して対象物にぶつけ蒸着させるのがイオンプレーティング法。あるいは、高真空状態で数百から数千ボルトの電圧をかけアルゴンガスを導入することでガスをイオン化しプラズマを発生、イオン化したチタンを対象物にぶつけ堆積させ皮膜を形成するのがスパッタリング法である。

第三章 クルマの素材

1.鋼板・鋼管

　圧倒的な多数は鉄系素材で、そのうちもっとも高い比率なのが鋼板であり、鉄系素材の約60％強、クルマ全体でも40％強の比率を占めている。とくにボディ用の鋼板は、自動車が安全で快適に走れるための十分な強度や剛性、さまざまな形状のボディに加工するための成形性、光沢のよい塗装外観を得るための表面平滑性などが要求される。

　素材としての鋼板は、添加する元素、圧延、熱処理、メッキなどの表面処理を選択でき、組み合わせることで、広範囲にその性質を変えることができる。用途が広く、しかも安価で多量に供給できるので、金属材料の世界では最も広く、一番多量に使われている

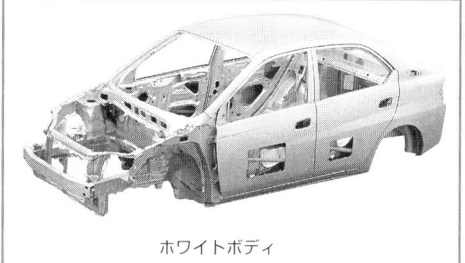

ホワイトボディ

のである。ちなみに、日本での鋼板の生産は全鉄鋼生産の約3分の1で、この約半分が国内で消費され、さらにその約2分の1が自動車用に使用されている。

●熱間圧延鋼板と冷間圧延鋼板

　よく知られているように鋼板の原材料は、鉄鉱石である。鉄鉱石をコークスや石灰を混ぜ、高さ100mほどの高炉と呼ばれる溶鉱炉で還元をおこなう。燃料のコークスを燃やすことで炉の温度は2000℃ほどになり、コークス内の炭素により鉄鉱石(天然の産物なので、磁鉄鉱とか赤鉄鉱、かっ鉄鉱と呼ばれる酸化鉄などの鉄分、それに不純物)が高温のCO、あるいはCによって酸素が奪われる。石灰石は、鉄分と不純物を分ける役目をする。ここでできた鉄が銑鉄と呼ばれるもので、この銑鉄がさらに転炉、連続鋳造プロセスなどを経て精錬、つまり元素を添加するなどで必要な性質の鋼板として成長する。

　これを熱間状態で圧延しコイル状にしたのが、雑鋼板とも呼ばれる熱間圧延鋼板。シャシーフレーム、サスペンションアーム、アクスルハウジングなどの素材となる。

　熱間圧延鋼板をさらに冷間で圧延し、加工性を高めるために熱処理し、調質により使いやすくする工程を経てできたコイル状の鋼板を冷間圧延鋼板という。圧延のため

各部品の使用鋼板と選定要因

	分類		使用部位	部品の要求特性	プレス成形
外板	フタ物外板	❶ ❷ ❸	フードアウター ドアアウター ラゲージアウター	張り剛性 耐デント性 面品質	低歪張り出し成形
	一般外板	❹ ❺ ❻	フロントフェンダー ルーフ ロアーバック	張り剛性 耐デント性 面品質	浅い絞り成形 張り出し成形
	難成形外板	❼ ❽	クォーターパネル バックドアアウター	張り剛性、耐デント性 バックリング強度	深絞り成形 張り出し成形
	準外板	❾ ❿	フロントバランスパネル ロッカーアウター	面品質	浅い絞り成形 張り出し成形
内板	一般内板	① ② ③ ④ ⑤	エプロンアッパーメンバー フロントサイドメンバー リアフロアサイドメンバー ウインドシールドヘッダー ピラーインナー	剛性 強度	単純曲げ成形 ハット型絞り成形 浅い張り出し成形
	難成形内板	⑥ ⑦ ⑧ ⑨ ⑩ ⑪ ⑫ ⑬	エプロン スプリングサポート フロア カウルインナー ホイールハウス フードインナー ドアインナー ピラーアウター	剛性	深絞り成形 張り出し成形
強度部品		⑭	ドアインパクトビーム	強度	ハット型絞り成形

に使用するロールは熱間圧延のときのような二つではなく、複数のロールのあいだを徐々に送り出されるあいだに薄くしていく。酸化皮膜(錆)が生じなくて、表面がきれいなので外板や深絞り加工に使われる。

　鉄は、基本的には強くて錆びやすいという性質を持っている。鋼板は鉄の長所を活かし、短所を補うために、あるいは使用される最終製品の使われ方、つくり方に応じて、最適のものが選択できるようにさまざまなものが生産されている。鉄の短所である錆びやすい性質は、鋼板表面に鉄を保護する性質をもつ金属をメッキすることで補っている。だが、メッキをしても、長時間にわたり錆びの発生を抑制するのが難しいため、ほとんどの鋼板はさらに塗装を施される。

　鋼板の厚みは、熱間圧延鋼板が1.6mm以上で、冷間圧延鋼板が0.07～3.2mm。

　ここからも類推できるように、クルマの外板パーツは冷間圧延鋼板である。フェンダー、ボンネット、ルーフ、トランクリッド、ドアのアウターパネル、ホイールキャップなど。板厚は0.6～1.0mmである。

　冷間圧延鋼板は、伸び率の違いで、SPCC、SPCD、SPCE(いずれもJIS規格)の三つがあり、SPCCは一般加工度の低い部分、たとえばドアパネルやルーフに使用されて、加工度が高いクオーターパネルにはSPCEが使われている。同じ冷間圧延鋼板を使った部品でも、オイルパンはIF(インタースティショナル・フリー)鋼板と呼ばれる超深絞り加工ができる鋼板。これは、溶鋼段階で、脱ガス処理により炭素量を数10ppm以下にさげ、さらに微量のチタン(Ti)またはニオブ(Nb)を添加してつくられる。

　熱間圧延鋼板は、シャシーフレーム、フェンダーのエプロン、ダッシュパネル、フ

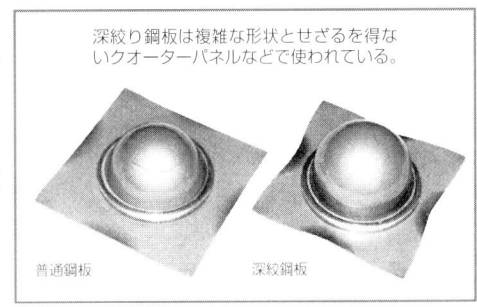

ロア、ドアのインナーパネル、サスペンションアーム、バンパー、ディスクホイール、ブレーキシュー、リインフォースメントなどに使用されている。

ちなみに、日本の自動車世界で深絞り鋼板が登場したのは1955年以降。このころになると自動車の需要が拡大し、ボディ用の鋼板の使用量も増え、

深絞り鋼板は複雑な形状とせざるを得ないクオーターパネルなどで使われている。

普通鋼板　　　深絞鋼板

それに伴って成形性にすぐれ、複雑な形状の一体深絞り鋼板が登場し、鋼板の性能が大きく向上している。

●高張力鋼板は安全性・軽量化・高剛性の切り札

近年衝突安全性と軽量化、さらには車体剛性、強度アップなどのファクターを高い次元で成立させるものとして注目を集めているのが高張力鋼板、英語でいうとハイテンションスチールである。高張力鋼板は引っ張り強さが340MPa（メガパスカル、従来の表示だと35kgf/mm^2）以上の鋼板をさし、いまのところ日本車でよく使われるのは440、590、780、980MPaの4タイプがある。高張力鋼板には属さない一般材（軟鋼板）は270MPaである。

最近のクルマのボディ（ホワイトボディ）では重量比で25％前後を高張力鋼板で占めているほど。たとえば、440MPa級だとサイドシルに採用される。590MPa級のハイテン材はAピラーやBピラーに使われることが多い。780MPa級のハイテン材はアンダーボディの左右を前後に伸びるメインフレーム内のビームやAピラーからルーフサイドにかけるリインフォースメントに使われている。980MPa級だとフロントバンパーのメンバーなどに使われることが少なくない。

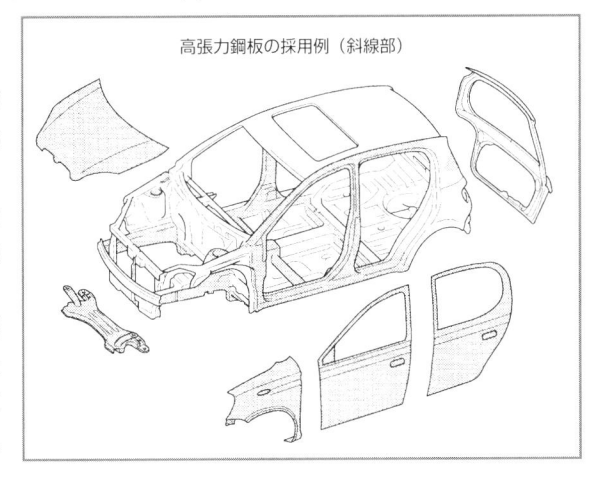

自動車用の比較的加工性の高い高張力鋼板は、1970年代の乗員安全対策（アメリカのFMVSS規制）の必要から開発され、日本では1977年（昭和52年）に自動車技術会規格として制定され

高張力鋼板の採用例（斜線部）

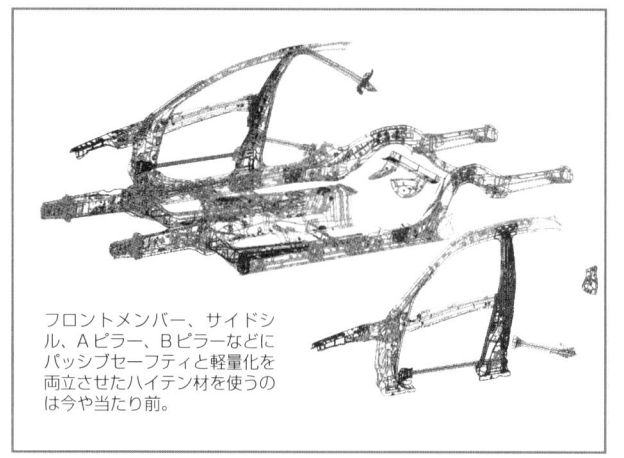

た材料。高張力鋼板への代替は、高強度化することにより薄板化が可能になるのが最大のポイントで、既存の生産設備を大幅に変更することなくコスト的にもあまり負担にならないのが魅力である。車体構成材料の約4割以上を占める鋼板の軽量化になるため、どこの自動車メーカーもこぞって採用している。

フロントメンバー、サイドシル、Aピラー、Bピラーなどにパッシブセーフティと軽量化を両立させたハイテン材を使うのは今や当たり前。

　現在使われている高張力鋼板は、固溶強化型鋼板、析出強化型鋼板、複合組織型鋼板の三つに大別されている。固溶強化型鋼板は、引っ張り強度が340〜440MPa級で、シリコン、マンガン、リンなど固溶強化元素を添加することで強度を高めている。

　日本鉄鋼連盟規格では340W、390W、440Wと汎用型を表すWの記号が付く鋼板。それ以上の引っ張り強度を求めるには、析出強化型鋼板で、440〜590MPa級で日本鉄鋼連盟規格では440R、540R、590Rと高降伏比型を示すRが末尾に付く鋼板。日本車では規格統合から590Rに集約されている。米車と欧州車は440MPa近辺の析出強化型鋼板が多数派。欧米でHSLA(High Strength Low Alloy)と呼ばれるのがこれ。析出強化型鋼板の組成は、先の固溶強化元素に加えて、炭素、窒素との析出物を鋼中に形成するニブ、チタンなどの元素を添加して強度を高める。析出強化型鋼板は、物性からいうと高降伏比型なので、原板状態で降伏強度が高く、衝突時に変形量が少なく収まる箇所には都合がいい。大きなエネルギーを受けても小さな変形で収まるということだ。欠点は、固溶強化型や複合組織強化にくらべプレス成形性が劣る点。

●複合組織型鋼板

　これは、デュアルフェイズ鋼板(略してDPは世界共通の呼び名)とか、二層強化鋼板とも呼ばれ、延性の高いフェライト相と硬いマルテン相の2種類の結晶粒の混ざった組織をもつ鋼板で、強度と延性のバランスのよい材料。複合組織は適度な合金成分と加熱—冷却サイクルによって得られ設備に応じたつくり方がある。590〜980MPa級で、日本鉄鋼連盟規格で590Y、780Y、980Yと低降伏比型を示すアルファベットのYの記号が末尾に付く鋼板である。

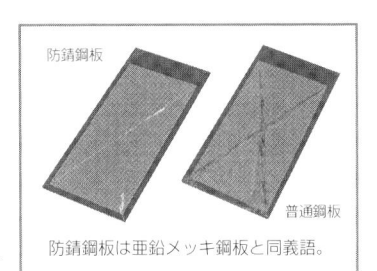

析出強化型にくらべるとプレス加工性がすぐれている。原板の段階では降伏強度が低いものの、プレスによる加工ヒズミを与えると、固化して析出強化型と同等の降伏強度まで上昇する。衝突時の変形が大きな個所に適するので、センターピラーに好んで使われる。

ちなみに、590MPaから強度が上がるにしたがい、マルテンサイトの割合が増えていき1180MPa級になると≪フルマルテン≫と呼ばれる鋼板に変化する。これが側面衝突に効果があるとされるドアインパクトバーに使われる鋼板である。ところが、このマルテンサイトは、焼入れ組織なので、アーク溶接(CO_2溶接)すると、焼きなまし状態に陥り、熱の影響を受けた部分の強度がダウンする。そこで、鋼板を供給する日本の鉄鋼メーカーはCO_2溶接をする部品にはHAZ軟化防止型と呼ばれる複合組織型鋼板を用意しているという。

クルマの鋼板の世界では近年の新技法のひとつでテーラードブランクというのがある。おもに肉厚の異なる(材質、強度、表面処理が異なるケースもある)鋼板をレーザー溶接やシーム溶接で一つのブランク材(プレス加工に用いる鋼板のこと)にして一度にプレス加工する。軽量化、最適化、コスト低減を狙ったもので、たとえばAピラーやBピラーのインナーパネルに板厚1.0mmと1.6mmの異なる二つの鋼板を使うなどである。テーラードブランクは、それぞれの部位をきめ細かい最適な仕様にするメリットがある。

●鉛を追放しつつある燃料タンクの鋼板

防錆鋼板は表面処理鋼板とも呼ばれるもの。車体防錆用の亜鉛メッキ鋼板、排気系に使われるアルミメッキ鋼板、燃料タンクに使われるターンシートなどがある。

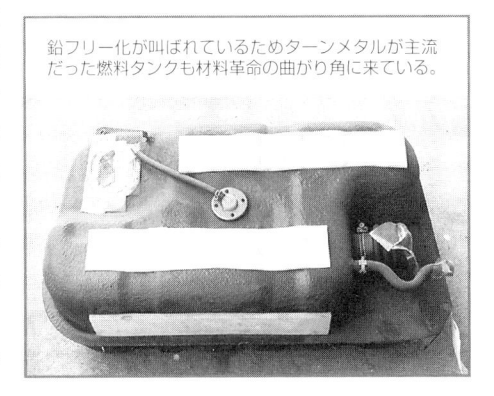

亜鉛メッキ鋼板には、冷間圧延鋼板に亜鉛メッキを施す電気亜鉛メッキ鋼板と焼きなまし工程をかねた溶融亜鉛メッキ鋼板にして、さらに加熱し、母材の鉄をメッキ層に拡散させる合金化溶融亜鉛メッキというケースもある。耐腐食性はメッキ厚さが厚ければ厚いほど高いが、一般にはコストが通常の冷間圧延鋼板にくらべ約15%増しとされるため、面積の広いルーフには使わ

ない。防錆鋼板は、1965年以降、ボディの防錆に対するニーズが高まったことを背景に需要が増えていたが、バブル直後の不景気時期には、廉価モデルなどではドアなどにも使用せずコストを低減した経緯があるが、このところの景気回復で再び防錆鋼板の使用範囲が増えつつある。

ちなみに、防錆効果を見るテストとして有名なのは、沖縄の海岸での暴露試験。海岸から10mほど離れたところで、70mm×150mmのテストピースと呼ばれる鋼板にクロス状態にカッターナイフで150ミクロンほどの傷をつけ時間経過とともに錆び具合を観察するというものだ。

排気系のパイプやマフラー、ヒートインシュレーターなどに使われるアルミニウムメッキ鋼板は、通常の冷間圧延鋼板を数パーセントのシリコンを含んだアルミニウム槽に通過させる溶融メッキでおこなう。耐熱、耐食性ともに亜鉛メッキよりもすぐれ、大気中では約550℃まで良好な耐酸化性を示す。

燃料タンクに長年もちいられてきたターンシートは、ターンメッキ鋼板とも呼ばれるもの。ターンメタルとは鉛とスズの合金を指し、これをメッキすることですぐれた耐食性の鋼板をつくり上げる。鉛がもつすぐれた耐食性を利用したメッキだが、鉛だけだと鉄素材との密着性(なじみ)が悪いので、鉄との合金をつくりやすいスズを入れることで、密着性を高めているのがミソ。

ところが、ここ数年鉛フリー化(環境負荷対策)が叫ばれるなか、燃料タンクも、鉛を使わない燃料タンク用鋼板を開発している。これには4タイプある。スズ-亜鉛メッキ鋼板がひとつ。これは新日鉄・八幡製鉄製でスズキなど数社が採用。おそらく、これが主流となる。二つ目がアルミメッキタイプでこれもやはり新日鉄・八幡製でトヨタ車の一部に採用している。三つ目が溶融純亜鉛メッキ(GI：ガルバナイズ・アイアン)の表面にニッケルメッキしたもので、新日鉄名古屋製で三菱自動車が採用。四つ目が、ドロロフォルム改良版と呼ばれるもので、これはJFEスチール製で三菱と韓国の現代自動車が採用。これは電気Zn-Ni合金メッキ鋼板の上にエポキシ系樹脂(AlとZnを通電目的と接着目的でブレンド)をコーティングしたものだ。

ガソリンに対する耐食性、とくにアルコールを含んだ燃料に対しては二つ目のアルミメッキがすぐれているが、他の三つは似たりよったりとされる。ただし、アルミメッキ鋼板は溶接性に問題がある。というのは、燃料タンクは燃料が漏れないように上下をシーム溶接してつくるが、このシーム溶接というのは銅製の円盤に溶接電流を流し抵抗溶接する。銅とアルミは合金になりやすく、電気抵抗が大きいため、肝心の鋼板が発熱しづらく電極自体が発熱し溶接不良となりがち。そこで、アルミメッキ鋼板と円盤状のシーム電極のあいだに使い捨ての銅ワイヤーを介在させる。この銅が意外と高価のため、ランニングコストが高くなるのがつらいところ。設備費などの初期

投資も必要となる。それと燃料注入口のパイプをロー付けするにもむずかしい側面をもつ。

これに対し、スズ-亜鉛メッキは、ターンシート(鉛-スズ合金)の延長線上の技術で、対応が比較的簡単。しかも、燃料注入口のロー付けは家電業界での鉛フリー対策ですでに実績のある「共晶スズ-亜鉛ロー(ハンダの代替品)」が活用できる。GI＋ニッケルは、トタンと同じ組成でシーム溶接はアルミメッキ鋼板よりらくで、パイプのロー付けも問題ない。

ちなみにドロロフォルムは、アメリカ車の燃料タンクに使われている。

●鋼管

鋼管はクルマのいろいろなところで使われている。

たとえば、エンジンルームのなかでは、カムシャフト、燃料チューブ、排気管など、シャシーの世界ではショックアブソーバーのアウターケース、ステアリングのステアリングチューブ。駆動系ではプロペラシャフト、ドライブシャフト、AT内部のプラネタリーサンギアなどだ。

鋼管は大きく二つに分けられる。ひとつ目は強度の要求される強度(構造)部材と、二つ目は、それほど強度を必要としない配管部材。

強度部材のなかには、ショックアブソーバーのように強度だけでなく高い寸法精度の要求される部品もある。

配管部材のなかで、ブレーキ系

鋼管の使用個所

	部品名
エンジン	ロッカーシャフト、カムシャフト、EGRパイプ
シャシー	ショックアブソーバーのシリンダー、インパネのビーム
ステアリング	衝撃吸収ステアリングチューブ、タイロッドチューブ
駆動	プロペラシャフト、FF用ドライブシャフト プラネタリーサンギア
配管および排気管	ブレーキチューブ、燃料チューブ、排気管 エアサクションパイプ

クルマの世界で使われる「鋼管」は、ドライブシャフト、インパネの左右のビーム、ダンパーのアウターチューブなどがある。

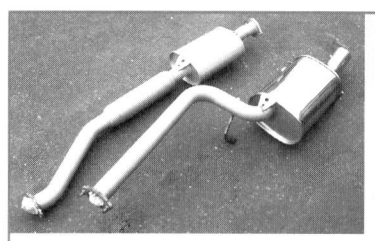

鋼管はクルマのマフラーや、ときにはクロスレンチにも使われている。

のチューブや燃料パイプは最重要部品だ。万が一漏れが生じれば人命にもかかわる事態となるため耐食性と耐漏れ性も必要となる。排気管に関しては高温化での耐熱・耐食性が求められるので、SUSつまりステンレス鋼管も使われている。

　一般的に鋼管の製造方法としては、継ぎ目なしの製造法、溶接法、鍛接法の三つがあるが、クルマの鋼管の主流は溶接法で、その溶接法のなかでも電気抵抗加熱による連続的に溶接する「電縫鋼管」である。

　電縫鋼管は、ロール機による筒状に成形された鋼板にワークコイルを通して高周波電流を流し、接合部の抵抗発熱を発生させ付近の鋼組織を溶かし、加熱ロールで加圧されることで接合される。後処理として接合部のビードを除去し、最後に超音波による傷の有無を確認され完成する。

　鋼管には電縫鋼管と継ぎ目のないシームレス鋼管の2タイプがある。クルマの世界で使われている鋼管は大部分この電縫鋼管で、ATのプラネタリーギアで使われるサンギアだけは唯一重要保安部品ということからシームレス管。かつては電縫管にくらべ溶接などのトラブルが起きないということからシームレス管が多数使われていたが、電縫管の品質向上が進んだためコスト的にだんぜん有利な電縫管が主流になった。

　鋼管は基本的にはJISにおける機械構造用炭素鋼鋼管と呼ばれるものだが、自動車用鋼管はさらに付加価値をつけている。たとえば、排気管用にはアルミメッキを施し耐熱性をさらに向上させたり、燃料系の配管には銅メッキを加えて耐食性をアップし、さらに耐圧試験をクリアした製品。

　また、プロペラシャフト用の鋼管は、ねじり試験によるねじり耐圧の高い鋼管を採用している。こうしたいわばJIS規格外の鋼管は、ドアインパクトバーにも見られる。ドアインパクトバーは側面衝突に対応するため引っ張り強度が1400MPaを超えるものだ。

2. 鋳鉄のいろいろ

　鋳鉄は、鋼にくらべ多量に炭素とシリコンを含有しており、溶融の流動性がすぐれているため薄物の成形がしやすいとされる。つまり鋳造性にすぐれ、耐摩耗性や切削性が高く、さらに振動吸収性が大きいため、エンジン部品やブレーキ部品などさまざまな部品に採用されている。鋳鉄のこうした特性を引き出しているのが、炭素(C)で、炭素の形状、パーセンテージ、それに鉄基地組織でさまざまな鋳鉄がある。鋳鉄の種類には、ねずみ鋳鉄、球状黒鉛鋳鉄、高シリコン球状黒鉛鋳鉄、オーステナイト鋳鉄、合金鋳鉄などがある。

●ねずみ鋳鉄

　鋳鉄のなかでもっとも多く用いられている材質で、破断面が灰色またはねずみ色をしていることからこの名が付けられている。ねずみ鋳鉄は凝固時に黒鉛(C)の結晶を片状に晶出したもので、他の鋳鉄に比べて機械的性質は低いが、製造が容易であるところからコストも安く、古くから広く使われている。

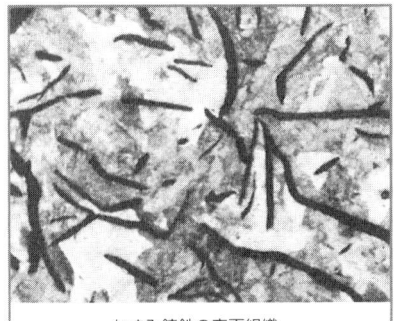

ねずみ鋳鉄の表面組織

　ねずみ鋳鉄は、熱伝導性が高く、騒音の減衰性も高いのでブレーキドラム、ディスクローター、ホイールシリンダーのボディ、マスターシリンダーのボディ、それにATのオイルポンプのカバー、ボディなどに使われている。鋳造時の湯流れがダクタイル（球状黒鉛鋳鉄）よりもいいので、鋳造性が良好といえ、複雑な形状のものがつくれ、そのぶん製造コストも安い。JISの金属材料表示はFCである。

　ちなみに、FCは、フェライト・キャスティングの意味で、たとえばFC350など後に付く3桁の数字は引っ張り強さの最低値を指している。引っ張り強度は炭素量とシリコン量で左右される。炭素量が増えると鋳鉄中の黒鉛量が多くなるので引っ張り強さは低

鋳鉄の種類と特徴

分類	種類、特徴、用途など
ねずみ鋳鉄品	黒鉛形状は片状で、機械的性質は低い。強度部品にはあまり用いられない。
球状黒鉛鋳鉄品	名前のとおり、黒鉛は球状をしており機械的性質に優れる。
可鍛鋳鉄品	チル鋳物（白鋳鉄）を焼なましや脱炭させてつくる。
合金鋳鉄品	耐熱性、耐摩耗性などを向上させるため特殊元素が添加されたもの。

下する。シリコン量が低下すると、基地（フェライト）組織のパーライト量が増加するため硬さを増し引っ張り強さが高くなる。

昭和40年代までエキゾーストマニホールドにはこのねずみ鋳鉄が多く使われてきたが、耐熱性の面で、ダクタイル鋳鉄にシフトしている。いずれにしろねずみ鋳鉄は、ほかの金属材料にくらべ伸びや衝撃値が低いため、靭性を必要とする部位には使えない。

ねずみ鋳鉄の耐摩耗性を高める方法として、急速冷却による表面のチル化が挙げられる。鋳造時に冷やし金などを使い必要個所を急冷すると、硬質のセメンタイト（Fe_3C）が析出して500Hv（ヴィッカース）以上の硬さを得ることができるため、エンジンのカムシャフト表面に採用されるケースが少なくない。ちなみに、チル化で硬くなった表面組織は白銑と呼ばれ、耐摩耗性こそ高いがきわめてもろい性質をもつ。

ねずみ鋳鉄（FC）製品
1934年製トヨタA型エンジンのエキマニ。

OHVの4KエンジンのブロックもFC（ねずみ鋳鉄）製。

なお、自動車メーカーの鋳造工場の特徴として《ボディのプレス工程で発生する端材を鋳鉄製品の素材に戻す》という手法がある。ブレーキドラムなどはその典型で、フェンダーやドアなどのプレス製品の端材を素材にしてつくられている。

ところが、ボディパーツもここ数年高張力鋼板が多く使われているため、チタン（Ti）、ボロン（Bo）、ニオブ（Nb）といった非快削性の高い原子が入り込み、切削性が悪い。そこで、鋳鉄の材料改善を目指し鋳型に鋳込まれる前の溶湯中に粒状のフェロシリコンやカルシウムシリサイドを少量添加すること（これを接種と専門用語ではいう）で、組織内部に切削性向上を促進させる黒鉛（C）を適正な大きさに分布させることができる。これにより、快削鋳鉄（FC250相当のねずみ鋳鉄）ができブレーキドラムなどをつくっている。

●球状黒鉛鋳鉄

ねずみ鋳鉄は、靭性が弱いというウイークポイントがあったが、これを大幅に改善したのが球状黒鉛鋳鉄である。溶融中にマグネシウムやカルシウムを添加し、黒鉛を球状化したものを混入する。JIS規格ではFCDで表される。ちなみに、なぜ黒鉛が球状

球状黒鉛鋳鉄の製品例

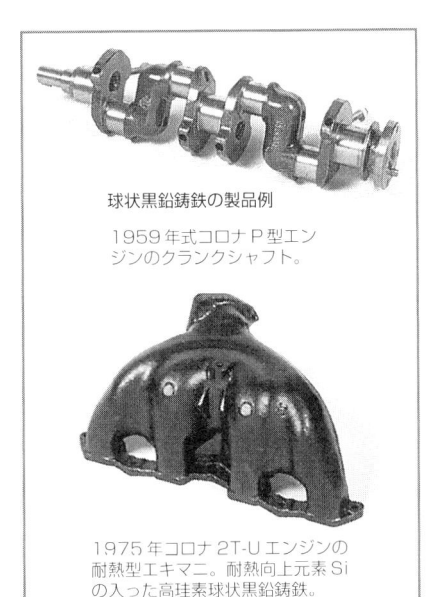

1959年式コロナP型エンジンのクランクシャフト。

1975年コロナ2T-Uエンジンの耐熱型エキマニ。耐熱向上元素Siの入った高珪素球状黒鉛鋳鉄。

化するかについては今のところ五つの説があり、謎だとされている。球状黒鉛鋳鉄は、ダクタイル鋳鉄とかノジュラー鋳鉄とも呼ばれ、走査型の電子顕微鏡でその破断面を観察すると、黒鉛は微細なフレーク状黒鉛の集合体であることが見えるという。

この球状の黒鉛が亀裂の誘発を防ぎ、ねずみ鋳鉄よりもはるかに高強度なものを得ることができるとされる。このため、一般に鍛造でつくられるクランクシャフトをフォードがコストダウンのために球状黒鉛鋳鉄を用いてつくった。

これを手本にして、トヨタでも1960年代までのクランクシャフトは鋳造製のものがあった。

基地は、フェライト基地、パーライト基地、あるいはこの二つの混合組織であり、フェライト基地が多いほど靭性にすぐれ、パーライト基地が多いほど硬さと引っ張り強度が高くなる。一般には炭素量およびシリコン量が多い場合や鋳造時の急冷速度が遅い場合にフェライト量が多くなり、熱処理により800MPa以上の引っ張り強さを得ることができる。さらに焼入れ焼き戻しやオーステンパー処理を施し用途が広がる。パーライト系のものは、クランクシャフトやカムシャフトに使われ、フェライト系のものはステアリングナックルやアクスルのハブに使われる。

球状黒鉛鋳鉄には、このほかに「高珪素球状黒鉛鋳鉄」、「オーステナイト球状黒鉛鋳鉄」などがある。

前者は、珪素(Si)、つまりシリコン量を増加させ、耐酸化性、耐スケール生成性を改善させたものでエキゾーストマニホールドなどに使われる。

後者はニッケル(Ni)を20％添加し基地をオーステナイト質にしたもので、一般にはニレジストと呼ばれる。高珪素黒鉛球状鋳鉄よりも耐熱性、耐食性にすぐれ、タービンハウジングなど高温で使用されるところで活躍す

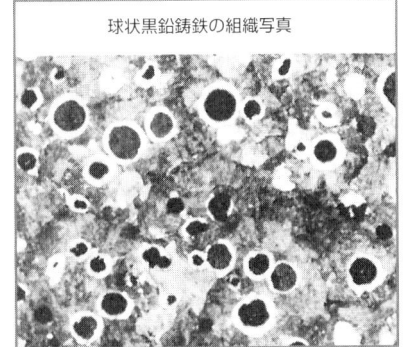

球状黒鉛鋳鉄の組織写真

る。ホンダの2.2リッターの欧州向けディーゼルエンジンのピストンの耐摩環(トップリング溝の耐摩耗を向上させるための鋳込み部分)にもこのニレジスト(オーステナイト球状黒鉛鋳鉄)が採用されている。

●合金鋳鉄

ねずみ鋳鉄の耐摩耗性、耐熱性、耐食性などを改善するため、目的に応じてねずみ鋳鉄にクロム、モリブデン、ニッケル、リンなど種々の合金元素を入れ、焼入れ焼き戻しなどの熱処理を微妙に変えることで、特性を変化させている。JISでFCAと呼ばれる合金鋳鉄がこれだ。合金鋳鉄でつくられるエンジン部品としてはカムシャフト、シリンダーライナー、バルブロッカーアーム、シリンダーブロック、バルブリフターなどがある。

フェライト系黒鉛鋳鉄の例
(ナックルアーム)

2002年にスズキとアイシン高丘の共同開発で登場した「バナジウム鋳鉄」という製品がある。エブリイやワゴンRなどに搭載のK6Aターボエンジンのエキマニに採用されている。従来の素材(モリブデンを微量添加した高珪素フェライト系球状黒鉛鋳鉄)より珪素の含有量を増やし、さらに適量のバナジウムを添加することで、約50℃高温特性の改善を図ったものだ。従来のダクタイル鋳鉄よりも高温強度が1.5倍、熱疲労寿命が約2.5倍で製品コストも大幅にダウンしているという。どのくらいのコストダウンかといえば、耐熱性などの性能がほぼ同じオーステナイト系ダクタイル鋳鉄の製品にくらべ、約3分の1のコスト。従来からあるダクタイル鋳鉄のわずか1.5倍のコストアップに抑えられている。

合金鋳鉄の例
トヨタAA、つまり1934年式A型エンジン(OHV)のシリンダーヘッド。

第三章　クルマの素材

3. ステンレス鋼

　錆びにくく、比較的いつまでも光沢を維持するため鋼板の中では、いわば孤高を保っている感のある存在。それがステンレス鋼だ。
　鉄は自然界において酸化物として存在する鉄鉱石をコークスから得られる一酸化炭素(CO)で、酸素を奪い取る、つまり"還元"することでつくられる。だから鉄を放置しておくと、水分や空気中の酸素などと反応をして、本来安定な「酸化鉄」に戻ろうとする。これが錆の発生であり、さらに進行すると腐食にいたる。
　その欠点をなくしたのがステンレス鋼で、「耐食性の目的でクロムを12%以上含有した鋼」と定義される。ステンレス鋼が錆びにくいのは、その表面に緻密なクロム酸化膜を形成するためだといわれる。
　この酸化膜は厚さが数10オングストローム(オングストロームはÅと表記し、この単位は光の波長などで登場する記号で、1オングストロームは100億分の1メートル)ときわめて薄いもので、加工や切断によって破壊されてもステンレス鋼に含まれるクロムが空気中の酸素と結びつきすぐ酸化皮膜が再生して、つねにステンレス鋼の表面を覆って母材が錆びるのを防いでいる。クロム酸化皮膜を形成するという錆び行為で鋼

ステンレス鋼の種類

分類	鋼種	概略組成	性質	用途
オーステナイト系	SUS301	17Cr-7Ni	冷間加工により高強度が得られる。	耐食ばね、ボルト、ナット、ヘッドガスケット
	SUS303	18Cr-8Ni-高S	304より被削性良好。	ボルト、ナット
	SUS304	18Cr-8Ni	800℃くらいまで使用可。	排気系部品
	SUS310S	25Cr-20Ni	耐熱鋼として使われることが多い。	ターボ部品他
	SUSXM7	18Cr-9Ni-3.5Cu	304にCuを添加し冷間加工性を高めたもの。冷間圧造用。	ビス類
フェライト系	SUS410L	13Cr-低C	加工性、耐高温酸化性にすぐれる。	排気系部品、バーナーなど
	SUS430	18Cr	フェライト系の代表的鋼種。	家庭用器具など広い用途で使われる汎用鋼種
	SUS430F	18Cr-高S	430に被削性を与えたもの。	ボルト、ナット
マルテンサイト系	SUS410	13Cr	マルテンサイト系の代表的鋼種。	一般用途用
	SUS420J1	13Cr-0.2C	焼入れ状態で硬く、耐摩耗性も良好。	刃物、工具類
	SUS420J2	13Cr-0.3C	420Jより焼入れ後の硬さが高い鋼種。	刃物、ノズル、直尺他
	SUS440A	18Cr-0.7C	硬化形で硬く440B、440Cより靱性が大きい。	刃物、ゲージ、ベアリング
	SUS440B	18Cr-0.8C	硬化形で440Aより硬く、440Cより靱性が大きい。	刃物、バルブ
	SUS440C	18Cr-1C	すべてのステンレス鋼・耐熱鋼中最高の硬さを有する。	ノズル、ベアリング
析出硬化系	SUS630	17Cr-4Ni-4Cu-Nb	Cuの添加で析出硬化性をもたせた鋼種。	シャフト類他
	SUS631	17Cr-7Ni-1Al	Alの添加で析出硬化性をもたせた鋼種。	板、コイルばねとして多用

板自体を台無しにするようなひどいホンモノの錆び現象からディフェンスしている、ということもできる。

いずれにしろ、クロム酸化膜が表面に形成されるとステンレス鋼は不動態になるので、この酸化膜のことを不動態皮膜と呼ぶこともある。鉄の場合、健全で安定的な不動態皮膜を形成させるために必要な最低限のクロム量が12％程度だという。

●多くの種類を持つステンレス鋼

ステンレス鋼の不動態皮膜は、実はいまだに完全に解明されていない。本質的には酸化皮膜であるため、たとえば異物が表面に付着したり、塩素イオンが大量に存在する海岸べりでは皮膜の破壊が進行し、隙間腐食が進むケースが珍しくない。

そこで、ステンレス鋼を錆びさせないためには表面をいつも清潔に保っておくことが有効となる。

ステンレス鋼表面の不動態皮膜は、クロムやニッケルの量が多いほど健全性と安定性が増し、モリブデンなどを添加すると再生能力が高くなるといわれる。炭素は一般的に量が多くなると強度が高くなるが錆びについては不利となる。これは炭素がクロムと結びついてクロム炭化物を生成し、母材中のクロム量を減少させるためで、溶接などで熱を加えると、この傾向になる。

ステンレス鋼の種類は、JIS規格のなかで60種類以上を超え、それ以外にも用途別にさまざまな種類のステンレス鋼が誕生している。

ステンレス鋼の種類を説明するのに「SUS304」とか「SUS430」という表記を目にするが、SUSというのは、Stainless Used Steelの頭文字で「錆びない鉄」、つまりステンレス鋼のことを指し、そのあとの3桁の数字は「鋼種記号」を示している。

JISの鋼種記号は、アメリカ鉄鋼協会（AISI：アメリカンアイロン＆スチー

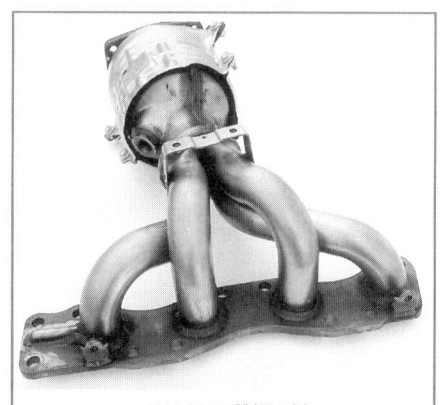

SUS304系製品の例

ターボチャージャーのインターセクションとタービンハウジングの隔壁にSUSが使われている。

T04B TURBOCHARGER GARRETT TURBO

ル・インスティテュート)に準じているが、300番代はクロム・ニッケルをベースにしたステンレス鋼、つまりオーステナイト系のステンレス鋼で、400番台がクロムをベースにしたクロム系ステンレスとされている。

　オーステナイト系のステンレスは、通称18-8ステンレスとも呼ばれ、磁石につかないので容易に識別できる。ただし、SUS301～304は強い冷間加工をすると磁石につく。18-8の18はクロムで、8はニッケルの含有量(重量比で%)を示している。オーステナイト系のステンレス鋼は、SUS304を代表として添加元素(ニッケル、カーボン、モリブデン、チタン、銅、珪素など)によって30種類以上の鋼種がある。この種類のステンレスは、耐食性は言うに及ばず、延性や靭性が高く、溶接性や深絞りなどの冷間加工性もいい。

　そのため、液体窒素のごく低温時から赤熱の高温環境まですぐれた特性を持ち、家庭用品、建築用材、鉄道用材、産業用材など幅広く使われている。全ステンレス鋼の6割以上を占めている。自動車の世界では、ボルトナットから排気系の部材、ターボチャージャーの構成部品、エンジン部品などに使われている。使用済みステンレスは、ステンレス原料として100%再利用ができる。

●ステンレス鋼は大別すると3種類

　ステンレス鋼を大別すると、このオーステナイト系のSUSのほかに、フェライト系のSUS、マルテンサイト系のSUSと三つに分かれる。フェライト系もマルテンサイト系も、オーステナイト系とは異なり強磁性で磁石につく。フェライト系、マルテ

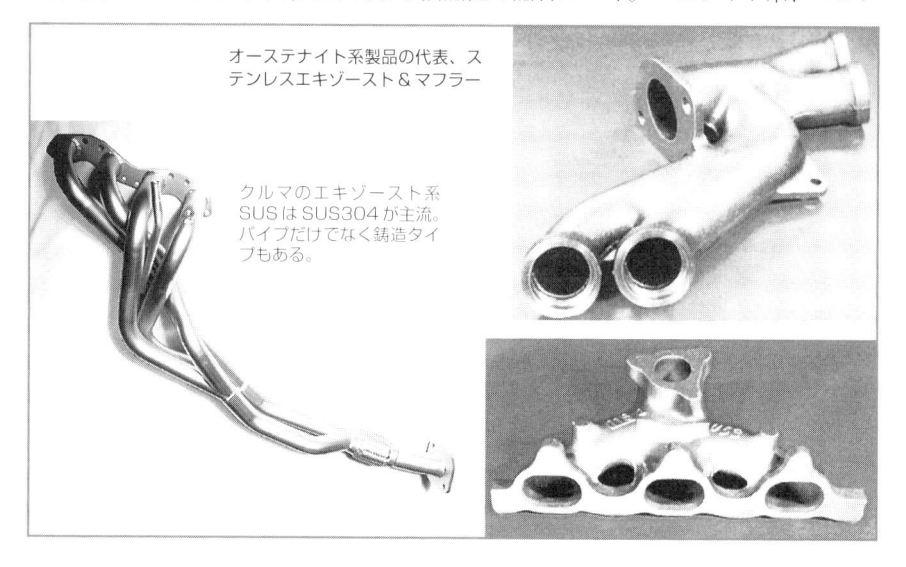

オーステナイト系製品の代表、ステンレスエキゾースト＆マフラー

クルマのエキゾースト系SUSはSUS304が主流。パイプだけでなく鋳造タイプもある。

ンサイト系、この区別は、焼入れによって硬化するかどうかである。前者は焼入れにより硬化しないが、後者のマルテンサイト系は焼入れで硬化する。

熱処理によって硬化することがないフェライト系のSUSは、通称18クロムとも呼ばれSUS430が代表選手。マルテンサイト系よりも耐食性にすぐれ、深絞り加工の成形性もとても良好で、薄板がガスレンジとか厨房機器類にポピュラーに使われている。

クルマにもステンレス製ボルトやビスが使われていることがある。SUS301が多い。

炭素量や窒素量を極度に少なくした高純度フェライト系SUSは、耐食性がオーステナイト系に匹敵するほどすぐれており、さらにオーステナイト系の欠点である応力腐食割れにも強いので化学プラントや温水機器類に使われている。

クルマの世界では、SUS304が排気系部品であるマフラーや排ガス浄化装置などに使われている。加工性が高いこともあって、EGR装置で使われることの多いベローズ型パイプもこれだ。シリンダーヘッドガスケットには、約0.2mm厚のSUS301のハード材を数枚組み合わせて採用しているエンジンもある。

高温でもへたることがない。車体のモール類、ホイールカップ、ドア、ミラーなどの装飾部品にも輝きを失わないSUS304部品が数多く使われてきたが、最近では孔食に強いモリブデンを含んだフェライト系SUSや樹脂部品が登場している。

熱処理を施すと硬化するマルテンサイト系のステンレス鋼は、成分と熱処理の条件を組み合わせることで、さまざまな物性を持つステンレスを生み出す。耐摩耗性を高くできるし、硬度も上げることができるため、SUS製の刃物、ベアリング、ノズルなどの製品がこのマルテンサイト系SUSからできる。

バイクのディスクブレーキのSUS製品も、このマルテンサイト系のSUS420で、ディスクローターに求められる耐摩耗性、耐食性にすぐれ、外観を重視するバイクの部品として美観も兼ね備えている。

第三章　クルマの素材

4.特殊用途鋼

　鋼は大きく分けて普通鋼と特殊鋼の二つに分かれ、特殊鋼には合金鋼、工具鋼、特殊用途鋼がある。特殊用途鋼には、耐熱鋼、快削鋼、軸受鋼、ばね鋼などがある。ここでは、自動車に使われる主要な特殊用途鋼について見ることにする。

●エンジン内部で活躍する耐熱鋼

　母材が鋼で、クロムを10％以上含有しているためステンレス鋼と親戚的存在なのが「耐熱鋼」と呼ばれる鋼だ。耐熱鋼は、高温での耐酸化性、耐食性が高く、しかも強度を持つのでエンジン内部など高温度環境下での使用に耐える金属。耐熱金属に要求される性質は、融点、密度、膨張率、熱伝導性、減衰性などの物理的性質、高温における耐酸化性と耐食性の化学的性質のほかに、破断強度、疲労強度、耐熱疲労強度、耐熱衝撃性、高温での強度と靱性、クリープ強度、クリープ破断強度など、多くの分野で性能を維持できる超優等生金属である。

1934年トヨタAA型のクランクシャフト。機械構造用の炭素鋼だった。

　エンジン以外でも排ガス浄化システム、ボイラー、蒸気タービン、ガスタービン、加熱炉、熱処理炉、高速増殖炉、高温ガス炉など耐熱金属材料が活躍する市場は小さくない。耐熱温度は600〜1200℃である。

　耐熱鋼は鍛造か鋳造かの製法、成分組成であるFe基耐熱鋼、Ni耐熱合金、Co耐熱合金に大別される。なかでも比較的ポピュラーなFe基耐熱鋼は、さらにオーステナイト系、フェライト系、マルテンサイト系の三つに分類できる。

　オーステナイト系Fe基の耐熱鋼は、18-8ステンレス鋼から発展した材料だ。記号もステンレス鋼のSUSと似ているSUHである。オーステナイト時に炭窒化物を析出させた材料で、クロムとニッケルを大量に含有し、おもに600℃以上の高温で使われる。ニッケル-クロムはきわめて耐酸化性が良好で、その含有量を増やすと1000℃までの加

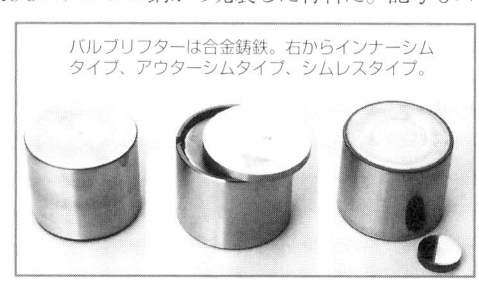

バルブリフターは合金鋳鉄。右からインナーシムタイプ、アウターシムタイプ、シムレスタイプ。

159

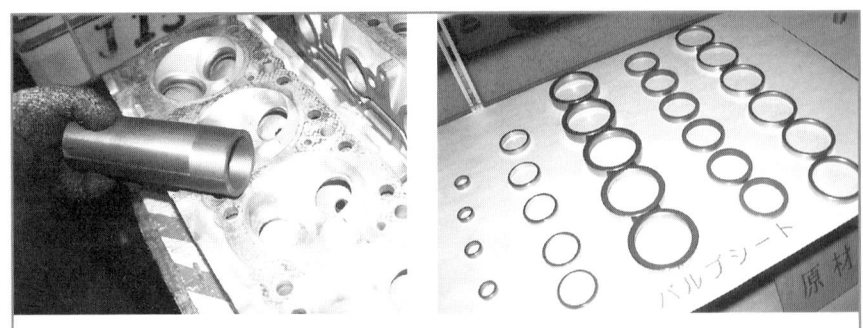

バルブシートのリペアでは耐熱鋼をカットして使うこともある。

バルブシートは耐熱耐摩耗焼結合金だ。

熱に耐えるため、タービンローター材や高熱化で使用するボルト＆ナットに使われる。高マンガン系、高窒素系は雰囲気に対する安定性が高く船舶や自動車の排気バルブに使われる。吸排気バルブはSUH31、35、36、37、38というのが昔から使われている。

フェライト系のFe基耐熱鋼は、高クロム、高カーボンで常温から高温まで変態がなくフェライト相を維持する。おもに耐酸化性を向上させた材料で排ガス装置に使われたり、海上輸送用のコンテナ材料として使われている。

マルテンサイト系のFe基耐熱鋼は、フェライト系にくらべ高温強度を高めた材料で0.4％前後のカーボン、それにクロム、モリブデン、珪素を含む。650～700℃の耐酸化性、耐摩耗性にすぐれ船舶やクルマの吸排気弁にも使われる。

●スーパーアロイ

耐熱鋼の上をゆく金属がスーパーアロイ（超合金）と呼ばれる材料で、Fe分を50％以下に減らし、ニッケル、コバルトなどを主成分とした超耐熱耐食合金をいう。これにはFe基の合金、Ni基の合金、Co基の合金の三つがある。Fe基の合金は、Ni-Cr鋼を改良したもので、クロムで耐食性を高め、それに起因する脆化を防ぐ目的でFe分を減らしニッケルを高めた合金。強度面を補強する目的でモリブデン（Mo）、タングステン（W）、アルミ（Al）、チタン（Ti）などの固溶強化元素や析出強化元素を添加している。この系の合金は耐熱合金のなかでは比較的コスト安が魅力といわれ、ディスクやタービンブレードに使われる。

スーパーアロイで多く使われているのはNi基の合金で、20％ほどのクロムを含有し、さらに高温強度をアップさせる目的でアルミ、チタン、ニオブ（Nb）が添加された析出強化型の合金である。ジェット機のタービンに使われるインコネルはこの仲間で、ターボチャージャーの排気バルブとしても使用されている。

CO基の合金は、ステライトをもとにして進化した合金で、主としてモリブデン、タ

ングステンの添加による固有強化とクロム炭化物の分散強化に依存しており、強化機構はNi基とは異なる。耐酸化性や高温強度の面でNi基とくらべ見劣りがし、しかもコストが高いので、ごく少数派である。

●快削鋼

メカトロニクスが普及し、機械の自動化、無人化が進んでいるため、それにともない加工材料の被削性(切削加工をする材料の切れ味の難易の性質のこと)がとても大切になる。材料の切れ味をよくする方法としては、鋼をつくる際に≪削れやすい元素≫を添加する。これを快削鋼と呼んでいる。被削性を高める元素としては、硫黄、鉛、テブル、セレン、カルシウムなどが知られている。後処理で溶接がある場合、機械的性質の変化など、高速切削時代にふさわしい素材が求められている。快削鋼はクランクシャフト、ミッションギア、コンロッド、ステアリングナックルなどに使われている。

なお、快削ステンレス鋼というのがあるが、ステンレス鋼は耐食性には強いが切削加工が困難であった。この快削ステンレス鋼は、硫黄、セレン、鉛を添加し被削性を向上させたもので、そのままではやや耐食性がダウンするので、これを補う意味で少量のモリブデンを添加している。

●軸受鋼

ボールベアリングやローラーベアリング(ボールとレース)に使われている軸受鋼は、炭素の含有量の比較的多い鋼である。JIS記号でいうとSUJ1である。高炭素低クロム鋼であるが、とくに耐熱耐衝撃性に重点を置く必要のある個所には浸炭鋼を使う。軸受の転動輪と転動体はきわめて小さい接触面で繰返し応

ニードルベアリングは高炭素低Crの軸受鋼SUJ1。

力を受け最後には疲れ破損を起こすので、軸受材料としては疲労寿命の長いものでなくてはいけない。つまり転動疲労性、耐摩耗性、耐衝撃性に強く、耐食、耐熱性にもすぐれている素材。

軸受鋼の製鋼は、炉外精錬(ろがいせいれん)と呼ばれる手法がとられている。これは、文字通り炉外でおこなう電気炉の精錬法で、不純物の除去や所要の成分の最終調整ができ、品質を高めることができるものだ。とにかく軸受鋼は素材の段階で均一な球状化組織をつくることが必要で、そのためには焼きなましなどの熱処理技術のシビアな管理が絶対必要とされる。

なお、ばね鋼については第二章の機械の要素のばねのところで説明しているので、ここでは省略する。

5.焼結金属

　焼結合金、あるいは焼結金属といわれるものは、微細な粉末状の合金元素を圧縮成形したのち、高温で加熱することによって結合した金属をいう。圧縮成形しただけでは強さがほとんど期待できないので、組成が鉄系の場合、1100～1300℃のガス雰囲気で一定時間焼き固めることで、圧着部分での原子の移動が起こり、粉末粒子間で金属的な結合が進み、物理的機械的な特性が得られるというもの。

　焼結金属でつくったクルマの部品としては、タイミングベルトのプーリー、コンロッド、スターターのピニオンギア、バルブシートなどエンジン関係部品だけでなく、クラッチレリーズハブ、MTのシンクロナイザリング、ATのオイルポンプ部品、クラッチカムなどの駆動部品やパワステの内部部品、ドアのロッカーストライカ、リクライニングストップラチェット、ウインドウレギュレーターのピニオンギアなど幅広く使われている。

　焼結金属をつくる加工は「粉末冶金法」というが、この冶金法にはメリットとデメリットがある。メリットは、まず金属の粉末を直接製品形状に押し固め精度よく成形できるため、複雑な形状の部品でも比較的容易につくれることだ。複雑な形状がつくれるので、従来なら二つ三つの部品で構成されていたケースでも一つの部品でまとめることもできる。後工程である切削などの機械加工をほとんどおこなわなくても製品化でき、材料の歩留まりが高いという利点がある。もうひとつは、成分設計を自由にでき「溶融しない直前の温度」での冶金方法となるので、溶融法で生じる偏析といわれる悩みがないし、溶融しても混合しない同士の複合材料もつくることができる。さらに、粉末に加える圧力を加減したり、低温で蒸発してしまう有機物などをあらかじめ混合することで、均一な多孔質材となり、自己潤滑性を持つ含油軸受けやフィルターをつくることができる。

　デメリットとしては、原料の粉末が一般的にはコストが高く、とくに大型の重量物をつくるには向いておらず、完全に緻密なものはつくれないこと。アバウトにいえば10％程度の空孔が残るため、引っ張り強度、靱性などの機械的特性にやや難がでてくる。多孔質という性質は、熱伝導が劣ったり気密性に問題がでてくる。さらに、粉末からの製造法なので狭い凹部のあるものや長尺物をつくるのは苦手なこともデメリットである。

●焼結金属の製造法

　まず、混粉では、主成分となる鉄粉に黒鉛、銅、ニッケル粉などを加え、ステアリン酸亜鉛と呼ばれる粉末の潤滑剤を添加し、専用の混粉機を使って20分〜1時間ほど混ぜ合わせる。あとは押し型に入れ加圧することでカタチを整える。加圧することで、圧粉体の密度を均一にする。密度を均一化するのは焼結合金には大切なことで、加圧成形には片押し法、両押し法、フローティングダイ法、引き下げ法など製品によっていろいろ使い分けている。

　焼結の工程は2段階で進む。第1段階では粒子間の接触部が結合しネック部の面積が増える。この段階での物性の変化は電導性の向上と引っ張り強度がアップするが、緻密化はほとんどおこらない。第2段階では空孔が体積を減らしてゆき、空孔の球状化が進み、全体としては緻密化が進行する。そのため、伸び特性がよくなり、靭性が向上する。ミクロ的な見方をすると、この焼結工程では、金属内の原子の移動がおこなわれるといわれる。

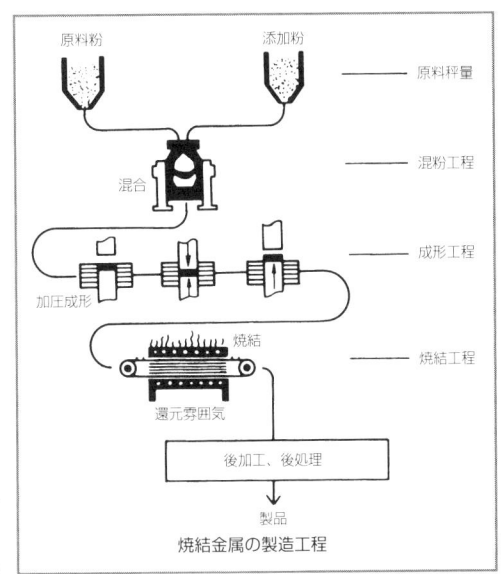

　後工程としては、さらに精度が要求される場合は、切削や研削などの機械加工が施されるし、強度アップを要求される場合は、ダブルで焼結工程をくぐるケースもある。耐食性を高める必要がある場合は、メッキ処理をおこなう場合もある。もちろん見栄えを良くするために、ショットブラストやバレル研磨を施されるケースもある。熱処理もおこなわれ、焼入れと焼戻しをすることで疲労特性がアップする。焼結金属の場合、浸炭焼入れをすると、通常の鋼材よりもかなり深く浸炭層ができる。空孔が存在するため、そこに浸炭層が進入するためだ。

　焼結金属の機械的特性は密度、合金元素、焼結温度、熱処理の四つがキーワードになる。このなかで焼結温度については、焼結温度が高くなれば焼結がさらに進み空孔が球状化するため、伸びや靭性などの機械的特性がアップする。しかし、緻密化が進めば進むほど焼結時の変形量が大きくなりやすい。そこで一般には焼結炉の耐久性を考えて1100〜1200℃あたりでおこなわれる。それ以上の高温になると、焼結炉に特別の素材を使うことになる。

コンロッドの製造工程

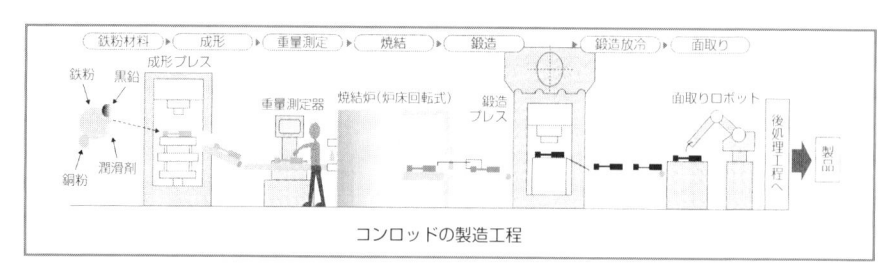

●新しい焼結技術の登場

　自動車部品の軽量化、低コスト化、高出力化といった時代の要求に応えるため焼結金属の世界は、新しい分野を獲得しつつある。そのいくつかを紹介してみよう。

　そのひとつは「焼結鍛造法」と呼ばれるもので、粉末成形体を焼結し、これを予成形するところまでは従来と同じだが、その後熱間で密閉鍛造をし、限りなく空孔部をなくし緻密度を高め、引っ張り強さと靭性を劇的に高めている。焼結合金製のコンロッドはこの手法でつくられている。

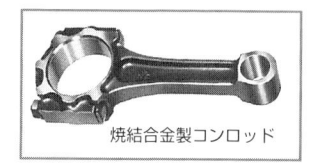

焼結合金製コンロッド

　異種材料を複合化することで、単一材料ではなし得なかった高い要求性能を実現することができるが、焼結金属とロー付けというモノづくりデバイスで、これを実現しているものがある。「焼結カムシャフト」がそれで、従来のカムシャフトは鋳物による一体モノだったが、パイプに粉末成形したカム、ジャーナルなど別ピースを組み付け、焼結後にロー付けすることでカムシャフトを完成させる。この手法により、鋳物に比べ重量が約25％も低減できるメリットもある。

　焼結合金と異種材料の複合化による部品は、バルブロッカーアームにも見ることができる。バルブがあたるスリッパ部分に

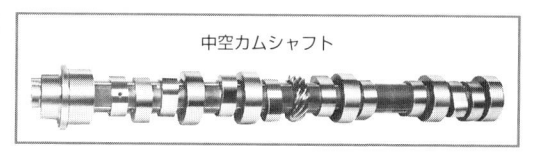

中空カムシャフト

焼結材のチップをアルミ合金のダイキャストによる鋳ぐるみでつくる手法で、軽量化と耐摩耗性を両立したものだ。

　焼結金属は、これまで難加工の代表選手とされてきた磁性体に大きな福音を与えた。ABSの車速センサーは車体の下部にあるため腐食環境が厳しい。そこで、フェライト系のステンレス焼結材が使われている。磁石の素材としては、フェライト磁石の5倍以上の強さを持つ希土類系の焼結磁石も開発され、従来の鋳造素材の磁石にはない高い磁気特性を持ち、電子制御のサスペンション部品やスターターに使用されている。

6. アルミ合金

　アルミニウム(Al)の歴史は、鉄鋼や銅などにくらべるとはるかに浅いが、他の金属にはない優れた特徴を持っているため、家庭用品から工業材、自動車部品まで幅広く使われている。アルミの密度は2.7で、鉄鋼や銅の約1/3。しかも耐食性に優れていること、展延性に富んでいることなど加工性も悪くない。付け加えればリサイクル性も高い。

　自動車の軽量化は、燃費の向上、安全性への寄与、装備の充実、運動性能や乗心地向上になるため、ここ5〜10年のスパンで眺めても、ずいぶんアルミ化されたものが多く、材料置換が進んでいる。100%のアルミは強度が低いが、銅、スズ、亜鉛、マグネシウム、珪素などの金属元素を添加して適当な熱処理を施すことで劇的に強度、靭性、剛性、引っ張り強度など機械的性質が向上する。アルミ製品の大半はアルミ合金として使われている。

　アルミ合金部品はダイキャスト、鋳造品が主体だったが、足回り部品へは鍛造品、外装パネルへは展伸材への実用化が進んでいる。

●アルミ合金鋳物

　アルミニウムは、地球の地殻資源の金属のなかではもっとも多い金属で、酸化アルミ(Al_2O_3)を主成分としたボーキサイトからアルミナをつくり出し、さらに電気分解によりアルミニウムができる。アルミ合金鋳物は、JIS規格の記号ではACである。組成により多くの種類がある。そのなかの代表的なものを紹介する。

　まずアルミ-銅-珪素系アルミ合金の「AC2A」は、珪素の作用により鋳造性にすぐれ、さらに珪素と銅の作用で引っ張り強度が高く、伸びが小さい。インテークマニホールド、シリンダーヘッドなどに使われている。

　アルミ-珪素系アルミ合金の「AC3A」は、珪素を12%前後含んでいるため鋳造性が高いが、耐力が低いため薄肉部品に限られ、カバーやハウジング類に使われている。

アルミ合金元素と被削性の関係

合金元素	被削性に及ぼす影響
Si	合金鋳物では8〜12%共晶付近は良好（それ以外は劣る）
Cu	3%、9%のものがよい
Mg	強さ、硬さを増す（3%まではよい）
Mn	硬さ、強さを増す。延性を減じる
Zn	硬さ、強さを増す。延性を少し減じる
Ni	2.5%まではMnと同じく改善

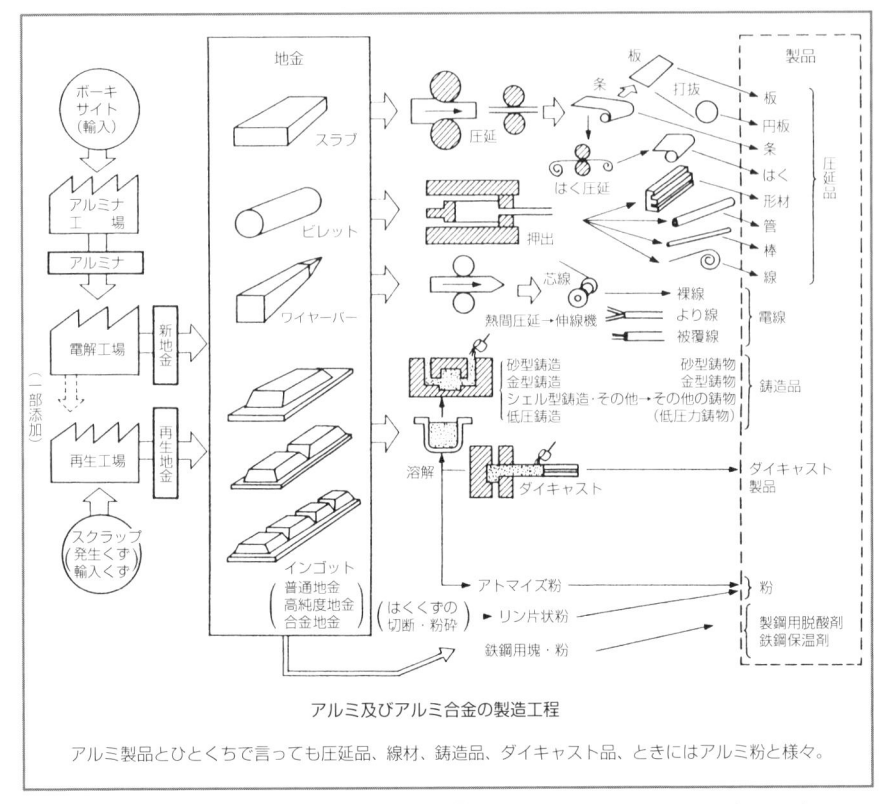

アルミ及びアルミ合金の製造工程

アルミ製品とひとくちで言っても圧延品、線材、鋳造品、ダイキャスト品、ときにはアルミ粉と様々。

アルミ-珪素-マグネシウム系アルミ合金の「AC4A」は、マグネシウム添加によりAC3Aよりも強度アップされブレーキドラム、クランクケース、ギアボックスに用いられている。このAC4Aの不純物（コンタミ）を極力抑えた高純度合金「AC4CH」は、アルミホイールの素材だ。

アルミ-珪素-銅-ニッケル-マグネシウム系アルミ合金である「AC8A」は、強度が高く耐熱性にすぐれ、熱膨張係数が小さいためエンジンのピストン、プーリー、軸受に活躍している。

●アルミ合金ダイキャスト

アルミ合金ダイキャストはJIS規格ではADCの記号で表される。鋳造性の高さを要求されるため基本的には大量の珪素が添加され、また溶湯注入後の金型への焼き付き防止のためFeが約1％添加されている。しかし、Feの含有量を多くすると、アルミ-鉄-珪素などの金属間化合物の晶出を引き起こし、靭性や耐食性がダウンする。

第三章　クルマの素材

他の鋳造法にくらべ冷却速度が速いため、組織の微細化と不純物元素の固溶が進み高強度の製品ができるメリットもある。

ポピュラーなADC12というアルミ合金ダイキャストは、アルミ-珪素-銅系のもので、生産性が高く、機械的な性質もすぐれていて、ヘッドカバー、シリンダーブロック、ミッションハウジングに用いられている。

このADC12もそうだが、AC2A、AC4Aなどは、溶体化処理と時効処理を施すことで強度がさらに高まるため、多くの場合これがおこなわれる。溶体化処理というのは、固溶温度以上の適温（500～530℃）に加熱し合金成分を十分に固溶させたのち急冷して過飽和固溶体の状態にする。その後、100～200℃で数時間加熱するT6処理で、アルミ合金の強度は大幅に向上する。AC3AやAC7Aは、熱処理による強度向上ができない、非熱処理型のアルミ合金である。

アルミ合金のインテークマニホールド。

アルミ鍛造のピストン。

アルミ鋳造のシリンダーヘッド。

●アルミの展伸材

アルミの展伸材のJIS記号は、頭にAを付けその後4桁の数字が並ぶ。

1000系は純度99％の純アルミで、成形性、溶接性、耐食性がすぐれてはいるが強度が低いため構造材には適さず、クルマの部品ではヒートインシュレーターなどによく使われる。

アルミとアルミ合金の分類

合金番号	合金系	主な用途
1000系	純Al系	装飾品、各種容器など
2000系	Al-Cu-Mg系	航空機用材、各種構造材、機械部品など
3000系	Al-Mn-(Mg)系	一般用器物、建築用材、各種容器など
5000系	Al-Mg系	建築外装、船舶用材、自動車用ホイールなど
6000系	Al-Mg-Si系	船舶用材、車両用材、クレーンなど
7000系	Al-Zn-Mg-(Cu)系	航空機用材、車両用材、スポーツ用品など
8000系	Al-Fe系	アルミはく地、装飾用、電気通信用など

アルミ合金鋳物の被削性

合金番号	質別	合金系	相当合金名	硬さ HB	被削性値
AC2A		Al-Cu-Si	AA308.0（ラウタル）	75～90	E
AC3A	F	Al-Si	シルミン	50	E
AC4A	F,T5,T6	Al-Si-Mg	AA356.0	60～90	C
AC4D		Al-Si-Mg-Cu	AA355.0	85～105	C
AC5A	F,T21,T6	Al-Cu-Ni-Mg	AA242.0（Y合金）	70～110	B
AC7A	F	Al-Mg	AA514.0（ヒドロナリウム）	50	A
AC8A	F1,T5,T6	Al-Si-Cu-Ni-Mg	AAA332.0（ローエックス）	105～125	C

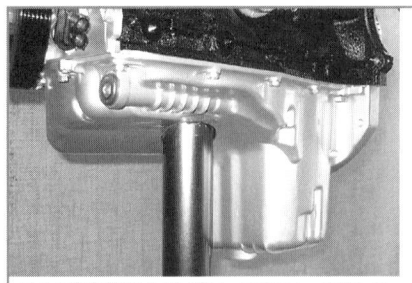

アルミ合金製のオイルパン。スチフナーを廃しミッションとの結合剛性を高めNV低減にもプラス。

ミッションのケースはかなり昔（大昔はねずみ鋳鉄だった）からアルミ合金鋳物だ。

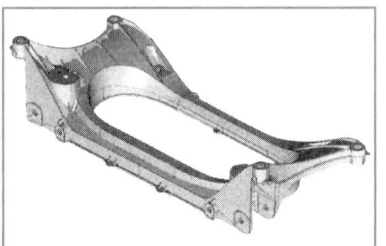

アルミ合金製のサブフレーム。

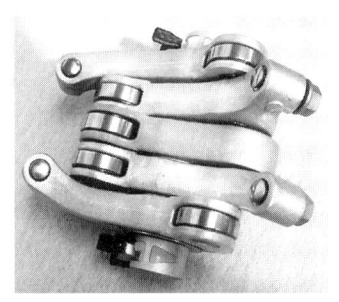

アルミ合金製のロッカーアーム。（ホンダシビックV-TECエンジン）

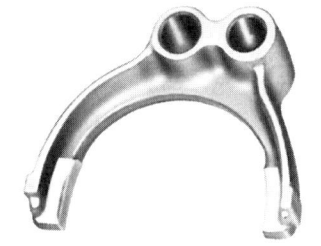

耐摩耗性の高いAl-Si合金のシフトフォーク。表面処理なしで従来より約40％軽量化。

2000系のアルミ展伸材は、ジュラルミン(2017)に代表される素材で熱処理(溶体化処理→時効処理)で高い強度が得られる。切削加工性は良好だが溶接性がよくないため、結合はリベットやボルトによるケースが多い。

3000系は、純アルミの成形性や耐食性を低下させないでマンガン添加により強度を若干アップしたもので、建設用材など一般用途では幅広く使われるが、自動車の世界ではヒートインシュレーターとしてごくたまに使われる程度。

5000系のアルミ展伸材は、マグネシウムを数パーセント添加したものだ。非熱処理型合金としては強度が高いほうで溶接性にも優れている。エンジンフード、バックドア、リアサブフレーム、ヒートインシュレーター、ラジエターサポートなどに使われている。

6000系は、強度や耐食性にはすぐれてはいるが溶接性が若干劣るので、リベットやボルトによる結合が少なくない。エンジンフード、トランクリッドフェンダー、ロアアーム(鍛造)、アッパーアーム(鍛造)、バンパーリインフォースメント(押し出し材)、ドアビーム、ステアリングコラム、ボディフレームなどに使われている。一番クルマの部品に使わ

第三章　クルマの素材

10数万rpmで回るターボのコンプレッサー側のホイールは耐熱アルミ合金鋳物製だ。

高級車のなかにはばね下重量を軽くするためにナックルアームをアルミ鍛造製にしているケースもある（V35スカイライン）。

れるアルミ素材である。

　アルミの成形性を鋼板とくらべると伸びが小さいので割れやすく、ヤング率（たて弾性係数）も鋼板の1/3しかないのでスプリングバック、つまり戻し量が大きくなり成形性が悪い。アール値といって「熱の逃げにくさを示す値」が鋼板の約半分なのでしわが発生しやすい。しかも、鋼板の4割ダウンの柔らかさなので成形時に傷が付きやすいといった課題がある。接合においても物理的な性質が鉄とは大きく異なるため、鉄の工法や設備をそのまま使えない。たとえば鉄で一番よく使われる抵抗スポット溶接では、アルミは電気抵抗が小さいので大電流が必要なこと、電極の打点寿命が短いことなど課題が少なくない。

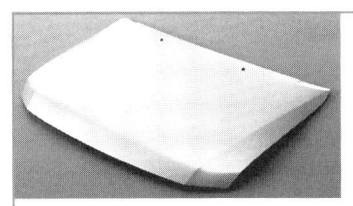

アルミの展伸材A5000系6000系が多く使われているエンジンフード。軽量化の一手法だ。

アルミ合金製（押し出し材）のバンパーリインフォースメント。もちろん軽量効果だ。

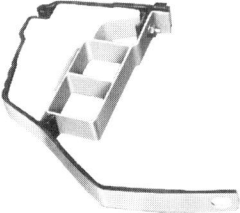

オールアルミ合金製のラジエター。各部の電位差をチューンして肝心のチューブの錆を遅らせているのがミソ。耐圧、耐熱、耐振動にもすぐれているため、建機用エンジンに採用されている。

169

7.マグネシウム合金

　マグネシウム合金がクルマの世界でも、このところ注目を集めている。

　かつてはマグネシウム合金といえばアルミ合金の2/3、チタンの1/3、鉄の1/4の軽さだ。軽いだけでなく耐食性と耐熱性が高く、高貴な合金のイメージである。航空宇宙開発の世界、レーシングカー用エンジンのシリンダーヘッドカバー、あるいは超高価なマグネシウム合金ホイールぐらいしか見当たらなかった。身近なところでは、携帯電話、デジカメやパソコンの筐体(きょうたい)にマグネシウム合金が活躍している。とくにこうしたデジタル家電などには本来マグネシウムが持つ電磁波遮断能力にも期待が込められている。

　低燃費化、軽量化の流れのなかで、ここ数年でクルマの部品にもマグネシウム合金が登場しつつある。たとえばハイブリッドエンジンのシリンダーヘッドカバーをマグネシウム合金製にしたり、ステアリングホイールの芯金に使ったり、ブレーキペダルのブラケットに採用されたり、シートフレームにも使っているクルマもある。

マグネシウム合金(右)は鉄(左)の25%、アルミ合金(中央)の60%の軽さ(比重1.8で実用金属中一番小さい)で、約150℃の高熱に耐える。リサイクル性も高い。

　なかにはメーターハウジングやインテークマニホールドにマグネシウム合金を採用しているケースもある。意外と知られていないことだが、マグネシウム合金は振動吸収性が良い。そこで、ステアリングホイールの芯金やホイールに使うのは理にかなっている面がある。

●地球上に広く分布する豊富な金属

　マグネシウムという元素は地球上で8番目に豊富な金属、実用金属の仲間ではアルミニウム、鉄についで豊富でもある。ドロマイトやマグネサイトなどの鉱物として広く分布しており、海水中にも約0.13%含まれている。ちなみに、マグネシウムは全世界で現在約37万トン生産されており、そのおもな使用はアルミ合金をつくるときの添

加材としての役割である。日本の場合、このアルミ合金添加材として全体のマグネシウムの約72%が使われている。マグネシウムはアルミ合金の強度と耐食性の向上に欠かすことのできない金属となっている。

マグネシウム合金として活躍しているのは約10%に過ぎない。残りのマグネシウムは、鋳鉄への添加材や農家のビニールハウスをつくるうえの塩ビ添加剤(安定剤としてマグネシウム粉末が活躍する)である。鋳鉄に添加することで靭性と延性が高められるため、黒鉛球状化材としてなくてはならない素材(金属)である。

マグネシウム合金はたとえば≪AZ91≫という表示がなされる。これは頭文字のAがアルミで数字のはじめの9がそのパーセンテージ、9%を示し、2番目のアルファベットZは亜鉛の含有を示し、その含有量が約1%であることを示している。マグネシウム合金はアルミや亜鉛だけでなく、マンガン、珪素、銅、ニッケル、鉄、など複数の少量の金属が含まれ、さまざまな用途に振り分けられている。

マグネシウム合金は引っ張り強さを密度で割った比強度がチタンに次ぐ大きさ。曲げ剛性はトップで本質的に軽量化を追求できる材料である。アルミ合金にくらべ曲げ剛性は15〜20%増、銅にくらべると50〜60%増で、そのぶん軽量化ができる勘定だ。しかも銅やアルミ合金にくらべ、耐くぼみ性がすぐれているのでカメラの筐体(きょうたい)、アタッシュケースなどにも向いている。マグネシウム合金はアルミ合金の1.8倍、銅の6.3倍の切削抵抗のよさを持つ。切削性もよく、高速切削もでき加工性が高く、動力と工具の節約にもつながり、その面でも省力化が可能。もちろんリサイクル性も高い。

1967年デビューしたトヨタ2000GTに採用されたMg合金鋳物ディスクホイール。

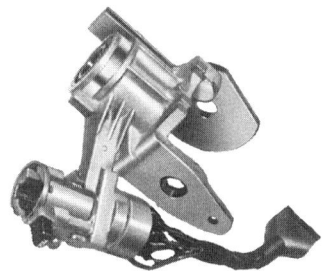

1983年トヨタはクラウンに世界初のマグネシウム合金ステアリングコラムブラケットを採用。

シビックハイブリッドのヘッドカバーはマグネシウム合金。

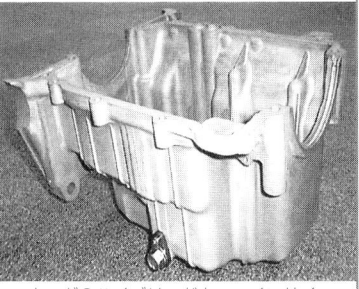

ホンダのハイブリッドカー・インサイトのオイルパンはマグネシウム合金製。

●ポピュラーな合金になる可能性

　マグネシウム合金は工業用系金属材料として世に登場して100年以上たつが、鉄やアルミなどにくらべポピュラーにならなかった理由には大きく分けて三つある。

　ひとつは、素材のコストである。マグネシウムの地金は1kg当たり230円前後でアルミの200円強と比べさほど差がない。ところが、薄板や押し出し材などの素形材となると1kg4000～6000円と一気に高くなる。

　自動車メーカーでは鋳造部品で1kg1000円以下、圧延鋼板などの薄板ではせいぜい1kgあたり2000円以下の世界。このことから、よほど付加価値的な意味合いがなければ自動車部品としてマグネシウム合金を使えないのが実情。

ホンダアコードのステアリングホイールの芯金はマグネシウム合金。

　二つ目は、接触腐食の問題。鉄などと接触したまま外に出しておくとマグネシウムが溶けてしまう。だから、必ずコーティングして水が入らないようにする必要がある。マグネシウム合金製のシートフレームは、強度を補ううえでまわりを鉄で覆っていて直接鉄と接触しているが、外で使うケースでないので問題がない。

　日の目を見なかった理由の三つ目は、マグネシウム自体が燃えやすく製造あるいは製品をつくるうえでそれなりの神経を使わないといけないという点だ。具体的には火花の出ない工具を使うとか、もし火が出たときでも水を使わないとか、静電気に注意する必要がある。複数の但し書きを守ったうえでの生産工場の構築は、直接コストアップにつながり、これまでMg合金が少数派にとどまっていた。

　マグネシウム合金の製造法にはダイキャスト法、鋳造法、射出成形、押し出しなどがあるが、いずれも鬆がでやすく、外観を高めるため2次加工に手間がかかる傾向にある。

　自動車部品にマグネシウム合金がさらに増えるためには、今後マグネシウム地金の安定的な供給が必要だし、180～200℃に耐える耐熱性にすぐれたマグネシウム合金の開発、低コストなマグネシウム合金製造の確立、製造プロセスの省力化など課題が少なくない。

　こうした課題は早晩クリアすると思われ、そうするとATのハウジング（いまのところマグネシウム合金製では耐熱上不十分とされる）をアルミ合金からマグネシウム合金に、1台のクルマで約10kgのマグネシウム合金が使われる日が来るかもしれない。

8.チタン合金

　天然には化合物として広く存在するが、精錬技術や製造技術のとどこおりで光の当たりづらい金属がある。チタンという金属素材もその代表だ。比重が4.51と鉄の約60％の軽さ（アルミの1.67倍の重さ）で単位重量あたりの強度は鉄の2倍、アルミの6倍。しかも、海水中では白金に匹敵する錆びにくさ、つまり高耐食性を示し、身体に無害と生体適合性にすぐれているため、メガネフレームや腕時計に使われている。

　すぐれた金属特性により、チタンは航空機産業、具体的にはジェットエンジンのファンブレード、ファンケース、コンプレッサーケースなどに使われている。化学工場のプラント、深海調査船のキャビン、それに最近注目されている海洋温度差を利用した環境負荷の少ない発電プラントにもチタンが使われ始めている。

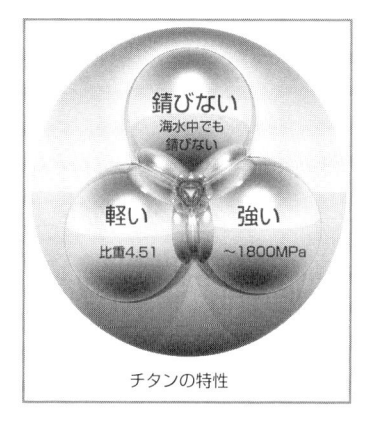

　チタンの歴史は意外に新しい。

　純度99.9％の金属チタンの抽出に成功したのが1910年。量産化に成功しアメリカで航空機用に工業化したのが、1940年代の後半、つまり60年たらず前の話だ。ちなみに、日本でチタン生産に成功したのが1952年だった。

●コストとの闘い

　チタンがこれまでポピュラーな自動車用素材として注目されなかったのは、歴史が浅いだけでなく値段（コスト）である。自然のなかにある金属を取り出すには精錬というプロセスを経ることになる。鉱石が金属になるまでに必要な製造エネルギーの多寡で、その金属のコストが決まるのである。鋼材を1とすると、亜鉛で1.5倍、アルミ鋳物で5倍、チタンの素材（スポンジチタン）で6倍、マグネシウムで9倍といわれる。しかもチタンの製造は、いまのところ通常の連続的な生産ができず、バッチ生産（BATCH：1群、ひと束の意味）であるため製造コストをさらに引き上げている。SUS（ステンレス）に比べてコストは7〜10倍といわれるゆえんである。

チャージ原料供給ホッパー
・チタンスポンジ
・再生スクラップ

チャージ式溶解模式図

歴史的に見て、人類がチタンをつくり出して約100年。日本ではまだ50年ちょっと。この溶解炉は神戸法と呼ばれる方式で、インゴットをつくり出す。

プレス電極

ルチル鉱石

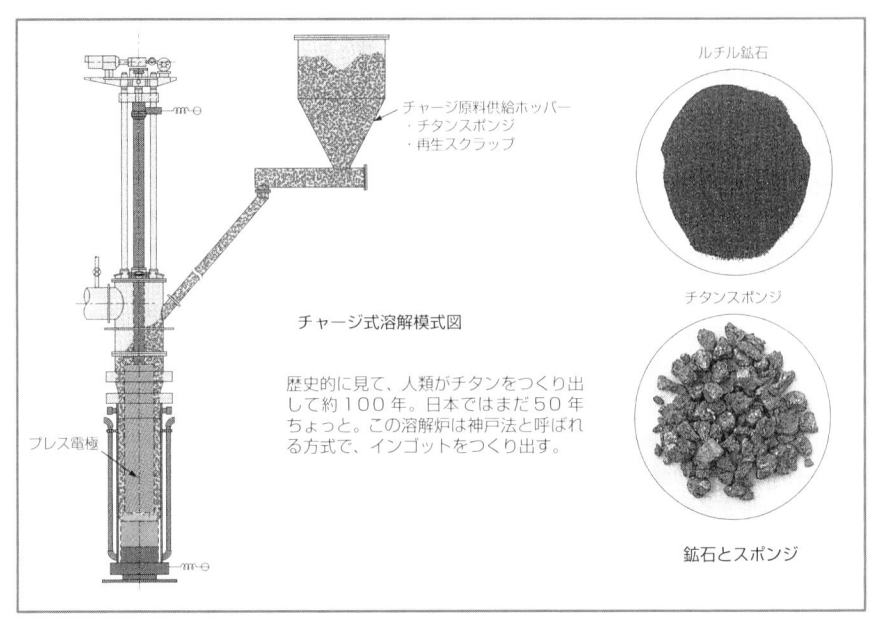

チタンスポンジ

鉱石とスポンジ

　ちなみに、チタンを含む鉱石TiO_2（酸化チタン：ルチル鉱石と呼ばれる）の埋蔵量は使い切れないほどだといわれるので、製造法の合理化で徐々にコストを下げていけばチタンがポピュラーな金属に変身する可能性が大きい。

　現在のチタンの産業規模は、世界レベルで年間10万トン。これは鉄の産業規模の1万5000分の1に過ぎない。だが、チタン産業規模のうち3割を日本で占めている。チタン製品の素材であるスポンジチタン（ポーラス状のためスポンジケーキに似ており、こう呼ばれている）やチタンのインゴットをつくる企業は、世界で10数社あり、うち2社は日本企業で、チタンの展伸材メーカーは世界に25社ほどあり、国内で11社を数えるという。

チタンのインゴット。これを鍛造し圧延→熱処理などを経て薄板材やコイル材、棒材などがつくられ、そこからチタン製品がつくられる。

　チタンの製造工程は、1948年にデュポン社が開発したクロール法と呼ばれる製造法が取られている。これは酸化チタンである「ルチル鉱石」を塩素と反応させ四塩化チタンをつくり出し、これをマグネシウム（Mg）で還元しチタンを取り出すというもの。これでつくり出されるのがスポンジチタンと呼ばれるもので、このスポンジチタンをさらに溶解してインゴットをつくり、これをさらに圧延、あるいは鍛造、熱処理などいくつものプロセ

●チタンの物性とは

意外と思うかもしれないが、実はチタンは本来活発な金属。表面にチタン酸化物が形成され、これが不動態皮膜となり、すぐれた耐食性を発揮する。通常錆びに強い鉄というとステンレスSUSを思い浮かべる。SUSは塩素イオンには弱いのだが、チタンはこの塩素イオンにも破壊されない、すぐれた耐海水性を持っている。

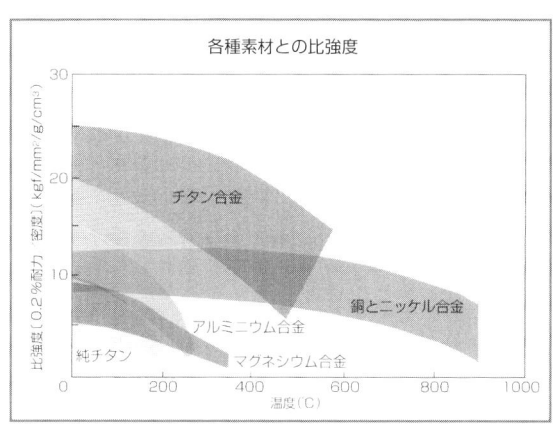

各種素材との比強度

チタンの耐食性は溶接、加工、熱処理などの材料履歴を経ても変化しないのも強み。ただし、溶接は、不活性ガスまたは真空雰囲気でおこなわないと硬化や脆弱を引き起こす。

切削性はステンレス鋼と似ており、鋼とくらべると若干劣るといわれる。切削加工時に焼き付きが起きやすい理由は、熱伝導率が小さいうえに熱容量が小さく切削熱がこもり、チタン自身が活性ゆえ工具と反応しやすいからである。そこで、切削速度をたとえば鋼の1/3に落とすとか送りを遅くしたり、切削油を大量に使うことで冷却性を高める。あるいは工具の交換時期を早めるなどの工夫をしている。より緩やかな条件で切削、フライス加工、穴あけ、ネジきりをおこなうのが原則だが、チタンに添加金属を少量加えることで物性を変えることができ、このあたりはチタンメーカーのノウハウとなっている。

純チタンの引っ張り強度は、275〜590MPa程度だが、酸素量、鉄量、あるいは熱処理により最大1300〜1500MPaぐらいまで引き上げることもできる。

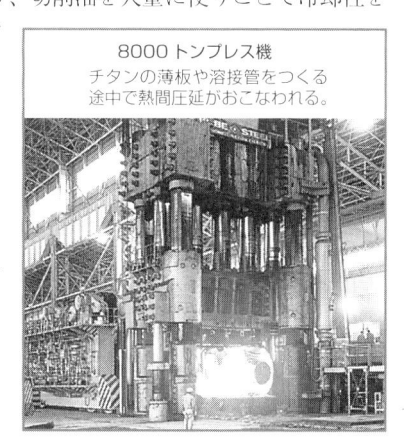

8000トンプレス機
チタンの薄板や溶接管をつくる途中で熱間圧延がおこなわれる。

●チタンの種類

　大きく分けて純チタンとチタン合金の二つがある。純チタンはJISの引っ張り強度で4タイプに分かれている。チタン合金にも純チタンにごく微量の白金族元素を添加した耐食チタン合金、α型チタン合金、β型チタン合金、α-β型チタン合金の四つがある。

　耐食チタン合金は純チタンにパラジウム(Pd)を重量比0.15％加えたもので、引っ張り強度は純チタンと同じで純チタン以上の耐食性を示す。

　α型チタン合金は純チタンにアルミ5％、スズ2.5％を加え引っ張り強度を860MPaに高めたもので、耐熱性、低温度特性にすぐれているためロケット用の液体燃料タンクに使われたりする。

　α-β型チタン合金は、純チタンに6％のアルミニウムと4％のバナジウム(V)を添加したもので引っ張り強度が960MPa。これをさらに溶液化時効処理という熱処理を施すと1170MPaに向上する。航空機エンジンの部品として使用されている。ゴルフクラブのヘッドもこのα-β型チタン合金が多い。純チタンについでポピュラーなチタン製品が、このα-βチタン合金である。

　β型チタン合金は、純チタンに15％のバナジウム、3％のクロム(Cr)、3％のスズ(Sn)、さらに3％のアルミニウムを添加したもので、引っ張り強度は熱処理などの後処理で830～1400MPaまで高められる。自転車用のギア、釣具、ゴルフクラブのヘッド、バネなどに活躍している。

●バイクのマフラー用として量産化

　自動車の世界では、チタンマフラーがチタンの量産部品として有名だ。といっても、その歴史は浅い。1997年に世界初の量産マフラーが世の中に登場している。スズキのバイクが初で、以後ホンダ、ヤマハ、カワサキにもチタンマフラーがお目見えしている。この背景には軽量化、高級感、エンジンの高性能化による排ガス温度の上昇があるが、最大のポイントはデザイン性である。バイクのマフラーは外から丸見えのため、高額であっても商品として成立しやすい。

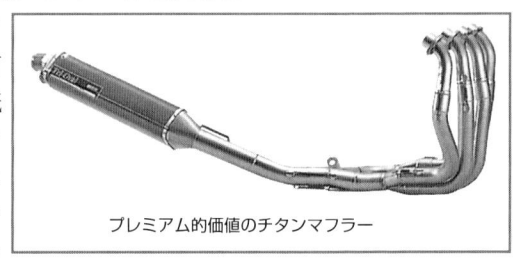

プレミアム的価値のチタンマフラー

　ところが、クルマのマフラーになると話は別だ。2輪よりもコスト意識が厳しいし、2輪ほど趣味性がないし、何よりも外からマフラーが見えにくい。4輪チタンマフラーは2000年にコルベットZ06が装着したあとは2003年にヴィッツRSターボに神戸製

第三章　クルマの素材

鋼製のチタンマフラーが採用されているぐらい。クルマのチタンマフラーは、2輪マフラーにくらべ外気による冷却不足もあり、耐高温酸化性と高温強度がさらに求められるため純チタンでは不安があり、純チタンの2～3倍の高温強度とすぐれた高酸化性のマフラーが登場している。これは純チタンにアルミニウムを添加したり、アルミのほかにスズ、ニッケルなどを追加するなどで性能向上を図っている。

　比較的大きな部品であるマフラーのほかに小さな部品、たとえばチタンボルトも今後のクルマづくりに組み込まれる可能性が大きい。というのは、これまでのチタンボルトは、切削でつくっていたため量産性が悪くコスト高になり、ごく一部のレーシングカーやレーシングバイクにしか用いられなかった。ところが、冷間鍛造技術を開発し、高強度(引っ張り強度：1000～1200MPaクラス)のチタン製ボルトがつくり出されつつある。

　これは素材が純チタンに15%のバナジウム、クロム、スズ、アルミニウムが各3%の構成で多段式フォーマー(73頁参照)により連続1万個以上の生産が実現している。この技術の背景には金型との摩擦を低減し焼き付きを防ぎ、金型寿命を延ばす冷間鍛造成形用の潤滑方法を新たに開発したこと、それと時効処理という熱処理を加えることで微細な金属組織を実現し延性を高めたことが大きい。従来の熱間成形＋切削加工によるチタンづくりにくらべ、約半分の大幅なコストダウンをしている。

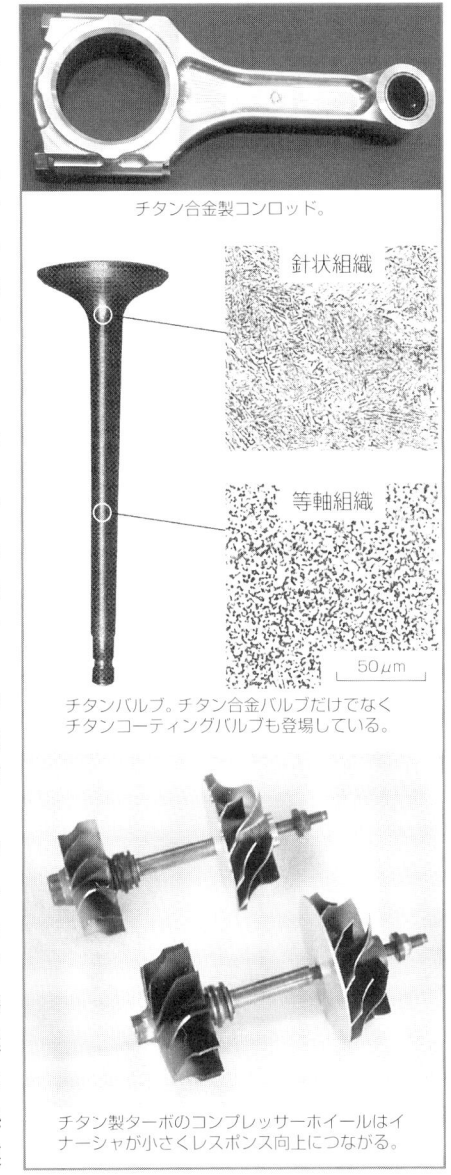

チタン合金製コンロッド。

針状組織

等軸組織

50μm

チタンバルブ。チタン合金バルブだけでなくチタンコーティングバルブも登場している。

チタン製ターボのコンプレッサーホイールはイナーシャが小さくレスポンス向上につながる。

9.樹脂

　通常、合成樹脂(プラスチックス)と呼ばれている材料は、炭素(C)、水素(H)、酸素(O)、窒素(N)、塩素(Cl)、フッ素(F)、硫黄(S)などから構成されている有機高分子物質で、とくに最初の三つ(C、H、O)は基本的な元素である。

　合成樹脂は、共通した特徴がある。それは、比重が0.9～2.3程度であること。射出成形法、ブロア成形法、押し出し成形法などで効率よく成型できること。電気絶縁性をもっており、耐水性にすぐれ、錆を生じないこと。ただし、一般的には熱に弱く、表面の硬さが低く、傷つきやすいし溶剤には比較的弱い傾向を示す。

　合成樹脂は、材料の性質により熱可塑性樹脂と熱硬化性樹脂に大別される。

　熱可塑性樹脂というのは、ローソクのロウと同じで温めると溶け、冷めると固まる性質を持つ。可塑性とは≪変形する性質≫という意味で、熱を加えると溶融流動して

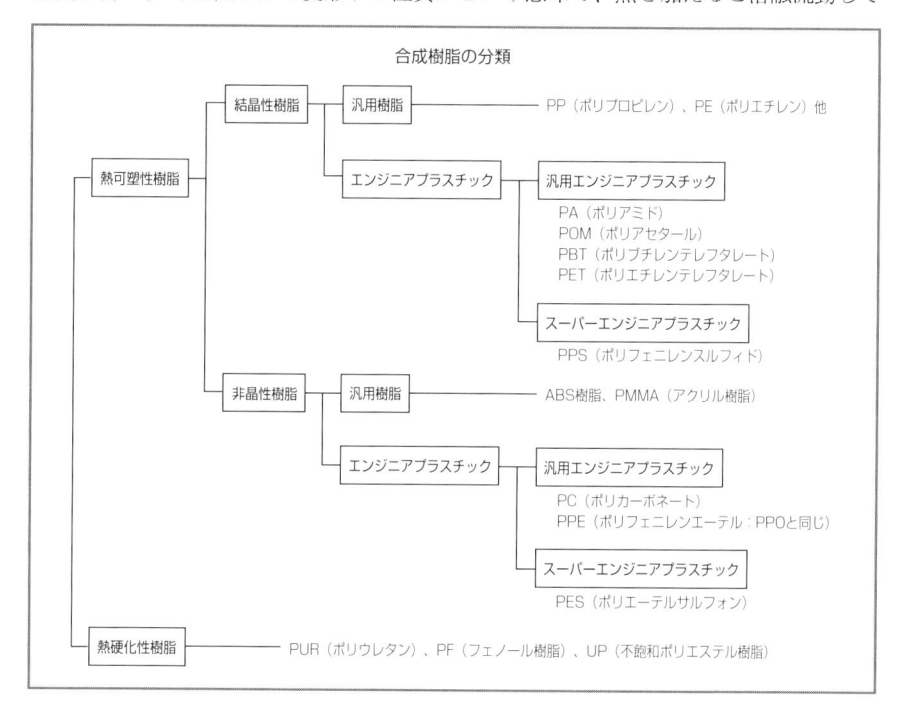

```
合成樹脂の分類

熱可塑性樹脂 ─┬─ 結晶性樹脂 ─┬─ 汎用樹脂 ──────── PP(ポリプロピレン)、PE(ポリエチレン) 他
              │                │
              │                └─ エンジニアプラスチック ─┬─ 汎用エンジニアプラスチック
              │                                              │     PA(ポリアミド)
              │                                              │     POM(ポリアセタール)
              │                                              │     PBT(ポリブチレンテレフタレート)
              │                                              │     PET(ポリエチレンテレフタレート)
              │                                              │
              │                                              └─ スーパーエンジニアプラスチック
              │                                                    PPS(ポリフェニレンスルフィド)
              │
              └─ 非晶性樹脂 ─┬─ 汎用樹脂 ──────── ABS樹脂、PMMA(アクリル樹脂)
                              │
                              └─ エンジニアプラスチック ─┬─ 汎用エンジニアプラスチック
                                                            │     PC(ポリカーボネート)
                                                            │     PPE(ポリフェニレンエーテル:PPOと同じ)
                                                            │
                                                            └─ スーパーエンジニアプラスチック
                                                                  PES(ポリエーテルサルフォン)

熱硬化性樹脂 ──── PUR(ポリウレタン)、PF(フェノール樹脂)、UP(不飽和ポリエステル樹脂)
```

可塑性を示し、冷却すると固化して成形される。加熱溶融、冷却固化の工程が繰り返し可能になる樹脂のことで、ポリエチレン（PE）、ポリプロピレン（PP）、塩化ビニール（PVC）、ABS樹脂など種類が多い。熱硬化性樹脂にくらべリサイクル性が高い。可塑性を英語でいうとplasticで、これが日本語にもなっている。

熱硬化性樹脂というのは、逆にもともとは液体状だったものが熱を受けることで固まり、≪可塑性≫を持たない樹脂である。生卵が一度熱を加えると固まり、冷やしても固まったままであるのと似た感じである。加熱すると流動性を帯びる比較的分子量の低い高分子に、触媒などを加えることで化学変化を起こし硬化する。再び加熱しても流動状態にはならず、さらに高い温度で加熱すると分解してしまう。非可塑性のある樹脂で、フェノール樹脂、メラミン樹脂、エポキシ樹脂などがこの仲間である。

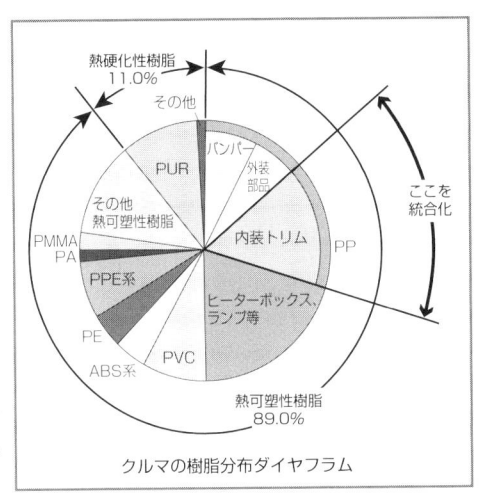

熱硬化性樹脂は、いわゆる不溶不融の樹脂となるので、製品となったのちは再成形できなくなり、リサイクル性がきわめて悪い。

クルマの樹脂部品の世界で熱硬化性樹脂の代表は、ウレタンである。ウレタンはシートのクッション材などに用いられている樹脂である。このほか、FRP用の樹脂としてポリエステル樹脂、ブレーキパッドやクラッチディスクの摩擦材を構成するフェノール樹脂、接着剤でよく知られるエポキシ樹脂、電気絶縁材で活躍するシリコーン樹脂などがある。クルマの焼付け塗装の塗料にも熱硬化剤樹脂が使われている。

●リサイクル性が高い熱可塑性樹脂が主流

樹脂のなかで多く使われるのは熱可塑性のもので、それらについて以下でみていくことにする。

現在ほとんどの樹脂は石油から生成される。石油からつくられる材料は、炭化水素（HC）を主原料とした有機物であり、数十万種類におよぶ材料が生成されており、樹脂はその一部である。

①ポリプロピレン（PP）

1台のクルマには約100kgの樹脂が使われているといわれるが、このうち半分ほどが

PPである。バッテリーのハウジング、バンパー、インストルメントパネル、ドアトリム、ブレーキのリザーバータンク、クーリングファン、ファンシュラウド、ワイヤーハーネスのコネクター、ステアリングホイールなど大物樹脂部品から小さな部品まで幅広く使われている。

比重が0.9と樹脂の中でもっとも軽いうえに値段が安く、入手しやすい。PPのメリットは他にもある。タルク(滑石のこと)と呼ばれる添加剤を入れることでさまざまな物性にチューンでき、寸法精度も高くなり、剛性も高まる。ただし、タルクを入れすぎると脆くなり、耐衝撃性がダウンするため、EPDM(合成ゴムのひとつ)を入れることでカバーする。つまり、タルクとEPDMをどうブレンドするかがノウハウだという。

PPの弱点は、接着と塗装がやりづらい点だ。逆に、耐薬品性が高く物質としての安定性が高いともいえる。熱安定性が高いので、使用済みのPP樹脂製品を粉砕してペレット状にし、もう一度バージン材と混ぜ使えるので、リサイクル性が高い樹脂といえる。

② **ポリエチレン(PE)**

インパネ内のエアダクト、トランクトリム、燃料タンクなどに使われることが多いのがPEである。PEの優位性である高密度を活用しているのが、PE製の燃料タンクで、いわゆる樹脂タンクと呼ばれるもの。

日本で樹脂タンクがお目見えしたのが1980年代、VWのサンタナである。日産がライセンス生産し国内販売したサンタナには単層のPE製樹脂タンクが採用されていた。この当時は、いわゆるエバポ規制が存在しなかったため、単層タンクで十分だったが、90年代に入ると「クルマ全体をフルカバーして雰囲気温度40℃の中で、24時間で

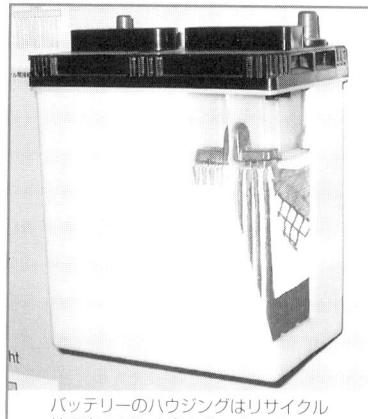

バッテリーのハウジングはリサイクル性の高いPP(ポリプロピレン)だ。

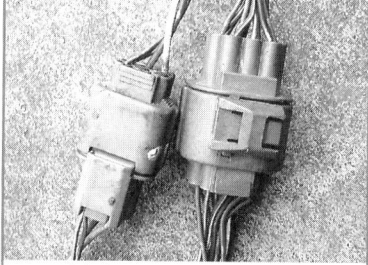

コネクターはエンプラのPAやPOM(ポリアセタール)、PBT(ポリブチレンテレフタレート)などだ。

バンパー。PP製である。ちなみにPPは全体のクルマに使われる樹脂の半分だといわれる。現時点で一番リサイクルされつつある樹脂でもある。

HC分の蒸発および落下を観察しそれが2g以下であること」というエバポ規制により、1991年に日本車としてスバルのアルシオーネSVXにはじめて樹脂タンクが備えられた。

　樹脂タンクは寸法精度や外観のフィニッシュを気にしないので通常ブロー成形と呼ばれる製法が用いられる。このブロー成形のデメリットのひとつに挙げられるのがバリ。スバルは、バリの処理に成功して国産初の樹脂タンクを備え、従来の板金製燃料タンクにくらべ容量が60リッターから70リッターに増えたものの、重量は15.8kgから11.0kgと30％軽量化している。生産工程は、塗装もいらず、工程が半分以下。板金製タンクでは多くの金型が必要だが、これも不要である。ただしコストは2倍弱だったため、スバルはその後樹脂製のタンクはつくっていない。

　21世紀にはいり、ホンダはオデッセイなどで4種6層構造と呼ばれる樹脂タンクを商品化している。これは、内側と外側が高密度ポリエチレンで、そのあいだにエチレンビニルアルコール共重合樹脂(EVOH)のバリア層、バリのリサイクル材(バリ再生HDPE)、接着剤という構成で、強度を高めている。

スバルアルシオーネの樹脂タンクの断面構造。

樹脂タンクは形状自由度アップで従来板金製よりも15％ほど容量アップできる。

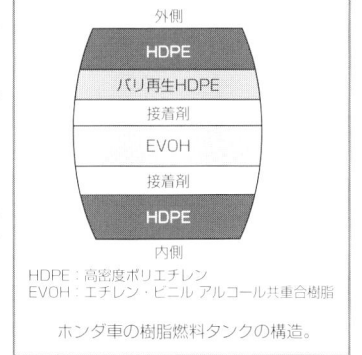

HDPE：高密度ポリエチレン
EVOH：エチレン・ビニル アルコール共重合樹脂
ホンダ車の樹脂燃料タンクの構造。

③ポリエチレンテレフタレート(PET)

　ペットボトルはPETである。石油からつくられるテレフタル酸とエチレングリコールを原料にして高温・高真空下で化学反応させつくる樹脂がこれ。この樹脂を糸状にしたのが繊維で、フィルムにしたのがビデオテープ、膨らませたのがPETボトルである。C、O、Hの三つの元素からできているので、燃やしても二酸化炭素と水になり有害ガスが発生しない。熱量も約5500kcal/kgと木や紙に近いので焼却炉を傷めない。自動車の世界ではガラス繊維(GF)で強化することで機械的強度、耐熱性、寸法精度が高まるので、ヘッドライトのリフレクター、リアワイパーのアーム部分、ドアミラーの

ステイなどに使われている。樹脂製リアワイパーのアームはPETにグラスファイバーを重量比で45％ブレンドしたものである。リサイクルの観点から、PETボトルからつくった再生素材をダッシュパネルなどの吸音材としても活用している。

④塩化ビニール樹脂（PVC）

　肥料製造会社が、ナトリウムを製造するとき、副産物として大量の塩素が出る。これを活用して生産されるPVCは、ビニールハウス、パイプ、サッシなどの建材、おもちゃなど広く用いられてきている。生産コストが安く、可塑剤の配合ひとつで軟質から硬質まで幅広く設定できる。1970年代までの乗用車はシートの表皮や、インパネに用いられた。小さな部品ではワイヤーハーネスの被覆がPVCである。ところが、近年塩ビを燃やすと発生するダイオキシンガスをめぐる議論が沸騰し、PVCの使用は少なくなりつつある。

　軟質から硬質まで柔らかさをチューニングできる可塑剤は油分で、この油分（その割合は40～50％）が経年変化で大気に蒸発し、硬化し不具合を生じるのも自動車部品で使う場合の大きなデメリットだった。1980年代までは日本車のインパネはほとんどPVCだったので、春先には北米からクレームが付いたインパネがどっと送り返されてきたほど。燃料ホースやパッキンとして使う場合は耐熱性を高めるためにニトリルゴム（NBR）を添加する。ウォーターホースやシフトグリップもPVC製が多い。ちなみに、ウエザーストリップは、押し出し成形でカタチをつくるPVC製である。芯材はSUS（ステンレス製）である。

⑤ABS樹脂

　ラジエターグリル、ドアミラーのハウジング、コンソールボックス、バイクのカウルなどある程度限られた部品用だが、家電やOA機器の世界では大活躍するのがABS樹脂である。パソコンのハウジング、プリンター、ビデオ、エアコン、冷蔵庫、テレビ、電話機など身近で使う製品のハウジングに使用されている。

　ABSというのは、アクリルニトリル、ブタジエン、スチレンの頭文字で、この三つの成分系からなる1群の重合体である。剛性があり、機械的性質はバランスがとれていて高い表面硬度と光沢にすぐれ、溶剤には溶けるが酸やアルカリには強く成形性と接着性、塗装性にすぐれているので、クルマの世界では見た目重視のラジエターグリルやドアミラー、リアスポイラーなどに重宝がられる樹脂である。メッキ性も高いので、ABS樹脂製のホイールキャップもある。

ドアミラーのハウジングはABS樹脂だ。

ABS樹脂の弱点は、すすを出して燃え悪臭を放ち、耐候性と透明性が悪い点。日光に長い時間さらされると強度がダウンするのも弱点。そこで、ナイロン、ポリカーボネート(PC)、PVCなどの樹脂と合体させることで、アロイ化(アロイは合金の意味)させることで、耐熱性、耐衝撃性、難燃性、耐薬品性をある程度カバーしている。

⑥アクリル樹脂(PMMA)

ホイールカバーの裏には材料表示と製造年月が表示してある。

　テールレンズ、エンブレム、メーターカバーなどで活躍する樹脂がこれ。耐候性にすぐれ、傷つきづらく、クリアで、塗料安定性が高い。テールレンズのベース樹脂はPP製で、ゴムラバーはEPDMだが、レンズはアクリル樹脂というパターンが少なくない。テールレンズはとくに多色成形と呼ばれる染料を練りこんでの成形で、洗車機にかける際などに強い溶剤(カーションプーなど)がかかると亀裂が入る危険性が高かった。そこで、成形時にできるだけ歪みをかけない手法を編み出すなどの工夫を凝らしている。

　テールレンズの赤は染料。つまり、レンズ自体の透明度を維持するために顔料より粒子が小さい染料を練りこむ。ところが、一般的に赤は耐候性が極端に落ちるため、限られた特殊な染料を使用するが、この染料に有害物質のヘキサクロロベンゼンがごく微量だが混入していることが最近判明した。この有害物は染料をつくるうえで2次的にできる生成物で、これを取り除くのは困難なため自動車メーカーの担当者は苦慮しているという。

●エンジニアリングプラスチックスの世界

　「エンジニアリングプラスチックス」(略してエンプラ)は、主として熱可塑性樹脂のなかで耐熱性と強度の大きなものを指すが、厳密な定義があるわけではない。

　引っ張り強度が500kgf/m²以上、衝撃強さが6kgfcm/m²以上で耐熱性が100℃以上。年間需要が1万トン以上で、かつ1kgあたりの価格が1000円以上という定義をする向きもあるが、よく知られるエンプラはポリアミド(PA：ナイロンのこと)、ポリカーボネート(PC)、ポリアセタール(POM)、ポリフェニレンエキサイド(PPO：PPEともいう)、ポリブチレンテレフタレート(PBT)である。

①ポリアミド(PA)

　クルマの部品でポピュラーなもので、PAというとピンとこないかもしれないが、早い話ナイロンである。ナイロンとはデュポン社の製品名だが、この方が通りがいいの

で産業界でも広く使われている。結晶性が高い樹脂で耐薬品性にすぐれ、耐衝撃性、強靭性、柔軟性を示す。ポリマーアロイ化や共重合による改質が容易で、ガラス繊維などの複合材（ラジエターの樹脂タンクがこれ、ナイロン単体だと耐熱性が80℃ほどだが、ガラス繊維を混ぜることで耐熱性がよくなる）との親和性も高いので広く使われる。

　炭素の数により、ナイロン6、ナイロン66、ナイロン11、ナイロン12、ナイロン61など10個以上の種類があるが、自動車で使われるナイロンはナイロン66またはナイロン6が多い。素材コストはポリプロピレン（PP）の2〜2.5倍といわれる。それぞれ融点はナイロン66が265℃、ナイロン6が225℃と高い。

　1990年代後半からアルミダイキャストに代わり多数派になりつつある樹脂製インテークマニホールドはナイロン6で、インジェクション成形で3分割から2分割でつくられる。樹脂インマニは、複雑な形状がつくれ、軽量なので今後の主流となると思われる。

　ブレーキのリザーバータンク、オイルフィラーキャップ、ATのシフトレバーのベース樹脂、ATやCVTのオイルストレーナーにもナイロンが使われる。ハブベアリングのボールを保持する役目をする保持器と呼ばれるものはガラス繊維で強化したナイロンが使われている。

　スロットルボディにもナイロン66が使われるようになった。内部のスロットルバルブ自体は板金製だが、ボディを樹脂にして、軽量化が図られる。ナイロン11、ナイロン12も、従来の金属チューブの燃料パイプは融雪剤でダメージを受けるので、採用されつつある。

②ポリカーボネート（PC）

　1959年ドイツのバイエル社が開発したエンプラがポリカーボネート（PC）。現在ヨーロッパではGEプラスチックス、ダウ、バイエルの3社がPCを生産し、世界のPC3大メーカーと呼ばれている。日本でもこの3社と合弁企業など計6社がPCを生産している。

　PCの優位性は、ガラスの約半分という軽さで、変形せずに、耐衝撃性、耐熱性、透

ダイハツソニカの樹脂インマニ。ナイロン6にグラスファイバー35%。

同じ樹脂インマニでもこうした艶消しタイプも登場している。

明度が高く光沢のある外観で燃えにくく、電気特性も良好。クルマのヘッドライトは長いあいだガラス製だったため、丸型と角型、2灯と4灯の組み合わせで4タイプしかなかった。1980年代からPC製の樹脂ヘッドライトが可能になったため、いっきに異型ヘッドライトの市場が形成され、クルマの"顔"も多様化した。

ところが、PC製ヘッドライトは耐候性と耐ピッチング性に問題がある。ピッチングというのは走行中前のクルマから飛んでくる小石に対する性能だ。PCはガラスに比べ弾性があるので、表面にハードコーティングを施しているが、1990年代初めのPC製ヘッドライトはこのコーティングが剥がれ白くにごり、車検時の光度を維持することができず車検落ちというケースがあった。

PCは、ヘッドライトのレンズのほかに、ドアハンドル、メーターパネルのカバーなどにも使われる。1994年から日本の保安基準の変更で「前面と運転席左右側面のガラス以外は使える」ことになり、いわゆる3次元曲線(3D)の自由度の高い形状ができるので自動車用PC製ウインドウが商品化のめどが立っている。

モジュール化の流れのなかで樹脂製のサーモスタットハウジングが登場している。これはダイハツソニカの樹脂ハウジングで、ナイロン66にグラスファイバーを35%混ぜた樹脂だ。

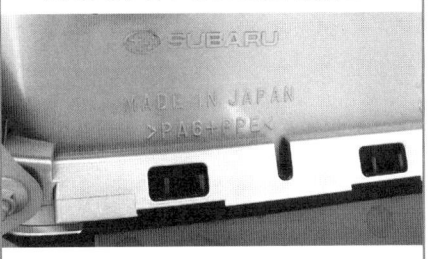

100g以上の樹脂パーツは材料表示されている。

③ポリアセタール(POM)

耐衝撃性や耐候性はあまり強くはないが、耐摩耗性、耐疲労性にすぐれている。ホルムアルデヒドの重合体で、耐油性も高く、ナイロンだとグリスのなかでは油分を吸い取り寸法が変わる性質を持つが、POMは寸法変化を起こさない。

こうした物性を見込んで、クルマではワイパーのギア、ラジエターのドレンコック、ステアリングラック内のギア、それにフューエルキャップのネジ部(外側はナイロン製)、ドアハンドル、シートアジャスター、燃料ポンプのモジュール(燃料ポンプ＋燃料フィルター＋レギュレーター)などに使用される。素材コストはナイロンとほぼ同じだという。

④ポリフェニレンエーテル(PPE)

ガソリンに弱く耐摩耗性がやや劣るものの、耐衝撃性、耐熱性、電気特性、寸法安

定性にすぐれていて、かつてはインパネのフレームとして使われていたことがある。ホイールキャップなど例外こそあるが、単独で使うことはまずなく、ナイロン(PA)とポリマーアロイをつくることで耐熱性が110℃から150℃に高まり、耐薬品性も向上する。ちなみにホイールキャップは、ポリプロピレン(PP)＋ガラス繊維、ナイロン製、ナイロン(PA)＋ガ

ホイールキャップはPA、PC、PPE＋PA、PA＋GF、PP＋GF、PC＋ABCなどメーカーにより千差万別だ。

ラス繊維、ポリカーボネート(PC)とABS樹脂をブレンドしたもの、PPEとナイロンとのポリマーアロイなど自動車メーカーによりいろいろある。

高速走行での風圧に耐えなくてはいけないターボ車のボンネット上のエアスクープは、PPEとナイロンのポリマーアロイであることが多い。

⑤ ポリブチレンテレフタレート(PBT)

熱変形温度が高く、高剛性、電気特性、機械的特性などがすぐれているので、おもに電装品で活躍する。とくにハーネスのコネクターは高い寸法精度が要求されるため小型のコネクターには、このPBTが使われている。

エアバッグの通電部品やワイパーアームのピボット部の樹脂カバー、リアのワイパーアーム、ドアミラーのステー、シートベルトの構成部品、サンルーフリムのフレーム、ドアロックハウジング、エアフローセンサーのハウジングなどにも用いられている。エンプラに共通していえるのは、単独でのリサイクル性は高いが、ポリマーアロイ化されると困難となるので、課題はここにある。

●用途を広げるスーパーエンプラ

エンプラよりもさらに耐熱性、強度を増した樹脂がスーパーエンジニアリングプラスチックだ。略してスーパーエンプラ。そのいくつかを紹介しよう。

① ポリエーテルエーテルケトン(PEEK)

芳香族の連鎖状高分子で熱可塑性のスーパーエンプラがこれ。連続使用可能温度240℃、熱可塑性樹脂の仲間では極めて高い耐熱性を誇り、難燃性、耐薬品性、耐摩耗性も良好なので、ATのオイルシールリングをはじめ、エンジン内部のシール材、ABSシステムのオイルシール、スロットルボディのギアなどに使われている。

ボッシュのABSシステムのアクチュエーターにカーボン30％を配合したPEEK樹脂を採用し、従来の金属性部品にくらべ5分の1に軽量化、レスポンス向上と長寿命化を実

現している。エンジンの動弁系の部品はエンジンレスポンスにきいてくるが、バルブリフターに採用することで性能向上を高めている。

CVTのシーブシャフト部にもPEEK樹脂を使っていることがある。航空機の胴体などの複合材の母材としても活躍する樹脂だ。ちなみに、このPEEK樹脂は、英国のビクトレックス社(元はICIという企業)の一社独占で、日本ではビクトレックス社と技術提携した三井化学が販売。ただし価格が高く、1kg当たりの価格が1万円以上というレベル。

②ポリアリレート(PAR)

1975年世界ではじめてユニチカが開発し、非結晶で透明な熱可塑性のスーパーエンプラ。透明性にすぐれ、耐衝撃性、難燃性、耐候性もよく、ポリカーボネート(PC)よりも耐熱性が高いので、ウインカーレンズ、ハイマウントストップランプのレンズ、リフレクター、ヒューズカバーなどに使われている。

③ポリフェニレンサルファイド(PPS)

硫化ソーダとパラジクロロベンゼンとの合成でつくられる結晶性のスーパーエンプラ。耐熱性が極めて高く(荷重たわみ温度が260℃以上)、機械強度、剛性、難燃性、電気的特性、寸法安定性などにすぐれた特性を持つ。そのわりに比較的低価格であることから、スイッチ、オルタネーター部品、コネクター、センサー類、ヒューズケース、ランプのリフレクター、ECUケーブル、ランプソケット、排ガスコントロールバルブなど幅広く使われる。東海ゴムでは、燃料ホースにPPS樹脂を使うことで燃料の低透過性を高めている。

④ 液晶ポリマー(LCP)ほか

溶融状態で液晶性(分子が正しく並んだ結晶と無秩序に並んだ液体の中間にあたる状態のこと)を示すスーパーエンプラがこれ。

成形時の流動性が高く、固まるにつれて分子が硬直につながるため、耐熱性、薄肉での高剛性、寸法安定性、成形加工性などにすぐれているので、現在はクルマのコネクターやコネクターケースに採用されているだけだが、燃料電池車の水素および酸素ガスを送るフレキシブルホース、多孔質成形体として衝突安全を高める外装部品などへの応用が期待されている。

このほか、自動車に使われる樹脂としてポピュラーなのは、ポリビニールブチラール(PCB)。衝突安全性を確保するためにフロントガラスの中間膜に採用されている厚さ0.76mmの樹脂である。伸縮性が高いのを利用して衝突時にガラスの飛散を防ぐ役割。課題は、分別が厄介でリサイクルができない点だ。

フェノール樹脂は最も歴史の古い樹脂で、クルマでは断熱材やギアなどに古くから使われている。このフェノール樹脂はフェノール(石炭酸)とホルムアルデヒドとの反応で得られる熱硬化性樹脂で、発明者の名前からベークライトと呼ばれるもの。電気

的性質、機械的性質、コスト安などバランスのとれた材料でブレーキブースターのピストン、トルクコンバーターのステーター、ディスクパッドやクラッチディスクの摩擦材の中で活躍している。かつては灰皿や燃料ポンプのインペラーにも使われていた。

●樹脂の特性を生かしたさまざまな成形法

樹脂の成形方法には、樹脂の特性を十分に活用し成形品として要求される機能、形状、生産量を満足するためにさまざまな方法がある。

①押し出し成形

一番プリミティブな成形法は、押し出し成形法である。ウエザーストリップやサイドプロテクションモールなどがこの成形法でつくられるのだが、材料を加熱シリンダー内で均一に溶融し、口金(ダイスといい、いろいろな形状がある)を通して2次元断面形状品を連続的に送り出し冷却固化する手法。押し出し機には、材料を供給、溶融、混合、混練、計量するゾーンがあり、材料の送り出しはスクリューでおこなう。微妙な温度管理と引く速度などがノウハウである。

②ブロー成形

押し出し成形の応用編とでもいうべき、燃料タンクなど閉断面部品を成形するとき採用するのがブロー成形である。アキュムレーターヘッドと呼ばれる成形機を使う。そこには三つの押し出し機が取り付けられ、ポリエチレン(PE)2層、バリア層となるナイロン6の1層がそれぞれ独立した射出シリンダーで押し出されヘッド出口で各層が溶融接着される

その下に金型がある。ほぼ金型の内壁に沿った半製品(これをパリソンという)に横から針が差し込まれ、加圧することで金型にぴたりと張り付き、成形される。ここでできたバリは、粉砕され、ペレット化されふたたび材料の一部となる。

③射出成形

バンパーフェイス、インパネのフレーム(ベースのこと)、リアパネルガーニッシュ、ラジエターグリル、コンソール、トリムなど外装樹脂部品から内装部品まで幅広く使われているのが射出成形。インジェクション成形とも呼ぶ。

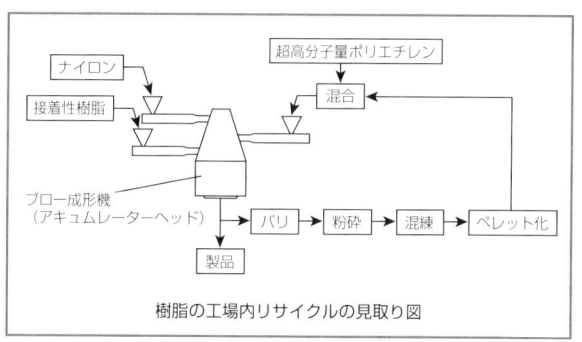

シリンダー内で加熱溶融させた材料を30〜100MPaの高圧で射出し、冷却固化

樹脂の工場内リサイクルの見取り図

(熱可塑性樹脂の場合)、または加熱硬化(熱硬化性樹脂の場合)して成形品をつくる。型閉め→射出→保圧(材料の逆流防止と冷却による体積収縮分の補充)→冷却→型開き→成形品を取り出すという一連の工程が繰り返される。おもに高い寸法精度が求められる部品がこの手法をとる。寸法精度は0.5mm以下。鬆ができる問題については金型の温度コントロール、多点ゲートにするなどで解決してい

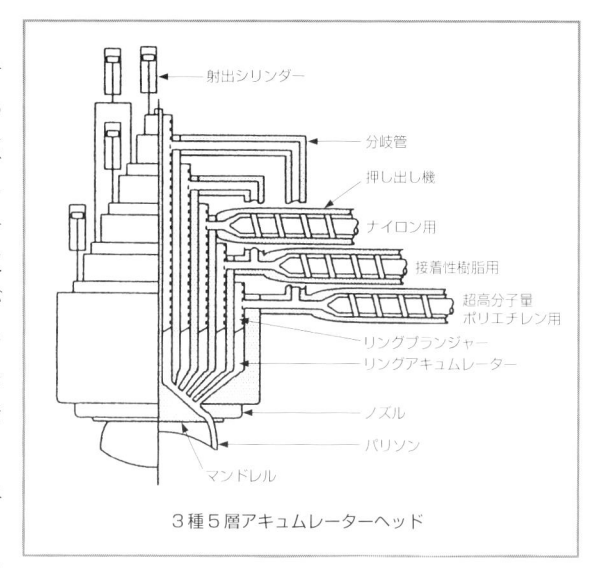

図中ラベル: 射出シリンダー、分岐管、押し出し機、ナイロン用、接着性樹脂用、超高分子量ポリエチレン用、リングプランジャー、リングアキュムレーター、ノズル、パリソン、マンドレル

3種5層アキュムレーターヘッド

る。射出のやり方もDEの燃料をミクロンオーダーで噴射するほどではないが、電子制御でおこなうケースもある。冷えて収縮する問題(ヒケという：100円ショップで手に入る樹脂商品にはごく当たり前にある)があり、とくに塗装後これが目立ちしかも複雑な形状のものほどヒケができる。このあたりがノウハウとなる。

④RIM成形

　RIM成形法というのは、1960年代の後半にドイツで開発され、1975年GMが、1977年にはトヨタのセリカのバンパーが日本初のRIM成形でつくられた。RIMは、リアクション・インジェクション・モールディングの略。初代のシーマのウレタン製バンパーもこれである。

　この成形は、AとBの二つの樹脂を金型のなかに射出し、反応させ成形する。液体状態で金型に入れるため、金型自体の強度を射出成形に比べ格段に落とすことができ、そのぶん低コスト。射出成形なら金型代が2000〜3000万円するところ、RIM成形ならその半分で済む。デメリットは、エポキシ、ウレタンという材料代が高い点。それに気泡ができるため、2次加工としてサンディング作業が必要。比較的シャバシャバの材料を金型に入れるため、金型の隙間に入りバリもできやすいので、この処理も面倒。シートのウレタン成形はこのRIM成形でつくるが、それ以外は、少量生産でないと向かない成形法である。

⑤スラッシュ成形

　高級車のインストルメントパネル、コンソール、グローブボックスなどの周辺部品

やドアトリムなどの皮革調でソフト感のある内装部品に多用している工法がこれ。使用する樹脂材料はパウダー状とゲル（液）状の2タイプがある。筆者が取材したのはレガシィの表皮をこれでつくる現場で、金型を約220℃に温め、そこへパウダー状の材料（ウレタン系のエラストマー）を注入、金型のカタチにシート状の表皮ができるというもの。ダマができないように材料の配合、温度などがコントロールされるのがポイントとなる。これをフレーム（PP製）にかぶせる（隙間にウレタン樹脂）という流れ。

　スラッシュ成形の最大の利点は、シボの忠実度にある。射出（インジェクション）成形でもある程度シボをつくれなくはないが、射出では粘度を高めると樹脂自体が分解を始め、ガスがでたり、色変化をもたらしたり強度がダウンしたりするため、微妙な形状のシボをつくろうとしても、どこか偽物ぽくなる。スラッシュ成形は金型の内壁の模様に忠実に転写できるところが命なのである。

⑥真空成形

　高級車よりやや下のクラスのクルマのインパネなどの表皮をつくるときに活躍する成形法が、この真空成形。無地のシート状の樹脂を150℃ほどに温め、下部に金型をセットし、吸引して金型に付着させ成形する。金型自体にシボがついているので、比較的シボの忠実度が高い。

　通常真空法で表皮をつくるのは、あらかじめシボ付きの樹脂シート素材を金型に押し当てる手法である。これだとカド部分のシボの忠実度がやや劣るきらいがある。

　さまざまなものが使われているクルマの樹脂は、表面もしくは裏側に材料表示（マーキング）がしてある。エンジン部品など機能部品なら表面に、インテリアやエクステリア部品は裏側にマーキングが入っていることが多い。＞＜という不等号のマークのあいだにアルファベットと数字で表示される。たとえば＞PP＋PE＜なら、ポリプロピレンとポリエチレンのブレンド（プラスはブレンドの意味）で、PP／PEの「／」は共重合の意味である。「−T30」が後に付くなら「タルク（滑石）が30％混入」の意味。マイナスの記号は、ポリマー（樹脂材料の主成分のこと）以外の添加剤（充填剤や強化剤のこと）が加わっていることを示している。

　白っぽい色の樹脂部品はこのマーキングが読みづらいケースもあり、そもそもこの表示は「リサイクル可能率を高めるため」という目的である。なお、枠で囲んだ材料表示はSAE（米国自動車技術会）の表示法である。

10.ゴム

現在使用されるゴム製品は、天然の植物から得られる天然ゴムと人工的につくられる合成ゴムに大別される。

天然ゴムはゴムの樹液を出す植物から採取されるが、1493年に大西洋を渡ったコロンブスがプエルトリコとジャマイカに上陸し、そこで現地の住民が遊び道具として使っていた黒くて重いボールが、地面に当たって大きく弾むのを見て驚嘆。これが"アメリカ大陸発見"ならぬ"ゴムの発見"と歴史には記されている。

その後、200年余りは、この≪インディアンラバー≫は一部の学者の関心を呼ぶだけにすぎなかったが、18世紀に入るとイギリスでゴム引きのレインコートが発明されたり、ゴムを使った消しゴムが登場(英語のrubberはrub out、"こすって消す"から由来)したという。

●天然ゴムと合成ゴム

1839年加硫法がアメリカ人チャールズ・グッドイヤーにより発明されたことで、断然注目を集める。生ゴムに硫黄(S)を混ぜ、加熱するときわめて強靭な弾性が付加され、しかも熱に強くなる、安定した加硫ゴムが発見された。

加硫法の発明で、弾性、不浸透性、電気絶縁性、強靭性、耐久性が付与され、利用価値が格段に高まったのである。1843年、イギリスのハンコックは、加硫ゴムの本質がゴムと硫黄の化学結合の産物であることを科学的に立証し、加硫法を発展させた。

ここから近代的ゴム工業がスタートする。グッドイヤーの名前はタイヤメーカーに残っているし、ゴム工業の父と呼ばれるハンコックも韓国のタイヤメーカーとしてその名が残っている。

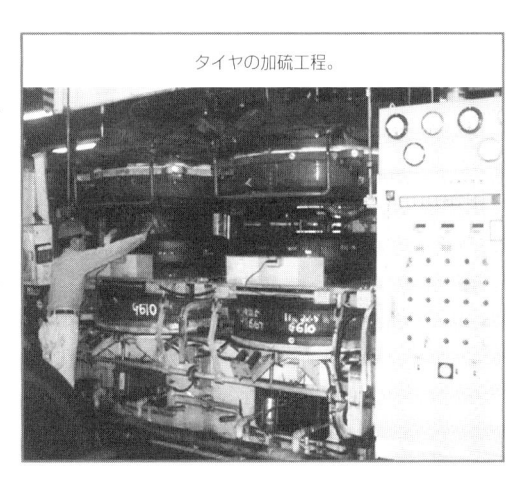

タイヤの加硫工程。

自動車用の空気入りタイヤは、よく知られているようにアイルランド人の獣医ジョセフ・ボイド・ダンロップが、1887年に発明して3輪自転車に装着したのが初めとされる。

　その後、加硫法につづくゴム製品の用途を拡げる発明としては、1904年のアメリカ人のグッドリッチによって発明されたカーボンブラック(炭素微粉末)の誕生があり、ゴムは飛躍的に強度を高めることができた。翌1905年のアメリカ人オーエンスレガーによって見いだされた加硫促進剤も小さくない発明だ。

　これにより硫黄の添加量、加硫時間、加硫温度が大幅に低減・短縮され、現在のゴム工業の基礎が確立している。

　長い歴史をもつ天然ゴムにくらべ、本格的に合成ゴムが開発されたのは比較的新しく、20世紀に入ってからである。自動車をはじめとする産業の発展と戦争により、ゴムの需要過剰状態が続いていた。イギリスをはじめフランスやオランダは、植民地から天然ゴムを入手したが、生ゴムの入手に苦労していたアメリカやドイツが中心になり合成ゴムの開発が進められた。

　合成ゴムは天然ゴムのコピーからスタートした。1860年、ウイリアムズが天然ゴムの乾留により液状に分解したイソプレンを見つけ、これが天然ゴムの構造単位であることを突き止めた。その後、イソプレンを加熱重合するとゴム状に変化することを発見、天然ゴムに類似するゴム状の物質がドイツの化学研究所でつくられ、20世紀初頭にはドイツにメチルゴムの工場ができ、ソ連にもブタジエン合成工場が完成するなどした。

　有機化学の急速な発展が20世紀の中ごろに促され、SBR(スチレンブタジエン・ラバー)など汎用合成ゴムの製造がはじまる。1931年には、ナイロンの発明で有名なデュポン社のカロザーズ(1896～1937年)が、アセチレンからクロロプレンをつくり、さらにそのクロロプレンの重合でクロロプレンゴム(CR)をつくり上げた。

　ドイツではIG社が耐油性ゴムのブナN(NBR)、アクリルゴム(ACM)、アメリカのス

各種ゴムの特性

名称	日本名	アクリルゴム	シリコンゴム	フッ素ゴム	ブタジエンゴム	ブチルゴム	スチレンブタジエンゴム	ニトリルゴム	クロロプレンゴム	エチレン・プロピレンゴム
	ASTM略語	ACM ANM	Q	FKM	BR	IIR	SBR	NBR	CR	EPM EPDM
耐熱性 (最高使用温度℃)		120~150	200	250	70~100	80~120	70~100	80~120	80~120	80~140
耐熱老化性		◎	◎	◎	△	◎	◎	◎	◎	◎
耐オゾン性		◎	◎	◎	×	◎	×	×	◎	◎
耐摩耗性		◎	×~△	◎	◎	◎	◎	◎	◎~○	◎
耐屈曲亀裂性		○	×~△	○	△	◎	◎	◎	◎	○
耐引裂性		△	×~△	○	○	◎	△	◎	◎	△
耐候性		○	◎	◎	△	◎	△	△	◎	◎

タンダードオイル社が1940年にブチルゴム(IIR)、1945年にアメリカのGE社がシリコンゴム、1940年にはアクリルゴムが、1944年にはドイツのバイエルによってウレタンゴムが発明されている。

1945年にはデュポン社とスリーエム社によりフッ素ゴムがつくられるなど、合成ゴムの発明の時代が続いた。ちなみに日本のゴム産業は、1960年から欧米の技術導入により、現在の合成ゴム量産体制を確立し、1970年代になると新しい合成ゴムの誕生を見ている。

●各種ゴムの特徴と使用例

各種ゴムの特徴と、それが自動車のどの部分で活躍しているかを見ていこう。

①天然ゴム(NR)、イソプレンゴム(IR)

天然ゴムは、その名の通り天然のいわゆるゴムの木の樹液から精製される。産地はマレーシア、インドネシア、タイ、ブラジル、アフリカ西海岸など。

その成分は、化学的には高シス・ポリイソプレンだが、化学的に合成されたイソプレン(IR)とまったく同じで、当然性質もほぼ同じ。

天然ゆえの物性のばらつき、ゴミなどの異物混入、価格変動などが多少あるが、機械的強度が高く、高温時の強度保持率がよく、金属との接着も容易でヒステリシスロス(履歴現象のこと)も少ない。安定した周波数特性を要求するエンジンマウントや高ねじり強度を要求するブッシュ、ストラットのアッパーマウントに適している。プロペラシャフトのカップリングゴムとしても

天然ゴム(NR)はエンジンマウントに使われている。

ダストブーツはSBR(スチレンブタジエン・ラバー)だ。

サスペンションのブッシュは天然ゴム製が多い。

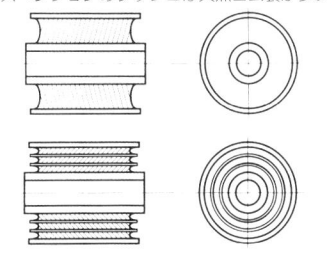

採用されている。

　植物油系に対しては耐性があるが、鉱物油系には耐性がなく、オイルや燃料と接触する個所への使用はご法度。耐熱性もよくなく、100℃以下では硬化劣化し、高温では軟化劣化を起こす。耐オゾン性がないので、一般には外気と触れ合うところでは寿命が短くなる。耐熱性、圧縮永久ひずみ、耐油性が悪いためシールやパッキンには一般的には不向きである。

②ブチルゴム(IIR)

　イソブチレンと少量のイソプレンとの共重合体で、不飽和結合が少ないため耐オゾン性、耐酸、耐アルカリ、耐熱老化性にすぐれている。比重は0.92。1943年、エッソ社により商業生産された。

　ポリマー(重合体：2個以上の分子が結合している状態)の分子構造上、反発弾性がゴムのなかでもっとも低く、そのぶん振動吸収材料に適している。空気の透過率は天然ゴムの10分の1と圧倒的なので、タイヤのチューブ、チューブレスタイヤのインナーライナーに昔から使われている。ウインドウガラスの防振目的で固定クッション材にも使われている。

　ブチルゴムの特性を活かしながら、耐熱、耐候、接着性が改良された塩素化ブチルゴム、臭素化ブチルゴムがよく使われている。

③スチレンブタジエンゴム(SBR)

　SBRは汎用合成ゴムとして、クルマのタイヤをはじめ、さまざまな用途で活躍している。全体のゴムの8割がこのSBRといわれるほど。

　スチレンとブタジエンの共重合体であるSBRは、もともと天然ゴムの代用として開発された。特性は天然ゴムと似ていて、弾性、機械的強度、耐摩耗性などにすぐれている。

　耐熱性は天然ゴムよりも少しよいぐらい。鉱油に対しては同様に耐性がなく、Oリング、パッキン、オイルシールなどのシール材には不向き。そこで、従来から植物油には良好で自動車のブレーキ液のシールにはSBRが使われてきたが、最近では耐熱性が劣るということで、エチレンプロピ

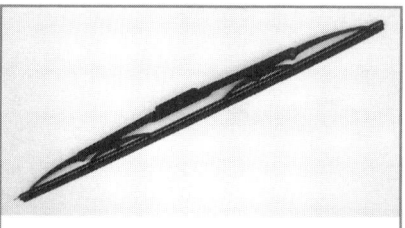

ワイパーゴムは大昔は天然ゴムだったが、今ではCR、SBR、EPDM、Q（シリコンゴム）も登場している。

ラジエターホースはEPDM。補強系にはナイロン（PA）を使っている。

レンゴム（EPDM）がこれに代わっている。

④ニトリルゴム（NBR）

　NBRは、アクリロニトリルとブタジエンの共重合体で、その特性はアクリロニトリルの含有量によって大きく変化する。1930年代にドイツで工業化されて以来耐油性に最大の特徴を持つ特殊ゴムである。アクリロニトリル量15～50％のあいだで、低ニトリルから高ニトリルに分類される。高ニトリルほど耐油、耐熱、圧縮永久歪み特性がよくなるが、耐寒性、低温柔軟性は逆に悪くなる。潤滑油、燃料と接触するシール材料として広く使われるが、耐オゾン性はよくない。耐オゾン性を確保するため塩ビをブレンドした素材もある。

　燃料ホース、バキュームホース、オイルホース、オイルシール、Oリング、チェーンテンショナー、ダイヤフラムなどに使われている。

　NBRの仲間に飽和型というのがあるが、これはNBRのブタジエン部を水素により飽和させてつくるもの（HNBR）で、1984年に日本とドイツで完成した素材。耐熱性、耐候性、耐オゾン性にすぐれ、それまでのクロロプレンゴム（CR）に代わってタイミングベルトに採用されている。

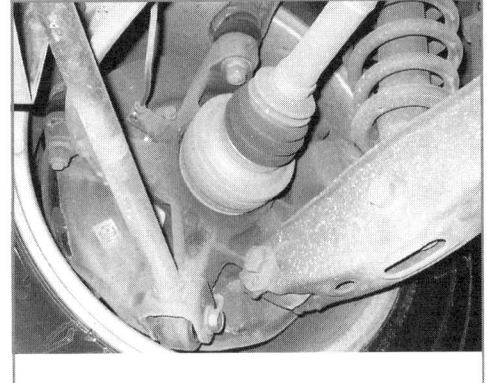

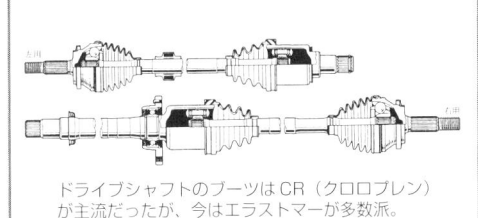

⑤クロロプレンゴム（CR）

　商品名ネオプレンとして、つとに有名な合成ゴム。1931年デュポンで商品化され、機械的強度、耐候性にすぐれ耐薬品性、耐熱性、耐寒性、耐油性などバランスのとれた合成ゴムなので、使用実績が長く、自動車部品の世界でもラジエターホース、ヒーターホース、ファンベルト、燃料ホース、バキュームホース、オイルホース、ブレーキホース、ダストカバーなど幅広く使われている。だが、ここ数年耐熱性や耐久性のニーズが高まり、そのほかの高性能ゴムに取って代わられつつある。

　たとえば、ドライブシャフトのブーツは、最近は、CR製に代わりエラストマー（TPEE）ブーツにチェンジされつつある。耐寒性、耐オゾン性、対屈曲疲労性がすぐれているので、トータルでの寿命が長くなっている。ただし、これは屈曲率が高いなど

ドライブシャフトのブーツはCR（クロロプレン）が主流だったが、今はエラストマーが多数派。

ストレスの多くかかるドライブシャフトの外側のブーツのみで、デフ側、つまり内側のブーツはコストの安いCR製である。

タイミングベルトも1980年代後半までCR(芯線はグラスファイバーもしくはナイロン)であったが、熱に弱いということで、コスト的には高いHNBR(水素添加ニトリルゴム)に変更し、寿命がざっと3倍になったとされる。

⑥エチレン・プロピレンゴム(EPM、EPDM)

これには、エチレンとプロピレンの共重合体であるEPMと、さらに少量の第3成分を含む3元重合体の2種類がある。

1963年にアメリカとイタリアで商品化された比較的新しい合成ゴムで、一般にEPMは、過酸化物架橋材などにより、工業用ゴム製品に使われているが、現在ではポリプロピレン(PP)など汎用樹脂に添加することで耐衝撃性改質材としてPPバンパーなどに使われる存在である。

EPDMは、第3成分を共重合することで加硫が可能となり、工業的に広く使える。物性はEPM、EPDMともにブチルゴム(IIR)に似てはいるが、耐オゾン性、耐熱老化性はIIRより若干すぐれており、耐候性、耐寒性、溶剤性、耐無機薬品性にもすぐれ、IIRにくらべ反発弾性が高いので、ウエザーストリップ、ドアガラスのウエザーストリップ、ラジエターホース、ヒーターホースなどに使われる。

比重が市販されるゴムのなかではもっとも重い。SBRについで生産量の多い合成ゴムである。ブレーキのカップは長年SBRが主流であったが、ABSの装着率が高まり液圧上昇でゴム素材の耐熱性、耐食性がさらに要求され、近年はEPDMが使われている。

ダストブーツはSBR(スチレンブタジエン・ラバー)製だ。

CR製のドライブシャフトブーツは早ければ走行3万kmで破れた。

⑦アクリルゴム(ACM)

1940年にアメリカで開発された比較的歴史のある合成ゴム。エチルアクリレートまたはブチルアクリレートと架橋用モノマーを乳化重合してつくる。シリコンゴム(Q)、フッ素ゴム(FKM)について耐熱性が高く、耐油性もフッ素ゴム(FKM)、ニトリルゴム(NBR)、ヒドリンゴム(CO)に次ぐ性能。とくに高温時での耐油性はニトリルゴム(NBR)やヒドリンゴム(CO)よりすぐれ、フッ素ゴム(FKM)に迫る。耐熱性、耐油性

ストラットマウントのラバーはNR（天然ゴム）だ。

ヒーターホースはEPDM製だ。

にすぐれ、比較的コストパフォーマンスが高いので、オイルシール、Oリング、ホースに使われる。CVT内のガスケットやボルト締結部のシールにもアクリルゴムを使っている。機械的強度、耐寒性、加工性が悪い性質があるが、これらを改善したグレードも登場している。

⑧フッ素ゴム（FKM）

　フッ素ゴムは、通常フッ化ビニリデン系フッ素ゴムを指し、1950年代にデュポン社で開発された高性能ゴムで、乳化重合でつくられる。耐熱性、耐油性、耐候性、耐薬品性が他のゴムにくらべ著しくすぐれていて、200℃の高温でもほとんど劣化しない。1kgあたり1万円以上もする高価格にもかかわらず、クルマをはじめ機械工業や化学工業で重宝しているゴムだ。クルマでは過酷な条件化にあるOリング、オイルシール、ガスケットなどで活躍する。

⑨シリコンゴム（Q）

　珪素と酸素からなるシキロサン結合（Si-O）という独特の基本骨格を持つ有機化合物シリコンを含有することで、高度の耐熱性、耐寒性、耐オゾン性を持つが、耐摩耗性、引っ張り強さ、引裂き強さが弱点。

　耐熱性については、クロロプレンゴム（CR）、アクリルゴム（ACM）より上位にあり、フッ素ゴム（FKM）に次ぐ。耐油性についてはガソリン芳香族系溶剤に対しては耐性がなく、動植物油にはクロロプレン（CR）と同等の耐油性を示す。力学的性質が悪いのでシールパッキンには不向き。

　それにガス透過性が大きく、熱膨張が大きく、価格もやや高いなどの難点がある。シリコンゴムの発展型でフッ素化シリコンゴム（FVMQ）は、耐油性が高く万能ゴム的性格を持っているので、クランクシャフトのリアオイルシールに使われる。また、ロータリーエンジンのサイドシールにも使われている。

⑩エピクロムヒドリンゴム（CO、ECO）

　エピクロムヒドリンゴムは、耐油性、耐熱性、耐熱老化性、耐オゾン性、ガス透過

性にすぐれている。難燃性があり接着性も良好だが、加工性や機械的強度、軟化劣化性に問題がある。ECOはCOの欠点である低温特性と反発弾性を改良したもの。

耐油性、耐候性、耐熱性を見込まれ自動車の燃料系、潤滑油系、吸・排気系のホースやチューブに使われる。とくにECOは耐寒性が評価されダイヤフラムに使用される。さらに、軟化劣化防止と耐オゾン性向上のためAGE（アリル・グリシジン・エーテル）入りのものが使われている。

⑪ウレタンゴム（AU、EU）

ポリエーテルあるいはポリエステルとイソシアナートの反応で得られる-NHCO-基を持つ化合物をポリウレタンという。そのうち弾性に富んだものはウレタンゴム、弾性の低いものをウレタン樹脂と呼んでいる。ウレタンゴムは、ダンパーのバンプラバー、耐油ブッシュに使われている。

ウレタンゴムは組成的にはきわめて種類が多く、大別すると主鎖がエステル結合のポリエステルウレタンゴム（AU）と、エーテル結合のポリエーテルウレタンゴム（EU）の二つがある。

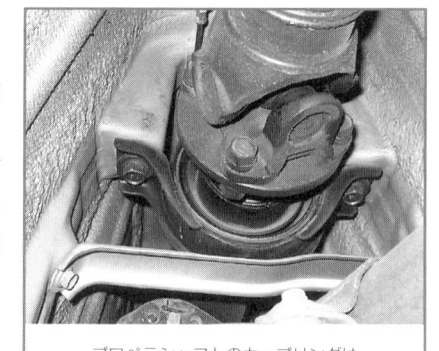

プロペラシャフトのカップリングはNR（ナチュラルラバー）だ。

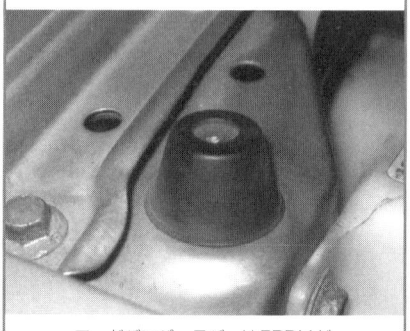

フードバンパーラバーはEPDMだ。

ウレタンゴムは、機械的強度、耐摩耗性が他のゴムに比べ格段にすぐれていて、硬

ゴムの種類

ゴムの種類（略号）	耐熱限界温度(℃)	耐熱安全温度(℃)	耐寒限界温度(℃)
ニトリルゴム（NBR）	120	80	-50
水素化ニトリルゴム（HNBR）	140	110	-30
フッ素ゴム（FKM）	230	200	-15
シリコンゴム（VMQ）	230	180	-50
エチレンプロピレンゴム（EPDM）	140	120	-40
クロロプレンゴム（CR）	110	70	-40
アクリルゴム（ACM）	160	140	-20
ブチルゴム（IIR）	140	110	-40
ウレタンゴム（U）	100	70	-30
クロロスルフォン化ポリエチレンゴム（CSM）	130	100	-30
エピクロルヒドリンゴム（CO、ECO）	130	100	-30
天然ゴム（NR）	80	65	-50
フッ素樹脂［参考］（PTFE）	260	250	-100

さの高い割りには弾性がよく、ニトリルゴム(NBR)程度の耐油性を持っている。
　とくにポリエステル系(AU)は、耐油性にすぐれるが耐加水分解性が悪く、ポリエーテル系(EU)は逆に耐寒性にはすぐれるが耐油性には劣る。ウレタンゴム全体の弱点はその構造上耐熱性、耐水性、耐湿性が低いことだ。

●ゴムの製造法

　ゴムは、金属にくらべやわらかく大きく変形させることができ、力を抜くと元に戻る性質を持つ。このようなゴムは原料ゴムである天然ゴムまたは合成ゴムに加硫剤などの配合薬品を均一に混ぜ、混合し成形してから、高温(150～200℃)で加熱しゴム分子間を架橋(加硫)することでつくられる。
　まず原料ゴムに配合薬品や充填剤を計量し配合し、混連機のなかで混合する混連工程では、ロール機でシート状にされ、バッチオフマンと呼ばれる機械で水または空気で冷却されたのち裁断あるいは連続的に帯状に折り畳まれていく。ゴム練り生地を押し出し機で熱可塑性を与えつつ前方に送り、口金(ダイ)で製品形状に押し出す。この押し出し成形法は、加硫とは別工程で、次に加硫釜に入れ加硫する方法、押し出し成形と加硫を連続しておこなう方法の二つがある。
　もうひとつの成形法は「型成形」で、これは金属製の金型にゴムの練り生地を充填し、プレスの熱板と圧力を利用して成形し加硫する方法。成形と加硫を一度におこなうわけだ。ちなみに、この成形法にもあらかじめ金型を開放して練り生地を充填してから加圧成形するやり方と、閉じた金型に練り生地を射出する二つの手法がある。

●ゴムと樹脂のあいだの物質

　ゴムと樹脂の隙間を埋める物質が熱可塑性エラストマー(サーモプラスチック・エラストマー：TPE)である。その定義は明確ではないが≪常温では加硫ゴム状の弾性を示すが、高温では容易に可塑化され成形可能となる高分子材料≫のことである。1958年、アメリカのグッドリッチ社がウレタン系のTPEをはじめて商品化して以来スチレ

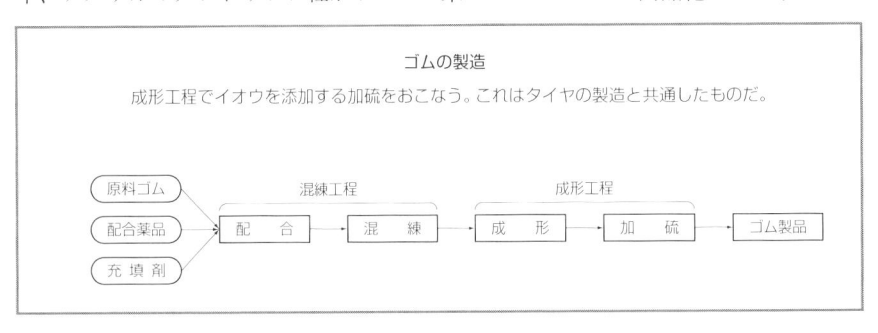

ゴムの製造

成形工程でイオウを添加する加硫をおこなう。これはタイヤの製造と共通したものだ。

原料ゴム／配合薬品／充填剤 → 【混練工程】配合 → 混練 → 【成形工程】成形 → 加硫 → ゴム製品

ン系、オレフィン系などが開発され、現在では10種類以上に及ぶものが商品化されている。自動車部品にとどまらず、電気部品、家電、時計バンド、靴底、スポーツ用品にも及んでいる。

TPEが樹脂ともゴムとも異なる点は、その構造体である。

ゴムの硬さの比較

樹脂は一般的にその分子鎖内にある化学結合単位が2次元的に繰り返しつながっているのに対し、TPEの場合はその分子鎖内にある長さをもった硬い部分(ハードセグメント)とある長さをもった柔らかい部分(ソフトセグメント)の異質のブロックが2次元的に繰り返しつながっている。

R形状部をTPEに、ストレート部を樹脂のPP製にしたエアダクトやレゾネーターが登場している。

ハードセグメントは樹脂に相当し、ソフトセグメントがゴムに相当するといえる。これに対しゴムは本質的にソフトセグメントだけで構成されている。

成形加硫工程でそれまで2次元的であった分子鎖間に化学結合が生じて3次元構造(網目状の構造)になり、再加熱しても溶融しないものとなる。TPEの特徴はゴムとくらべ加硫工程が不要で成形加工面、材料の再利用ができるため経済的だが、逆に高温領域における弾性率の急激な低下や耐へたり性の面で劣る。

第三章　クルマの素材

11.ガラス

　ガラスは透明で傷がつきにくく、熱を加えると自由に成形できるメリットを持つが、ショックに弱く破損しやすいというデメリットを持っている。自動車用のウインドウ・ガラスは、長所を活かしながら、通常のガラスにはない安全性や形状などが追究されている。

　自動車用の窓ガラスには、かなり長いあいだ、ごく普通の「生板ガラス」を厚めに使っていた。現在のクルマの強化ガラスが3.1mm。昔の生板ガラスを1936年製のトヨタAA型乗用車で見ると、約2倍の6mmだったという。同じ面積ならガラスは鋼板などより重いので、これだけでかなりの重量増になっていた。

　トヨタでは1950年ごろまで生板ガラスをクルマに使用している。1955年にデビューした初代クラウンのフロントガラスは平板ガラスのままで、2枚用いて中央に柵を設けて曲面をつくっていた。翌年に登場したクラウンデラックスで曲面ガラスが採用され、フロントガラスは1枚になった。

　板ガラスを熱処理して衝撃強度を高めた「強化ガラス」がデビューし、さらに「部分強化ガラス」が登場したのは1967年ごろ。強い衝撃を受けたときに強化ガラスでは全面破損し視界を妨げるおそれがあり危険。部分強化ガラスはその点、中央部は大きく割

平面ガラスと曲面ガラス

トヨタクラウンスタンダード1955
フロントが平面ガラスのため2枚構成。

トヨタクラウンデラックス1956
曲面フロントガラスだったクラウン。

201

れて視界が確保でき、その周辺部は細かい粒状になって乗員のケガを軽減できる。それまでは、フロントガラスが割れるのは比較的よくあることだった。

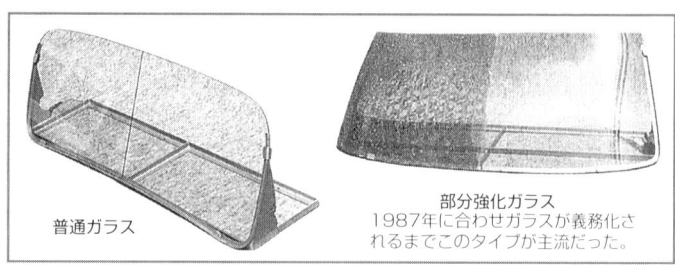

普通ガラス

部分強化ガラス
1987年に合わせガラスが義務化されるまでこのタイプが主流だった。

●合わせガラスや機能付きガラスの登場

　フロントガラスに使われている「合わせガラス」は、1950年代から高級車でまず使われ、1987年にすべてのクルマのフロントガラスに、その使用が義務付けられている。厚み2mm程度の生板ガラス2枚の間にPVB（ポリビニールブチラール）という樹脂をサンドイッチにした安全ガラスで、強度と視認性がすぐれ、割れたときに破片が飛散しない。なお、サイドガラスとリアガラスに使われている「強化ガラス」は、すべて均一の強化型で、ほぼ均一な圧縮応力層で覆われており生板ガラスの3〜5倍の強度だ。強化ガラスの厚みは現在3.1mmが主流だが、たとえばゴージャスなコンパクトカーという位置付けのマツダのベリーサは、厚みを4mmにして外からの透過音を抑え静粛性を高めているし、ディーゼル車のなかには5mm厚以上のものもある。

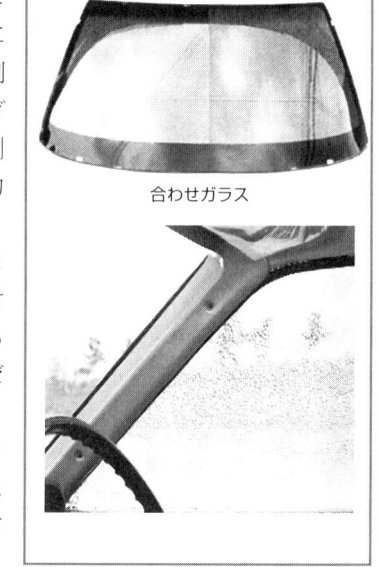

　ごく少数派ではあるがルーフガラス仕様のクルマのルーフには、合わせガラスと強化ガラスの両方がある。合わせガラスは万が一破損しても雨の浸入の心配があまりないが、強化ガラスだとそうはいかない。しかし、合わせガラスだと開閉時の強度上の問題が残るし、穴あけには工夫が必要となる。その点、強化ガラスなら穴あけが容易で、開閉時の問題もない。

合わせガラス

撥水機能付きガラス

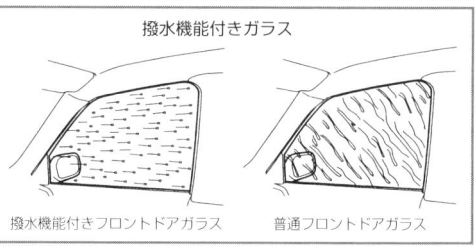

撥水機能付きフロントドアガラス　　普通フロントドアガラス

IRカット機能付きガラス

ウインドシールドガラス断面構造
- ガラス
- 赤外線(IR線)吸収剤
- ポリビニールブチラール中間膜（室内側）
- ガラス

フロントドアガラス断面構造
- ガラス
- 赤外線(IR線)吸収剤コーティング部

セルフクリーニング機能

- チタニア層
- シリカ層
- ガラス
- 大気中の酸素
- 紫外線
- 電子(e−)
- 汚れ(有機物)
- 炭酸ガス CO_2
- 水 H_2O
- 分解

光触媒を利用してドアミラーの汚れを CO_2 と H_2O に分解し除去。マークXに採用されている。

セーフティシールド

- 通常の合わせガラス
- インナーレイヤー（プラスチックフィルム）0.4〜0.5mm

衝突時のガラスの飛散をより防ぐ。

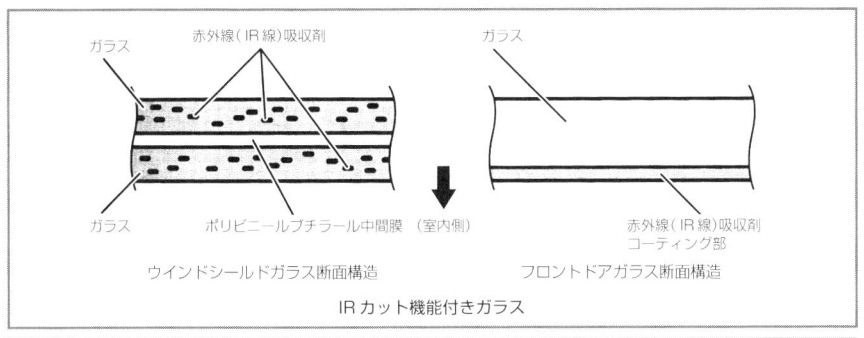

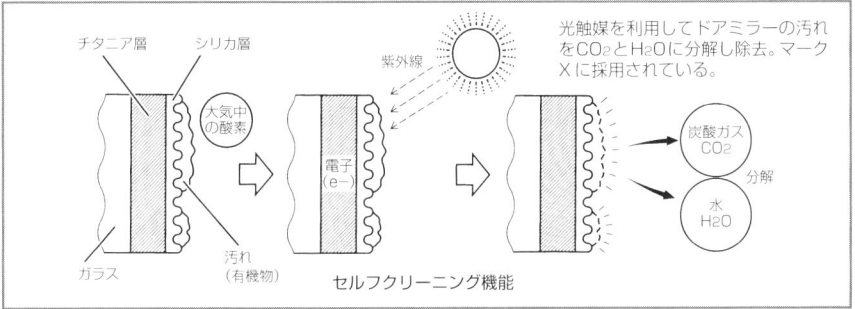

機能付きガラスも近年登場している。

熱線反射ガラス（UVカットガラス）もそのひとつ。ガラスの表面に金属の薄い膜をコーティングしたガラスで、太陽光線の赤外線をカットして、直射日光による車内温度の上昇を抑えエアコンの効きをわずかながらも高める。リアデフォッガー付きのリアガラスは、導電性のインク（発熱体：銅・ニッケルメッキ）をガラスの表面にプリントしたもの。電気を通すと熱を持ち、その熱で曇りや結露を取り払って後方視界を確保する。

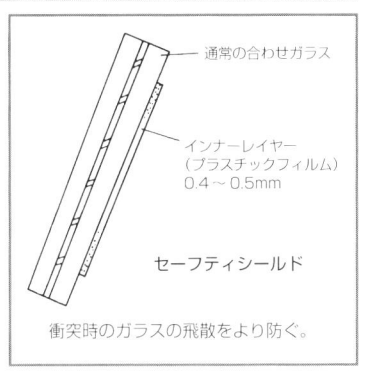

なお、これら無機ガラスとは別に有機ガラスがある。無機ガラスには形状の制約、重いという欠点があるのに対し、有機ガラスは形状の自由度が高く、軽量化が達成でき、しかも種類が多く、今後の発展が見込める世界である。

現在クルマで使われる有機ガラスは、CR-39（ジ・エチレングリコールビス・アクリルカーボネート）、PMMA（アクリル）、PVC（ポリ塩化ビニール）、PC（ポリカーボネート）、PS（ポリスチレン）などだが、これらについては樹脂の項を参照して欲しい。

12. ファインセラミックス

セラミックスというのは、瀬戸物、つまり窯業で生産される製品の総称で、便宜的にオールドセラミックスとファインセラミックスに分けられる。オールドセラミックスというのは粘土、硅砂などの鉱物を原料とするレンガ、陶磁器、ガラスなどの従来からあるもの。

ファインセラミックスというのは、ニューセラミックス、ハイパフォーマンス・セラミックス、エンジニアリング・セラミックスなどとも呼ばれ、鉱物、人工的に合成したチッ化ケイ素、炭化珪素などを原料として生成、焼成したもの。そのなかに耐熱、耐摩耗、耐食性などの機械的特性を引き出したものを「構造用セラミックス」と呼び、電気的特性や工学的な特性を活かしたものを「機能用セラミックス」と呼んでいる。

セラミックスといえば、茶碗やワイングラスのイメージ通り、ひどく脆弱な性質を持っている。ファインセラミックスも固体材料の構造結晶状のため脆弱性を持っているが、そのこととセラミックス材料の優位性である電気的特性とが実は大いに関係している。このことを説明するためになぜセラミックスが脆弱なのかを説明したい。

●セラミックスの脆弱性と特異な特性の関係

物質の結晶構造を調べると、物質を構成している原子の相互に働く原子間力が原子の結合様式に大きな役割を果たしている。この結合スタイルを便宜上「金属結合」、「イオン結合」、「共有結合」の三つに大別する。

金属結合の構造は「方向性がなく極めて多い配置と大きな密度の構造」で、イオン結合は「方向性がなく、配置の多い構造」、さらに共有結合は「空間的には方向性を持ち、結合数には制限があり、配置の少ない密度の小さな構造」とされる。

そこで金属材料は、金属結合という自由度の高い結合で成り立ち、その結果単純な対称性のよい結晶構造をとるのでスベリ面も多く塑性的性質を持つ。しかも、金属結合

用途別ファインセラミックスの世界	
・絶縁体	スパークプラグ、ICの基板
・半導体	ガスセンサー、太陽電池、発信素子
・導電体	サーミスタ、超電導部品
・機械部品	工具、精密機械部品、ポンプ部品
・磁性体	磁気ヘッド、モーター、磁気記録体
・誘電体	コンデンサー、ノイズフィルター、オーディオ部品
・圧電体	着火素子、水晶発振子、スピーカー、圧電フィルター
・光学用部品	光ファイバー、レーザー発振子、光コネクター
・生物部材	人工歯、人工骨、光触媒

は自由電子を持つ結合様式なので電気的に良導体となる。

　これに対しセラミックスの場合は、イオン結合と共有結合により成り立っている。イオン結合はプラスとマイナスにそれぞれ帯電したイオンのあいだに動く静電的な引力により成り立ち、構成イオンの電荷と大きさによって結晶構造が決まる。共有結合は原子同士が互いに電子を共有することで成立する。この2種類の結合スタイルを持つセラミックスは強固で自由度も少ないため硬く、融点も高くなる材料で、脆弱性を持つことになる。

　ファインセラミックスは、目的により単結晶、多結晶焼結体、粉体、薄膜、繊維状などの形状で用いられる。具体的には水晶発振子に用いる場合は水晶の単結晶から切り出してつくり、研磨剤や蛍光体の場合は粉体をもちいる。IC基板の絶縁膜は蒸着などの方法がとられている。だが、大部分のファインセラミックスは粉体の焼結で得られる多結晶焼結体でつくられる。

　そこで、その製造プロセスは、主原料と副原料を粉砕し、混ぜ合わせ、バインダー（接着剤）と溶媒などを加え流動性と保形性を与えたのち成形。成形したものを焼成すると焼結体となる構造に変化し、この間に約20％近くが収縮する。あらかじめその収縮ぶんを見越して成形するのはこの理由からだ。その後、穴あけなどの機械加工をおこない加熱しバインダーを発散させる。スパークプラグのガイシもこの手法がとられている。なお、成形には、金型プレスが用いられたり、ゴム容器に入れて成形したり、パイプなどは押し出し成形だが、フィンなどの3次元の複雑な形状の場合は鋳込み成形や樹脂成形でよく用いられる射出成形でおこなうケースもある。

●意外に多いクルマでの使用例

　強度、耐衝撃性、耐高温安定性など総合的にすぐれた材料にするために、アルミナ（Al_2O_3）など酸化物系のセラミックスが自動車では使用される。アルミナセラミックスは、ハイブリッドIC基板、つまり基板の絶縁体などカーエレクトロニクスを支える大切な役割を果たしている。この耐摩耗性を活かしてウォーターポンプのメカニカルシールにも活躍している。アルミナセラミックスをカーボンと組み合わせて軸受部のシーリングに採用することで、無潤滑シール部のシール性と耐久性を高めている。

　こうした部品が成立するには、セラミックス材料の摩擦、摩耗などの検討やセラミックスの保持方法に苦心の歴史がある。

　アルミナとシリカ繊維のハイブリッド素材として触媒コンバーターのケースを包み保温

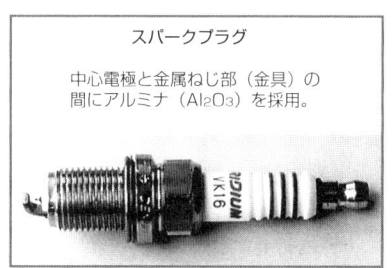

スパークプラグ
中心電極と金属ねじ部（金具）の間にアルミナ（Al_2O_3）を採用。

と断熱の役目を果たすために使用されている。

アルミナと同じ仲間の酸化物系セラミックスに、ジルコニアセラミックスがある。分子記号でいうとZrO₂である。これは2500℃以上の高融点で、耐食性にすぐれ、しかも低熱伝導性のため遮熱的用途に適している。純粋なジルコニアは1000℃付近でマルテンサイト型の相転移があり、体積変化が起きるため、Y₂O₃(酸化イットリウム)などを添加し結晶を安定させて使われる。このジルコニアの両面に白金電極を設け一面を排気管中にさらし、他面を大気中において酸素濃度差によって起電力を発するのがO₂センサーである。このO₂センサーの信号で燃料噴射量をコントロールする。

触媒のモノリス単体を構成しているファインセラミックスに「コーデュライト」というのがある。これは酸化マンガン、アルミナ、それに酸化ケイ素で構成されたセラミックスでMASとも呼ばれる。低熱膨張性と耐熱衝撃性にすぐれた材料。高温にさらされる触媒コンバーターの中で白金などの触媒を保持し、触媒反応をおこなわせる。ハニカム形状の構造体にすることで排出時の抵抗も少なく都合がいい。

温度特性を最適に活用するファインセラミックスがPTCとNTCである。

PTCというのは、ポジティブ・テンパラチャー・コエフィシエント・サーミスタ(Positive Temperature Coefficient Thermistor)の略で、正温度特性サーミスタのこと。この特性を持つ代表的なセラミックスとしてチタン酸バリウム(BaTiO₃)を主原料とした半導体磁器がある。ある温度に達すると正温度特性を持った感熱抵抗素子で過電流の流れすぎによる過熱を防ぐのに適し、具体的にはブロアモーターの過電流防止レジスターがポピュラーだ。

NTCというのは、ネガティブ・テンパラチャー・コエフィシエント・サーミスタ(Negative Temperature Coefficient Thermistor)の略で、負温度特性サーミスタのこと。温

コンデンサー
基板内のコンデンサーには誘電性の高いチタン酸バリウムセラミックスを採用。
コンデンサー

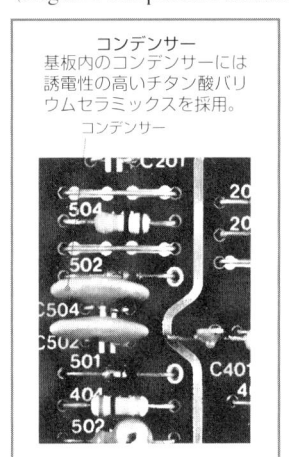

IC基板
ICの絶縁基板はアルミナ(Al₂O₃)だ。

モーターコア
スターター、ワイパーモーターなどに不可欠のモーターコアは、強磁性体フェライト(Fe₂O₃・Mn₂O₃)を採用。

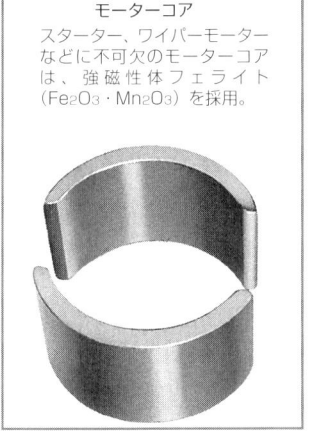

度上昇によって抵抗値が大きく下がる負温度特性を持ち、PTCとは真逆の性質。NTCサーミスタは具体的には触媒コンバーターが1000℃近くになると警告灯を点灯して危険を知らせる「排気温度センサー」、エンジンの冷却水温を検知し、その信号をエンジンやミッションに送り最適制御をおこなう「水温センサー」、それにドライバーにタンク内の燃料が少なくなったことを知らせる「燃料残量警告灯」に、このサーミスタが活躍する。燃料タンク内にNTC素子を設置して、燃料が減少して素子が空気に触れると燃料による冷却効果が失われ、素子の温度が上昇することで回路内の抵抗が小さくなり、大電流が流れ警告灯が点灯する。

●ピエゾ効果もファインセラミックス

　圧電効果をさまざまなセンサーに活用しているPZT(Lead Titanate Zirconate)というファインセラミックスがある。これはチタン酸鉛($PbTiO_3$)とジルコン酸鉛($PbZrO_3$)の二つの成分系のセラミックスである。PZTは化学式Pb(Zn、Ti)O_3の頭文字をとったもの。これは圧電効果(ピエゾ効果ともいう)を持ち、その結晶にヒズミが加わると圧電気が発生する。この電気のことをピエゾ電気という。逆に圧電効果を持つPZTに対し電場を加えるとヒズミが生じる。

　これを逆圧電効果あるいは逆ピエゾ効果と呼んでいる。この効果を活かしたのがガソリンエンジンのノッキングを検知するノックセンサー。ノッキングによる機械的な振動が加わると、それに応じた起電力が発生し、その信号をコンピューターに送り点火タイミングを遅角してノッキングを止める。次いでコンピューターが点火時期を進めるとまたノッキングが起き遅角する。とくにターボエンジンには欠かせない装置だ。

　この圧電素子を使ったものに「電子ブザー」がある。これは電圧をかけると機械的に振動するPZTセラミックスの圧電特性を利用して、小型で軽量の電子ブザーが実現。電磁石などのコイルを必要としないので耐久性にもすぐれている。運転席回りにセッ

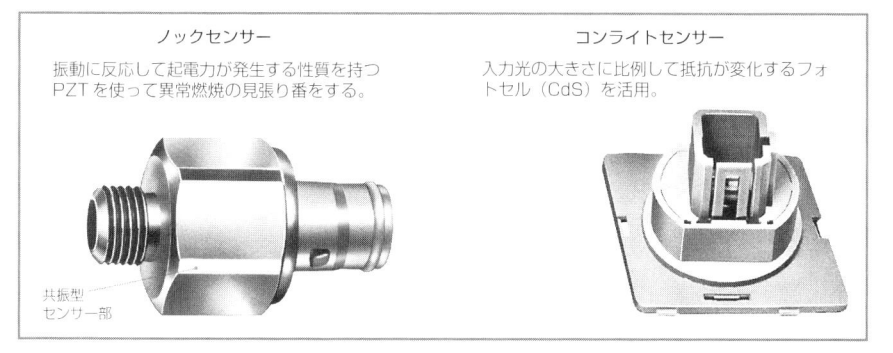

ノックセンサー	コンライトセンサー
振動に反応して起電力が発生する性質を持つPZTを使って異常燃焼の見張り番をする。	入力光の大きさに比例して抵抗が変化するフォトセル（CdS）を活用。

共振型センサー部

トされている速度警告ブザーがこれである。また、バックソナーセンサーとして、車両後退時に後方の障害物を感知するセンサーにPZTの圧電特性を活用している。

このほか、クルマの世界で活躍するファインセラミックスとしては、トンネルに入るとヘッドライトが自動的に点灯する「コンライトセンサー」がフォトセル（CdS）というファインセラミックスだし、電流を光に変換する発光特性を持つLED（ライト・エミッティング・ダイオード）を使ったタコメーターもファインセラミックスの仲間である。

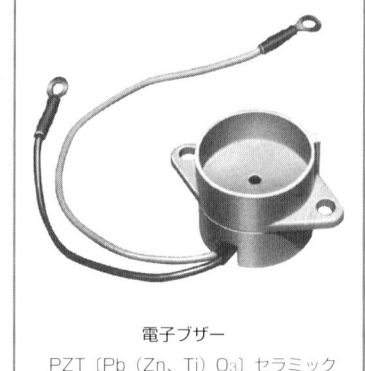

電子ブザー
PZT〔Pb（Zn, Ti）O_3〕セラミックスの圧電特性を活かした電子ブザー。

セラミックスは、排気ガスのクリーン化になくてはならない触媒の領域にまで進出している。

ダイハツのオリジナル（トヨタ車にも使われてはいるが）である「スーパーインテリジェント触媒」がその例だ。白金、ロジウム、パラジウムの使用過程での劣化を防ぐ世界が注目する触媒である。ガソリンエンジンは通常最適な燃焼を維持するために酸素センサーを使い空燃比をつねに監視し調節している。この結果、排ガスは1秒間に数回の頻度で酸素過剰と酸素不足の状態を繰り返している。ダイハツのスーパーインテリジェント触媒は、排ガス内の酸素過剰と不足に呼応して酸素不足には金属イオンが結晶から出て金属ナノ粒子（10億分の1ミリ）を形成、酸素過剰時には結晶内に戻るという出入りを繰り返し、貴金属である触媒の劣化（貴金属の肥大化による浄化性能の低下）を防ぐというもの。

この特殊な結晶構造がまさにペロブスカイト型のセラミックスというわけだ。通常の触媒は金属に担持させているが、これはセラミックスに担持させているカタチ。この新触媒システムは大型放射光設備スプリングエイトの放射線Xを利用し原子レベルから解析。英国の科学雑誌Natureで紹介されるなど注目され、クルマの触媒のスタンダードになると思われる。

ちなみに、ホンダの2.2リッターディーゼルで使われるアメリカ排ガス規制Bin5をクリアしたNOx浄化システムもこれに似たセラミックスを採用している。

13.複合素材

　自動車やバイクに限らず機械や電気製品、航空機などをつくり出す材料の3大要素は、金属材料、無機材料、有機材料だ。20世紀の中ごろまでは、こうした基本素材はそれぞれ単独で成立したものであった。これらを二つ以上組み合わせることで、従来の素材では創出できなかった革新的な材料が、いわば「高度な人工物質」ハイブリッド材料、あるいは複合材料と呼ばれるものである。

●FRPとCFRP

　ハイブリッド素材の代表選手が、FRP(ファイバー・リンフォースド・プラスチックス)である。樹脂は軽量ではあるが、弾性率が低く構造用材料としては適していない。そこで、グラスファイバーのように弾性率の高い物質とブレンドすることで、軽量で強度の高い材料が出来上がる。この場合、樹脂が母材(マトリックスという)で、グラスファイバーは補強材である。

　グラスファイバーというのは、無機ガラスを溶融して牽引し繊維状にしたもの。ちなみに、グラスファイバーを綿状あるいは板状に加工した耐熱断熱材がグラスウールである。グラスファイバー自体はハイブリッド素材ではない。

　マトリックスが不飽和ポリエステルなどの熱硬化性樹脂の場合にはGRP(グラスファ

複合材料の分類と組成

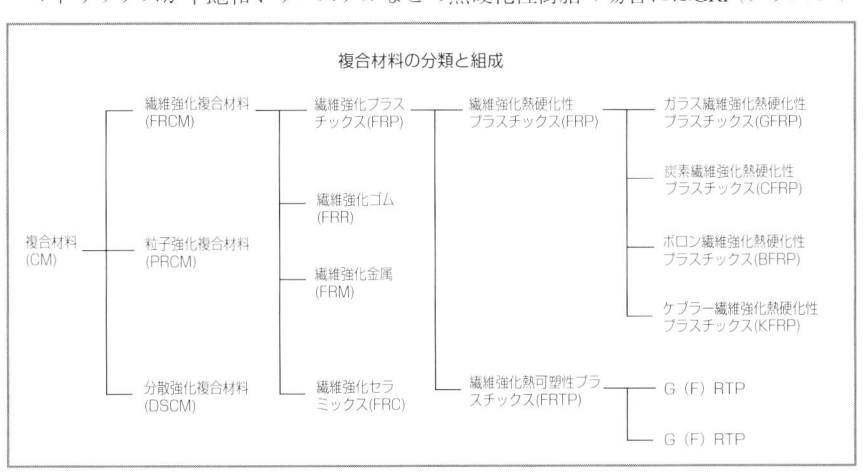

複合材料(CM)	繊維強化複合材料(FRCM)	繊維強化プラスチックス(FRP)	繊維強化熱硬化性プラスチックス(FRP)	ガラス繊維強化熱硬化性プラスチックス(GFRP)
				炭素繊維強化熱硬化性プラスチックス(CFRP)
				ボロン繊維強化熱硬化性プラスチックス(BFRP)
				ケブラー繊維強化熱硬化性プラスチックス(KFRP)
		繊維強化ゴム(FRR)		
		繊維強化金属(FRM)		
	粒子強化複合材料(PRCM)			
		繊維強化セラミックス(FRC)	繊維強化熱可塑性プラスチックス(FRTP)	G (F) RTP
	分散強化複合材料(DSCM)			G (F) RTP

複合素材のベースとなるグラスファイバーは用途が広い。

ガラス原料

溶解炉

加熱　フィラメント

ストランド

巻き取りドラム

ガラスの原料を溶かし繊維状にしたのがグラスファイバー。引張強さが強く、融点は700℃以上。

イバー・リンフォースド・プラスチックス)と呼び、熱可塑性樹脂の場合はGRTP(グラスファイバー・リンフォースド・サーモ・プラスチックス)もしくはFRTP(ファイバー・リンフォースド・サーモ・プラスチックス)と略することもある。

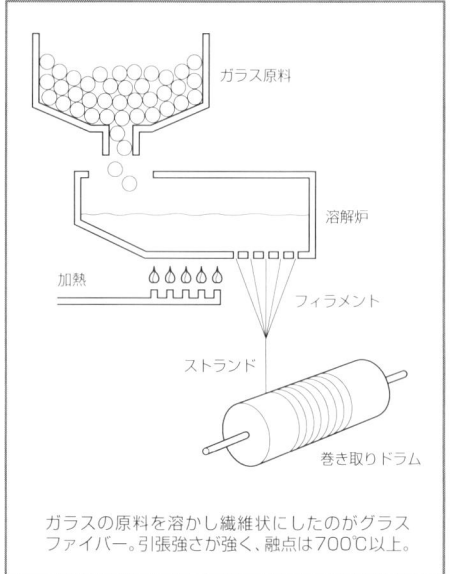

　強化用繊維としてはガラス繊維(グラスファイバー)がコストも安く強度も確保でき一般的であり、自動車用の樹脂部品にはここ数年ずいぶん使われている。熱可塑性樹脂の不飽和ポリエステルをマトリックスとしてグラスファイバーを強化用繊維とする自動車部品はオーバーフェンダー、ルーフ、マッドガードなどがある。
　同じ熱可塑性樹脂のウレタンを使った製品はサンシェードなどがあり、フェノール樹脂ならヒートインシュレーター、タイミングギア、プリント配線板などがある。熱可塑性樹脂のナイロンとの組み合わせでラジエタータンク、クラッチマスターシリンダー、パワステのリザーバータンクなどがある。PP(ポリプロピレン)樹脂との組み合わせ製品ではタイミングベルトカバー、ファンシュラウド、バッテリートレーなどがある。
　強化用繊維としては、炭素繊維、アラミド繊維(ケブラー)などがあるが、これらはコストが高く、今のところ量産型のクルマの部品としてはほとんど使われていない。自動車に比べコスト意識のあまり高くない航空機やジェット機の世界では、軽量化の大きな決め手として炭素繊維やケブラーを強化繊維にしたハイブリッド素材が活躍している。趣味性が高く価格を比較的高く設定できるヨット、釣具、ゴルフ用品、テニスラケットの世界でも、こうした高付加価値のハイブリッド素材が活躍している。
　フェアレディZやスカイラインなどごく一部のクルマに使われているカーボンコンポジット(CFRP：カーボン・ファイバー・リンフォースド・プラスチックス)製の部品

として、プロペラシャフトがある。重量が従来の鋼管の約半分で済み、しかも衝突時に衝撃エネルギーを吸収しながら破損するので、乗員への衝撃力が大幅に緩和できる。部品点数が少なく組み立て工数低減・経費削減が期待でき、疲労強度が高いので安全性も向上するなどの利点がある。プラットフォームに、フード、インパクトビーム、ルーフ、トランクリッドなどCFRPにすれば大幅な軽量化になるという。

成形方法は、型に繊維骨材を敷き、硬化剤を混合した樹脂を脱泡しながら多重積層していくハンドレイアップ法やスプレイアップ法のほかに、あらかじめ骨材と樹脂を混合したシート状のものを金型で圧縮成形するSMCプレス法などがある。

●FRM

FRMというのは繊維強化金属(ファイバー・リンフォースド・メタル)のことで、MMC(メタル・マトリックス・コンポジット)とも呼ばれる。強力な繊維で補強した金属複合材料をいい、一般的な単一素材にくらべ軽量で高強度、高剛性を得られるとして1959年に銅のタングステンによる強化がスタートし、その後1970年代から本格的な研究がおこなわれ、宇宙開発、航空機などに使われ、自動車でもごく一部の部品に採用されている。

FRMの主要目的はアルミニウムやマグネシウム、チタンといった軽合金母材の補強、耐熱性向上、それにある種の機能性を付加するというものだ。軽合金の補強としては炭化ケイ素繊維、炭素繊維、ボロン繊維、アルミナ繊維が使われ、スペースシャトルなどの宇宙機構造機材、ジェットエンジン部品、ゴルフクラブなどに使われる。耐熱材料の繊維としてはタングステン、ニブル、炭化ニブルなどで、ジェットエンジンの動翼や高温のガスタービン動翼に使われている。

クルマの世界では、アルミ合金を母材(マトリックス)にしてアルミナ系繊維を混ぜ合わせてつくったコンロッドが期待されている。高速運動部品の軽量化は他の部品への波及効果が大きく、燃費、出力、応答性の向上ばかりでなくNV(ノイズとバイブレーション)の低減にもつながるとされる。

FRMを採用したのは、トヨタの副式燃焼室を持つクラウンやハイエースの心臓部となっていた、やや旧い2L-T型ディーゼルエンジンのピストンである。これはピストンのトップリングのグルーブ(溝)部にリング受けとしてアルミ合金を母材にしてアルミナ・シリカ繊維を複合させたFRM。セラミックスファイバーとアルミ合金の特性を活かし熱膨張を抑えてピストンとシリンダーのクリアランスを確保、耐焼き付き性を向上させる。

さらに、熱伝導性を活かし冷却性も確保している。低騒音、低燃費化、オイル消費の低減、出力アップとなったという。ちなみに、このFRMは、密度$3.3g/cm^3$と鋼の半

分以下、ヤング率(たて弾性係数：材料のひずみにくさの数値)は22,000kg/mm²と鋼(21,000kg/mm²)よりやや高い。

FRMはすぐれた特性を持っているが、課題としては製造法が未確立であり品質のバラツキが大きく、製造コストが高い、強化繊維のコストが高く強度もバラツキが出る、非破壊検査法が未確立で品質保証が難しいなどがあり、今後工業製品として進化する余地がある。

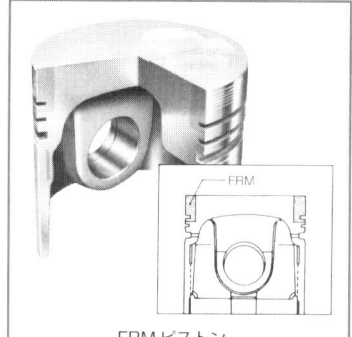

FRMピストン
FRMつまり繊維強化金属はディーゼル用ピストンのトップリング溝の耐摩耗用「耐摩環」として80年代から採用されている。

FRMコンロッド
アルミナ系繊維とアルミ合金のハイブリッド材の繊維強化金属製コンロッド。軽量だが実用化には成形性、コストのハードルがあるようだ。

●ケブラーの複合材

アラミド繊維ケブラーは、1972年に開発された芳香族ポリアラミド繊維に付けられたデュポン社の登録商標。アラミド繊維は引っ張り強さは炭素繊維と同程度、弾性率はガラス繊維の2倍程度、比重が小さいため積層品の比強度(密度あたりの強度)は、他の材料を圧倒する最高の値を示す。このすぐれた比強度の特性が注目され、海洋や宇宙気象関係で長いケーブル類に多用されている。取扱いが楽で小型化・軽量化され、しかも経済的システムが可能で、スチールロープに比べ約80%の重量軽減ができ、とくに水中では約90%以上の重量軽減が実現できる。

内部にケブラーベルトを使ったタイヤ。路面追従性、衝撃吸収性だけでなく、ばね下重量軽減にもプラス。

タイヤにもこのケブラーが重宝がられている。タイヤベルトやカーカスに入れるスチールの代替品として大活躍。ケブラーは柔軟でゴムと一緒に曲がるため高級車や大型タイヤ、レーシングカーのタイヤに使われる。ちなみに、トラックタイヤにこのケブラーを使うことで約9kgも軽量化できるデータもあるほど。

ケブラーは、樹脂の補強材として、つまり樹脂とのハイブリッド素材としても航空機の内装、トリム、フェアリングに使われているが、クルマの世界ではタイヤ以外ではまだほとんど見かけない。

14.植物由来の樹脂部品

　産業革命以来のCO_2の発生量増大で、われわれが住む"地球丸"が環境ピンチに立たされている。自動車は使用中だけでなく、製造時、排気時にもCO_2を発生する。できる限りCO_2の発生を抑制したい。そんな思いで、登場した植物由来の樹脂。三菱自動車が開発し近々市販車に採用される竹をベースにしたトリム(内張り)、およびトヨタの植物性樹脂について解説する。

　先進国の温室効果ガス排出量を法的拘束力のある数値目標を設定した≪京都議定書≫は、目標期間2008〜2012年のあいだに日本で6%削減、EUで8%、アメリカで7%それぞれ削減するというもので、全体で少なくとも5%の削減を目指している。

　いわば待ったなしのCO_2削減対策に、自動車メーカーも「植物由来の素材をクルマの内装材や部品に採用できないか」という発想から、ダイムラーベンツではココナッツやし繊維を使ったヘッドレスト、シートのクッション、パイナップル系の繊維を活用したVW、ケナフ繊維を活用したトヨタ・ラウムのフロアマットなど徐々にではあるが環境にやさしい素材が登場しつつある。三菱自動車でも、植物由来の原料から製造可能な樹脂であるポリブチレンサクシネート(PBS)に竹の繊維を組み合わせたクルマの内装材を開発している。

●グラスファイバー並みの竹の引っ張り強度

　竹、英語でいえば≪バンブー≫である。30〜40年前の日本は、竹を使ったさまざまな製品が手に入った。うちわ、物干し竿、箸、行李、和傘などの多くはプラスチックに置き換えられてしまった。

　1980年代の日本における竹の生産はここ20年で約1/4から1/5に激減しているという。

天然繊維の特性

種類	密度 (g/cm^3)	引張り弾性率 (GPa)	種類	密度 (g/cm^3)	引張り弾性率 (GPa)
大麻(Hemps)	1.50	12.7	竹	0.9〜1.20	21〜38
亜麻(Flax)	1.30	13〜26	孟宗竹	1.20	21.1
黄麻(Jute)	1.50	19〜35	バナナ	1.35	27〜32
ケナフ	1.50	15〜37	ココナッツ	1.45	13.7
サイザル麻(Sisal)	1.45	16〜37	綿	1.50	11
苧麻(Ramie)	1.50	−	ガラス繊維	2.50	70

(出典:生分解性樹脂の土壌生分解とバイオマス繊維との複合化　京都市産業技術研究所工業技術センター　北川和男)

竹林

自然循環によるカーボンニュートラル

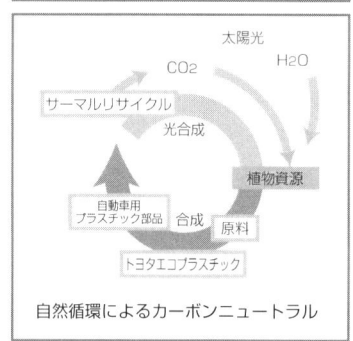

かつてはごく身近な存在だった竹が、いつの間にか遠い存在に変わっている。そして、メンテナンス(養生)不足で、地中深く、広く広がった竹の根っこの悪いイメージだけが残像として日本人の眼底に映し出されているのかもしれない。

自動車メーカーのみならず容器メーカーや家電メーカーが植物由来の樹脂の開発に力を入れているのは、それらが「カーボン・ニュートラル」と呼ばれるからだ。炭素と酸素の化合物である二酸化炭素を循環させてCO_2を増やさないという意味だ。植物は光合成によって大気中のCO_2を吸収して育つため、これをプラスチックにして使用して使用後に仮に燃やしたとしても、もとの生態系にあったもので、差し引きゼロで排出量の増加にはならない。京都議定書でもこうしたCO_2は排出にカウントされないのである。

植物由来からつくる樹脂のことを三菱ではグリーン・プラスチックと呼んで、2003年ごろから開発に取り組んでいる。クルマの内装材や部品に使えそうな天然繊維には、大麻、亜麻、ケナフ、サイザル麻、竹、バナナ、綿と10以上もあるが、ガラス繊維とほぼ同じという高い引っ張り強度、生育力、入手しやすさなど量産を念頭にした場合、竹がいけるとターゲットを絞り込んだという。

エンジンカバーをはじめナイロンにグラスファイバーを混ぜ合わせているのは、引っ張り強度を高めるためだ。材料表示でいえば＞PA6＋GF＜という。PA6はナイロン6であり、GFというのがグラスファイバーである。グラスファイバーの代わりとして竹の繊維に白羽の矢が立ったわけだ。

竹には、真竹、孟宗竹、シナ竹、黒竹など日本だけでも600種類、世界では1800ほどの種類がある。一般的に竹は3年で成長が完了し、比較的安定供給が可能。隅に追いやられている竹文化が、これで復活する可能性もあるが、実際には大量に供給できるとして三菱では中国に原材料を求めている。中国ではかつての日本以上に竹文化が盛んで、竹を軸にした産業が確立している。

この竹の繊維と、ポリブチレンサクシネート(PBS)を混ぜ合わせ、つくり出した三

第三章　クルマの素材

菱のグリーン・プラスチック。PBSは、カルボン酸のひとつの琥珀酸と呼ばれる生物界にたくさんある物質とブタンジオールを主成分とする植物由来の樹脂。ポリ乳化(PLA)にごく近いもので、トウモロコシやサトウキビの糖分を微生物で発酵させ、触媒を使い重合(化学合成)してつくる。

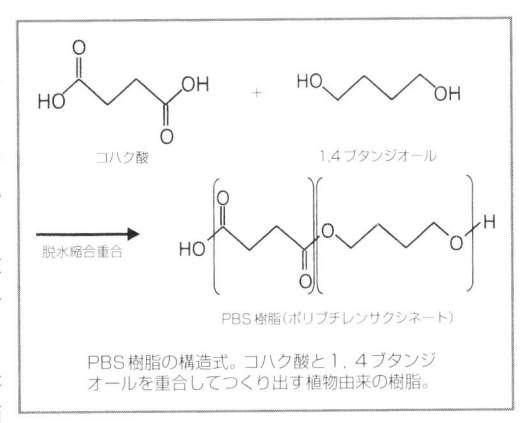

　竹自体の加工としては、竹の長さをそろえ→縦に割り→表裏の節を削り落とし→ロールでつぶし→解繊維機で繊維状にする→乾燥させる。この竹繊維とPBS樹脂をブレンドして、加熱プレス成形し、最後に端末をトリミングし、穴あけ加工などを施し完成となる。

　配合の比率、配合の方法、プレスの温度、時間などさまざまなモノづくり上のマトリックスを研究し実証するのに約2年もかかったという。

　クルマの内装材では道路運送車両法の保安基準の第20条に厳しく難燃性のレギュレーションが設けられている。竹や木材は、燃えにくい性質を持っているということで、一般に表面が炭化することで深部に酸素が届かずに内部が燃焼しづらいので問題はなく、日本やアメリカの安全基準をパスしたという。

　この竹と植物由来のPBS樹脂でつくり上げたトリムは、三菱自動車のコンパクトカーのリアゲートのトリムとして登場する。この植物由来の内装材は、CO_2の削減に貢献するだけでなく、室内のニオイ、VOC(揮発性有機化合物)が極端に減少するという予期せぬプラス効果があるということだ。従来からある木材チップとフェノール樹

PBS樹脂の構造式。コハク酸と1,4ブタンジオールを重合してつくり出す植物由来の樹脂。

これがPBS樹脂と混ぜる前の竹繊維。まるで緩衝(梱包)素材と同じ感触だった。

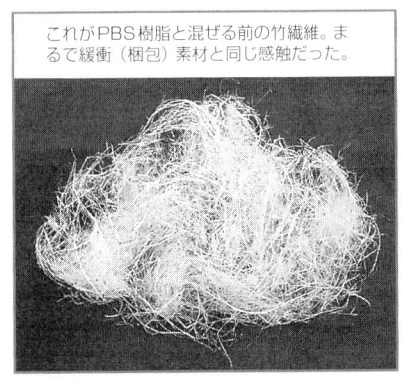

竹繊維PBSトリムのCO_2発生量を従来材料であるPP(ポリプロピレン)と比較すると51%の削減である。

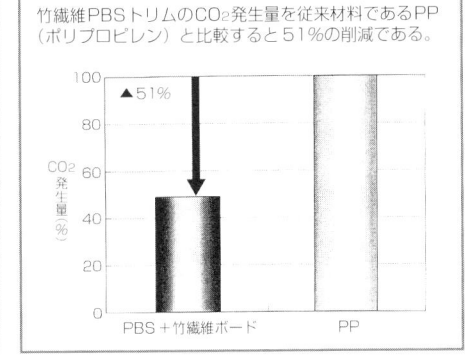

215

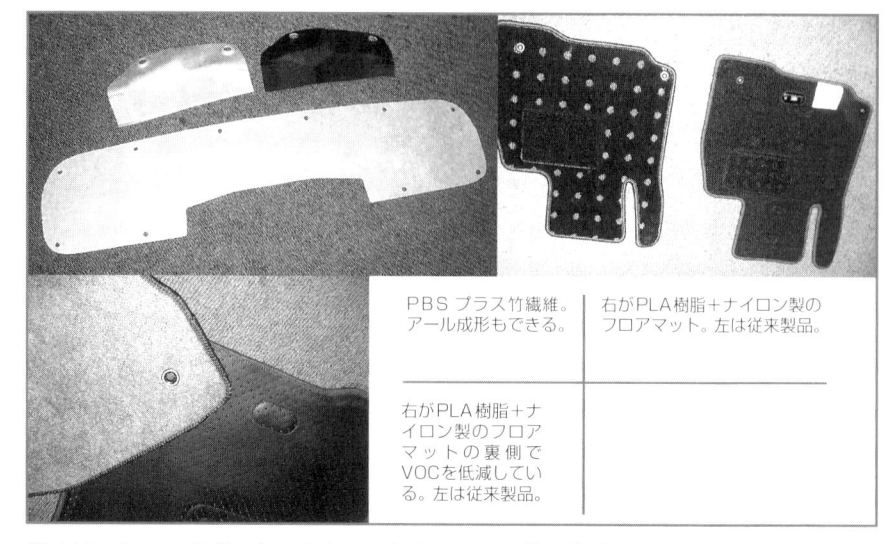

PBS プラス竹繊維。
アール成形もできる。

右がPLA樹脂＋ナイロン製の
フロアマット。左は従来製品。

右がPLA樹脂＋ナ
イロン製のフロア
マットの裏側で
VOCを低減してい
る。左は従来製品。

脂を使ったハードボードにくらべてもはるかにギ酸、酢酸などVOCの量が少なく、99％も削減しているという。ちなみに、PBSには接着剤(バインダー)の役割もあるので、フェノール樹脂などのVOCの原因となる物質を使わなくてもいいのが強み。

さらに、従来のPET繊維にフェルトを張る場合、ゴム糊が使われていたが、PBS樹脂の場合熱を加えるだけで表面が溶け接着の役割をするので、ゴム糊の使用もない。なお、三菱自動車では、グリーン・プラスチックの第2弾として、植物由来のフロアマットの製品化も進めている。

PBS同様植物由来の原料から製造するポリ乳化樹脂(ポリラクティックアシッド：PLA)繊維にナイロン樹脂繊維(ポリアミド：PA6)を重量比1：1の割合で混ぜ合わせ十分な耐久性を確保したフロアマット。繊維会社の東レと共同で開発した製品で、フロアマット表面のパイル部に使用している。原料から廃棄までのライフスタイル全体での二酸化炭素の排出量を試算すると、ナイロン繊維主体の従来品に比べ、およそ4割のCO_2削減だという。なお、このフロアマットは、接着剤をもちいず表面層と裏打ち層を張り合わせることでVOC発生も従来品にくらべ5割以上の削減をしている。しかも多少軽量化されている。

●トヨタで開発する植物由来の樹脂

PLA繊維は、トヨタが一足先に同じく天然繊維のケナフと均一に混ぜ、熱成形した硬質ボードをラウムの内装のトリムとして採用している。ケナフというのは、日本ではほとんどなじみがないが、インドネシアやベトナムではポピュラーな紙と布の原料

でインド原産。アオイ科のハイビスカス属の1年草で6月ごろに種をまくと半年ほどで3～4m、茎の太さが2～5cmに成長する。

トヨタでは、これを東南アジアで栽培している。PLA繊維は、もともと加水分解しやすく熱に弱いという欠点を持っていたが、配合比、圧縮方法、加熱方法などの生産手法を巧みに組み合わせることで、従来の製品の性能を維持しながら植物由来の製品に置き換えることができたのである。

トヨタ自動車は島津製作所からポリ乳酸事業を買収し事業化を進め、現在年間100トンの生産能力だとされる。今後量産化技術の確立と品質確保を向上させ年間1000トン規模の実証プラントを2005年の5月に立ち上げている。「トヨタエコプラスチック」という商品名で、自動車部品だけでなく食品トレー、ハンガー、ペンケースなど汎用樹脂製品への応用と展開も視野に入れている。

フロアマットや室内トリムに使われている理由は、耐熱性や耐衝撃性がこれまでのPP（ポリプロピレン）などの樹脂部品とくらべやや劣るからだと思われる。夏季昼間野外に放置したクルマの各部の最高温度は60～70℃、インパネ上面にいたっては90℃に達する。ポリ乳酸の耐熱温度はいまのところ55℃程度であり、PPの120℃に比べると大きな開きがある。耐衝撃性能についてもPPにくらべおよそ1/3～1/2と低い。このあたりの課題を克服すれば、今後植物由来の樹脂部品の拡大が図れるはずだ。

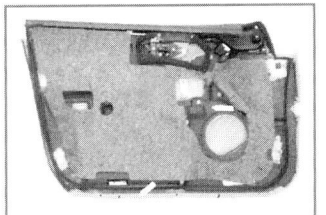

天然素材ケナフを使ったドアトリム。

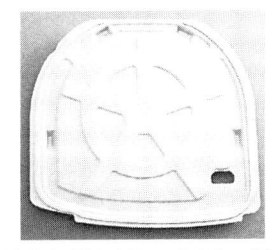

さとうきびやトウモロコシからつくられたポリ乳酸。これをケナフと複合化しつくったスペアタイヤカバー。

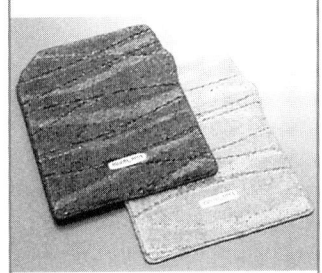

上記と同じ素材のフロアマット（ラウム用）。

15. ブレーキ用摩擦材

　これまでブレーキのパッドにしろライニングにしろ摩擦材の中身は、トップシークレットだった。ブレーキメーカーや関連企業のノウハウとして機密事項であり続けてきた。ところが、いまは自動車用摩擦ブレーキ材料は、従来から重要視されてきた摩擦特性、振動特性だけでなく、安全性、環境問題への対応、国際標準化への対応などさまざまな問題をクリアしなくてはならず、そのためにはより正確な技術情報のオープン化が不可欠になってきている。ブレーキのメカニズムとブレーキ用の摩擦材は互いに影響を受けあって開発され、進化してきている。摩擦材の歴史をたどることはブレーキシステムの歴史をなぞることにもなるわけだ。

　いまや博物館でないと見ることができない、ハンドブレーキの摩擦材としては、やはり例のアスベスト（石綿）が主人公だった。アスベストに樹脂を含浸させたタイプ、ゴムと混ぜ合わせたタイプ、さらにはアスファルトを含ませた製品などさまざまな摩擦材が登場しているが、つねにアスベストが中心だった。アスベストは、耐熱性、耐薬品性にすぐれているため建材だけでなく、100年以上もの長きにわたり、摩擦材の主成分として使われてきた。

　だが、発がん性物質であることが判明してその使用が規制されてきた。日本の自動車業界ではアスベストは1992年以降自主規制で使用を控えてきたが、2004年10月以降は全面禁止となっている。

これがアスベスト（石綿）の原石「蛇紋石」でカナダ産だ。手前は井関農機のアスベスト製ライニング。

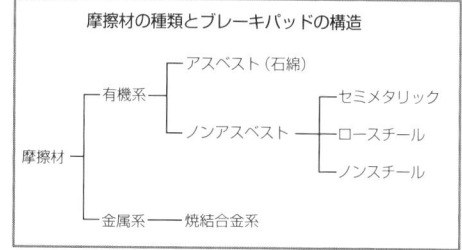

　いまや過去の産物になった「アスベスト系の摩擦材」は、アスベストを主成分にして各種摩擦調整材と潤滑材をフェノール樹脂を結合材として熱成形した複合材である。熱伝導率が低く、後ででてくるセミメタリック系の摩擦

摩擦材の種類とブレーキパッドの構造

```
                ┌─ アスベスト（石綿）
        ┌─ 有機系 ─┤              ┌─ セミメタリック
摩擦材 ─┤          └─ ノンアスベスト ─┼─ ロースチール
        │                              └─ ノンスチール
        └─ 金属系 ─── 焼結合金系
```

第三章　クルマの素材

原　材　料	役　　割	目　的
アラミドパルプ、スチール繊維、銅繊維、真鍮繊維、セラミック繊維	摩擦材の強度と強靱性を確保するための素材である。各種の有機繊維、無機繊維、金属繊維が使用される。	補強材
硫酸バリウム、カシューダスト、黒鉛、金属硫化物、金属粉、金属酸化物	効きを上げる、効きの安定性を良くする、摩耗寿命を良くする、ブレーキノイズを良くするなどの効果がある。有機充填材、無機充填材、潤滑材、研磨材がこれにあたる。	摩擦調整材
フェノール樹脂	各種原材料である繊維、粉末を結合して一体化する。バインダーレジンは摩擦材の物性、機械的性質に大きな影響を与える。現在の主流はフェノール樹脂である。	結合材

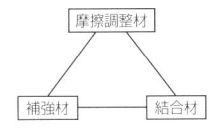

```
        摩擦調整材
         /    \
        /      \
     補強材 ── 結合材
```

摩擦材は3つの構成要素で成り立っている。

材に比べ、熱伝導率はおよそ7倍。このことは、ペーパーロック現象の可能性が高く、しかもブレーキのゴム部品にダメージを与えることになる。

●摩擦材の成立要素

　クルマのブレーキに使われる摩擦材というのは、補強材、摩擦調整材、それに結合材の三つから成り立っている。

　補強材は、摩擦材の強度と強靱性を確保する素材で、従来ならアスベストがこの役割をしていたが、現在では有機繊維、無機繊維、あるいは金属繊維が用いられている。摩擦調整材は、ブレーキの効きを高め、効きを安定させ、摩耗寿命を延ばす、さらにはブレーキノイズを良くするなどの効果を担う素材で、有機充填材、無機充填材、潤滑材、研削材がこれにあたる。結合材はその名の通りで、これらの原料である繊維や粉末を結合させ一体化させる役目。その結合具合で、摩擦材そのものの物性や機械的性質が大きく左右されるので、きわめて大切な存在で、現在の主流は熱可塑性のフェノール樹脂だという。

　アスベストに替わる補強材は、いまのところ①セミメタリック系の摩擦材、②ロースチール系の摩擦材、③ノンスチール摩擦材の三つである。

　セミメタリック系の摩擦材というのは、スチール繊維を主体にするタイプで、高強度、コスト安、耐熱性といった長所もあるが、ローターへの攻撃性が高く、錆びる傾向にあり、高熱伝導性。二つ目のロースチール系の摩擦材は、この短所を極力少なくするためにスチール繊維の含有を少なくしたタイプ。ノンスチール摩擦材は、文字通りスチール繊維をまったく含まず、その代わりアラミド繊維を主体にして、セラミックス繊維、グラスファイバー、非鉄金属繊維を複合させたタイプ。アラミド繊維というのは、高価格で低耐熱性という短所を持つが、ローターへの攻撃性が小さい。

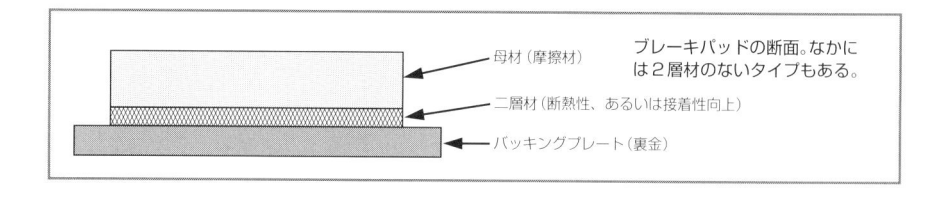

ブレーキパッドの断面。なかには2層材のないタイプもある。

母材（摩擦材）
二層材（断熱性、あるいは接着性向上）
バッキングプレート（裏金）

●マーケットで異なる摩擦材の中身

　国によってブレーキの摩擦材に違いがあるのは、ユーザーの求めるものに違いがあるからだ。

　日本のユーザーの多くはブレーキに、効きはもちろんだが、ジャダーや鳴きについてはもちろん、耐摩耗性についてもうるさい。一方、ヨーロッパのユーザーは、多少の鳴きは我慢するし、少し早めのパッド交換やローター交換はあまり苦にしていないようだ。

　このあたりを摩擦材のμ（ミュー）で示すと、日本車のパッドのμは0.3～0.4（スポーツカーの中には0.45もある）だが、欧州車のパッドのμは0.5前後と高い。

　日本で主に開発され、1987年ごろから使われだしたアラミド繊維をおもな補強材にしたノンスチール系摩擦材が日本市場では多数派である。汎用性が高く、アスベストと熱伝導性が同等でローターへの攻撃性も小さい。高温・高負荷時の耐摩耗性あるいは高速ブレーキ性能が要求されるスポーツカーなどにはスチール繊維を主な補強繊維としたロースチール系もしくはセミメタリック系の摩擦材が採用されている。セミメタリック系の摩擦材は1979年に登場したFF車に適用され、1987年からのヨーロッパにおけるアスベスト規制対応で採用される車種が増えたが、現在ではノンスチール系の摩擦材が性能向上したため、セミメタリック系の摩擦材はごく少数派になっている。

石綿代替繊維材の特徴

繊維の種類	長　所	短　所
有機繊維（アラミドパルプ、アクリルパルプ）	石綿の代替、耐ローター攻撃性[2]	高価格、低耐熱性、作業環境
ガラス繊維	強度、化学的安定性、価格	高温、高負荷時の効き低下（液体潤滑の発生）
セラミック繊維	耐熱性、化学的安定性	作業環境、ローター攻撃性[2]
カーボン、グラファイト繊維	耐熱性	補強効果、効き[1]低下、高価格
チタン酸カリウム繊維（ウイスカー）	耐摩耗性、ローター攻撃性[2]	補強性、価格、作業環境
スチール繊維	強度、価格、耐熱性	ローター攻撃性[2]、錆び、高熱伝導性
銅、真鍮繊維	強度、ローター攻撃性	高価格、高熱伝導性、環境負荷

ディスクブレーキ用のノンアスベスト摩擦材の特徴と課題

[1] 効き：摩擦材の摩擦係数と相関するが、相関の仕方はブレーキシステムにより異なる。
[2] ローター攻撃性：一般的に、ローター摩耗量のことをいうが、平均的な摩耗量のことだけでなく、ローター表面条痕摩耗、ローター肉厚変動（ローターの厚さが回転方向で不均一になること）等も含み、ローター寿命に大きく影響する。

第三章　クルマの素材

アメリカ市場では、ヨーロッパで開発されアメリカで改良されたセミメタリック系摩擦材が主流であったが、15年ほど前に日本から本格的なノンスチールパッドが紹介されると、乗用車の組み付けライン用としてこのノンスチールパッドが主流となり、現在では約7割がノンスチール系といわれる。ただし、高負荷のトラック用の摩擦材はセミメタリックが主流である。

摩擦材に使用されている主な金属

材料		主な適用例
金属繊維	スチール・ファイバー	セミメタリックパッドおよびライニング、ロースチールパッドおよびライニング
	銅ファイバー	ノンスチールパッド
	真鍮ファイバー	ノンスチールパッド
	ステンレスファイバー	ロースチールパッド
金属粉	銅	焼結合金、有機系パッド、ライニング
	錫	焼結合金
	真鍮	ライニング、パッド
	青銅	ライニング、パッド
	アルミニウム	ライニング
	鋳鉄	鉄道用制輪子、鉄道用ディスクパッド
	スポンジ鉄	セミメタリックパッド、焼結合金

ヨーロッパ市場はロースチール系の摩擦材が主流で、セミメタリック系の摩擦材も少なくない。日本では主流派となっているノンスチールタイプの摩擦材はごく少数派である。ロースチール系の摩擦材は、摩擦係数が高く効きも安定している。しかし、ローターへの攻撃性が一般には高く、ローターおよびパッドの摩耗粉が多く出て、ホイールの汚れを引き起こす。ローターの摩耗度合いが日本車にくらべ高く、パッド交換2回に1回、つまり5〜8万キロでローター交換というケースが珍しくない。

●ブレーキパッドの製造

ブレーキパッドは、母材である摩擦材とバッキングプレートと呼ばれる裏金、それに摩擦材とバッキングプレートのあいだに介在する2層材の三つで構成されている。2層材は、断熱性と接着性の向上のためのもので、種類によっては用いていないケースもある。文字通り摩擦性能、制動力、耐熱性、耐摩耗性、鳴き、ジャダーなどパッドのあらゆる性能を左右する摩擦材は20数種の素材をブレンドしてつくるためノウハウがぎっしり詰まっているが、構成部品が少ないため、製造工程は、他の自動車部品に比べるとシンプルといえる。

プレッシャープレートの素材は鋼材である。打ち抜きで成形し、脱脂して防錆処理を施し、接着剤を摩擦材が取り付く面に吹き付ける。摩擦材は、20数種類の素材をミキサーで混ぜ合わせ攪拌して、予備成形工程にはいる。この予備成形というのは、鉄になじみやすい2層材と摩擦材の原料を金型に入れ、プレスで押し付け成形する。その後、温度をかけた金型にプレッシャープレートと原料生地をドッキングさせ、圧力や温度、時間をコントロールしてパッドの原型となる製品

20数種類の原料をブレンド（配合）した粉末。これをさらにミキサーで混ぜ合わせる。

裏金に一定量の摩擦材を載せ、プレスで固める。このあと熱成形され、加熱炉で数時間熱を加えられる。

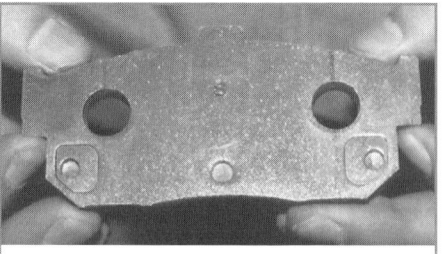

鋼材製の裏金（バッキングプレート）は脱脂し防錆処理され摩擦材面に接着剤を塗布される。

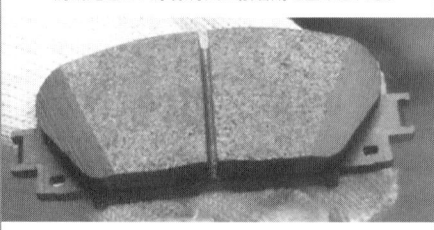

寸法指示に従い面取り、スリット加工が加えられる仕上げ工程後の半製品。

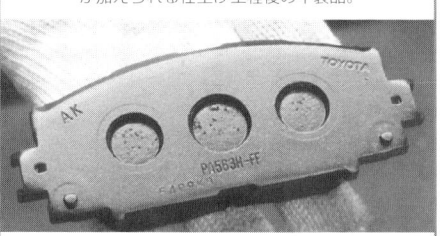

最後に塗装され、検査され市場へと出る。

（半製品）をつくり上げる。この工程を熱成形と呼んでいる。

　熱成形からあがってきた半製品は、加熱炉のなかで数時間高熱の雰囲気のなかにさらされる。ここで結合材であるフェノール樹脂が完全に硬化する。ちなみに、ヨーロッパのブレーキメーカーのなかには、この加熱処理時間を省略するところもある。とくに熱処理工程を短縮することは省エネ、省コストにもつながるとして、今後増えるという見通しだ。

　あとは、仕上げ工程と呼ばれるもので、研磨などで厚みを整える。ここでは、種類により、目的によりスリットを入れるもの、面取りをおこなうもの、表面仕上げをおこなうものがある。仕上げ工程が終わると「表面焼き」工程である。摩擦材の表面を高温度で焼くことで高速・高温時のブレーキの効きを安定させるのである。

　最後に、焼き付け塗装して、乾燥させ、検査を受けてパッケージングされ出荷される。検査は、訓練を受けた検査官が寸法、外観の異常がないかなどをチェックする。

第三章　クルマの素材

16.遮音材と吸音材

　クルマにはもともと騒音(ノイズ：N)と振動(バイブレーション：V)が付いてまわる。エンジンを付けているクルマが路面を走るわけで、エンジン、ミッション、デフ、ドライブシャフト、サスペンション、タイヤ、みなNVの発生源である。クルマにとって、商品価値を上げるために騒音と振動を低減することが重要となっている。
　クルマから発生する音のメカニズム、たとえば分かりやすいようにエンジンのこもり音を例に挙げると、①エンジンが回転する→②振動系が共振する→③エンジンマウントを介しボディに伝わる→④ボディパネルからこもり音が発生するとなる。

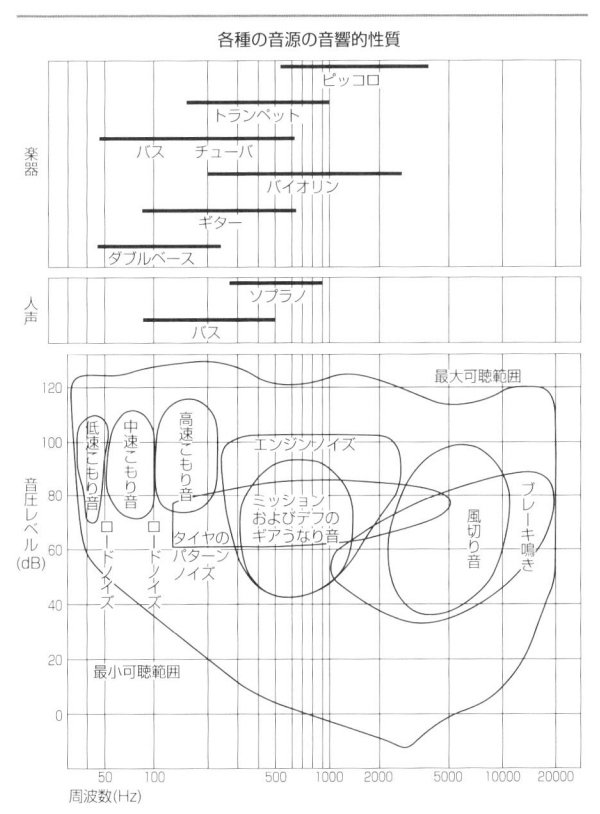

　これを振動騒音的に表現すると、①振動源(振動強制力)→②共振系(振動が大きくなる)→③伝達系(伝達される)→④輻射系(共振が音になる)となる。
　クルマでおきるノイズは、こもり音、エンジン音、デフノイズ、ミッションのノイズ、風切り音、ロードノイズ、ハーシュネス、吸排気音などの車外音を含めて多岐にわたるが、その周波数もかなり広範囲である。これをグラフにしたものが左図である。横軸に周波数、縦軸に音の大きさ(音圧レベル)で人間が音として感じることができるの

223

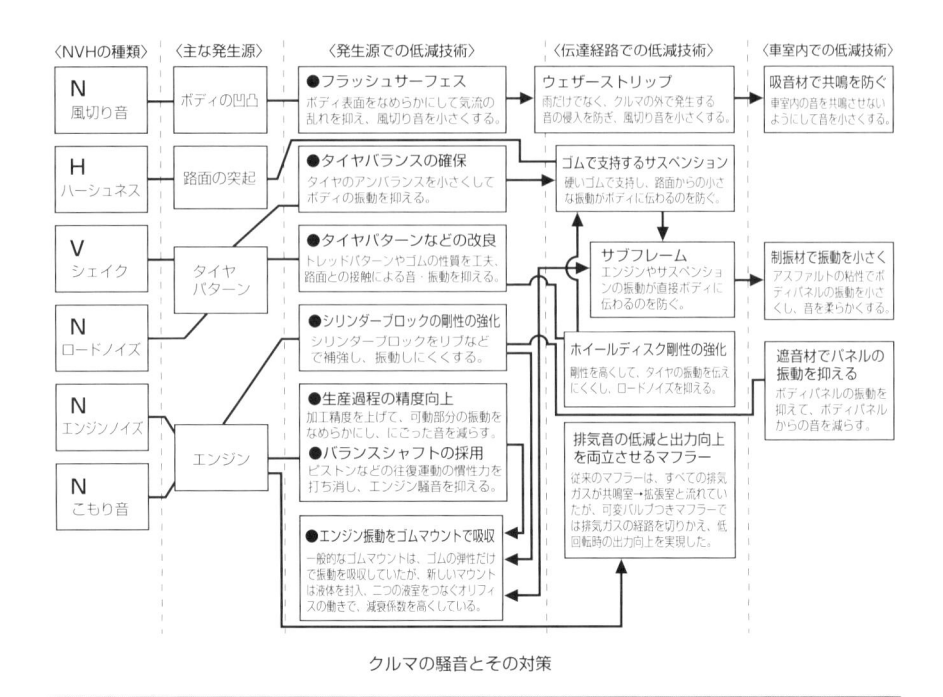

〈NVHの種類〉	〈主な発生源〉	〈発生源での低減技術〉	〈伝達経路での低減技術〉	〈車室内での低減技術〉
N 風切り音	ボディの凹凸	●フラッシュサーフェス ボディ表面をなめらかにして気流の乱れを抑え、風切り音を小さくする。	ウェザーストリップ 雨だけでなく、クルマの外で発生する音の侵入を防ぎ、風切り音を小さくする。	吸音材で共鳴を防ぐ 車室内の音を共鳴させないようにして音を小さくする。
H ハーシュネス	路面の突起	●タイヤバランスの確保 タイヤのアンバランスを小さくしてボディの振動を抑える。	ゴムで支持するサスペンション 硬いゴムで支持し、路面からの小さな振動がボディに伝わるのを防ぐ。	
V シェイク	タイヤパターン	●タイヤパターンなどの改良 トレッドパターンやゴムの性質を工夫、路面との接触による音・振動を抑える。	サブフレーム エンジンやサスペンションの振動が直接ボディに伝わるのを防ぐ。	制振材で振動を小さくアスファルトの粘性でボディパネルの振動を小さくし、音を柔らかくする。
N ロードノイズ		●シリンダーブロックの剛性の強化 シリンダーブロックをリブなどで補強し、振動しにくくする。	ホイールディスク剛性の強化 剛性を高くして、タイヤの振動を伝えにくくし、ロードノイズを抑える。	遮音材でパネルの振動を抑える ボディパネルの振動を抑えて、ボディパネルからの音を減らす。
N エンジンノイズ	エンジン	●生産過程の精度向上 加工精度を上げて、可動部分の振動をなめらかにし、にごった音を減らす。	排気音の低減と出力向上を両立させるマフラー 従来のマフラーは、すべての排気ガスが共鳴室→拡張室と流れていたが、可変バルブつきマフラーでは排気ガスの経路を切りかえ、低回転時の出力向上を実現した。	
N こもり音		●バランスシャフトの採用 ピストンなどの往復運動の慣性力を打ち消し、エンジン騒音を抑える。		
		●エンジン振動をゴムマウントで吸収 一般的なゴムマウントは、ゴムの弾性だけで振動を吸収していたが、新しいマウントは液体を封入、二つの液室をつなぐオリフィスの働きで、減衰係数を高くしている。		

クルマの騒音とその対策

は囲み部分だ。この表で面白いのは、3000Hz(ヘルツ)の音が一番小さな音圧レベルで人間がとらえることができることを示している。つまり、同じ音圧レベルではこもり音にくらべギアのうなり音、エンジンノイズ、タイヤのパターンノイズ、風切り音のほうがよく聞き取れることを示している。大きな音圧レベルを小さくするだけでな

エンジンフード裏に張ってある吸音材。素材はグラスファイバーで厚みは10〜40mm。グラスウールに硬化剤を混ぜプレス機で熱を加え圧縮して成形する。裁断はウォータージェットによる。

エンジンルームとキャビンとの隔壁に設けた吸音材。ときには吸音&遮音材のケースもある。エンジンフードとは密度こそ違え基本的にはグラスファイバー製だ。ブレーキブースター取り付け穴、ステアリング関係部品などが貫通しているため静粛性を要求される高級車の場合、貫通部品に下駄を履かせ吸音材を挟み込んでいるケースもある。

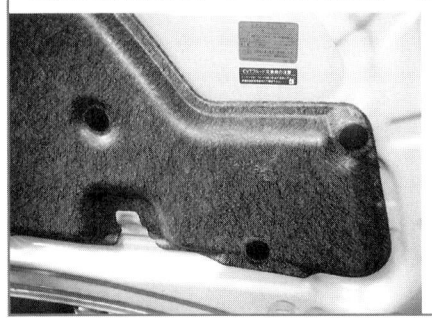

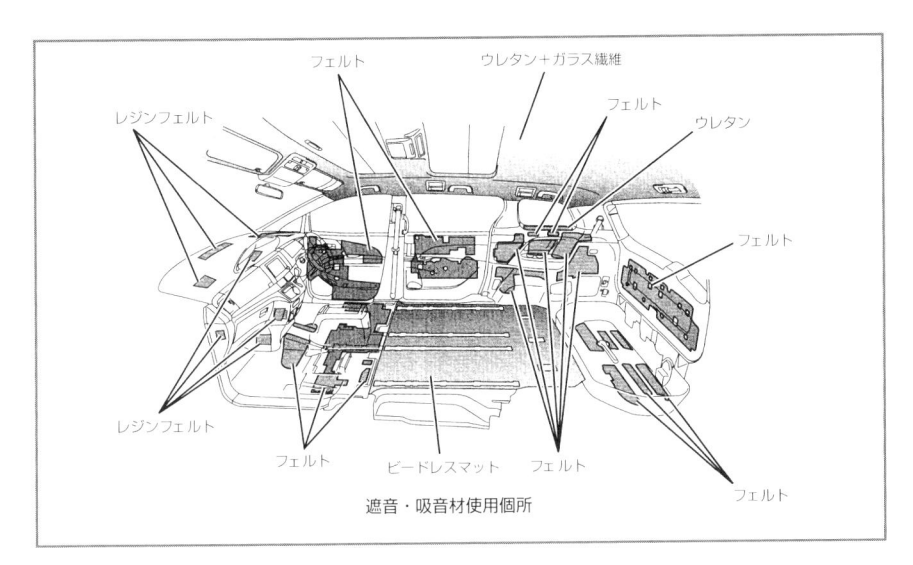

第三章　クルマの素材

図中ラベル：レジンフェルト／フェルト／ウレタン＋ガラス繊維／フェルト／ウレタン／フェルト／レジンフェルト／フェルト／ビードレスマット／フェルト／フェルト

遮音・吸音材使用個所

く、バランスよく騒音を低減させる必要があることを意味している。

そこで、まず問題となる振動・騒音を突き止め、振動源を退治し、さらに共振周波数をずらせることでNVを低減するという手法をとる。たとえば、部品の素材や形状を変更するとか、マスダンパー、ダイナミックダンパーを付けるといった手法がとられる。エンジンマウントやサスペンションブッシュは振動絶縁という手法である。防振ゴムの採用である。

次のステップとしては「輻射系の対策」というのがある。

クルマの車室はパネルから成り立っているので、このパネルからの輻射音を極力小さくしたい。そこで登場するのが、各種の遮音材と吸音材である。遮音材と吸音材の使い分けは、車外で測定する音圧分布で決められる。たとえば、高周波エンジン音の低減を狙うため、ダッシュボードやフロアから進入する音が多いので同部位には音を反射させる遮音材を使い、面積の広いルーフサイレンサーには吸音材を配し車内の内部エネルギーを減衰させる。車両重量を増加させない程度に遮音材と吸音材をレイアウトするのである。NV担当のエンジニアに聞くと、最近は遮音のCAE（コン

廃車をシュレッダーで破砕したとき出るシュレッダーダストからつくられた吸遮音材。

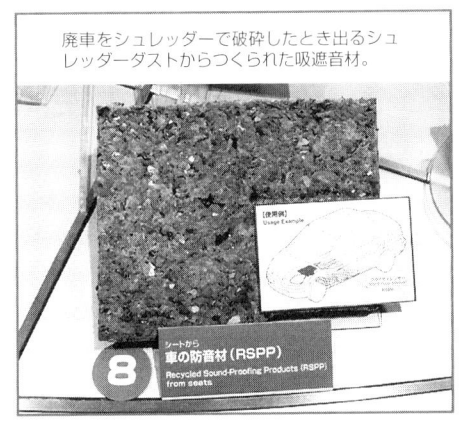

⑧ シートから 車の防音材（RSPP）
Recycled Sound-Proofing Products (RSPP) from seats

225

ピューターによるエンジニアリング支援)が進みさまざまなパラメーターによる解析が進んでいて、かつてのような泥臭い仕事からほど遠くなったという。

●軽量化が今後の課題

遮音材というのは、伝達する音のエネルギーを反射させる役目をする素材であり、基本的に質量(重量)が大きいほど有利。素材の種類としては単層パネルと多重型パネルがあり、前者は鉄板、ゴム板などで、後者はダッシュサイレンサー、フロアカーペットである。

吸音材とは空間内に閉じ込められた音のエネルギーを吸収し、空間内部のエネルギーを減少(減衰)させる役目。つまり音のエネルギーを摩擦などの熱エネルギーに変換する素材である。素材としては多孔質型、板振動型、共鳴器型の3タイプがある。

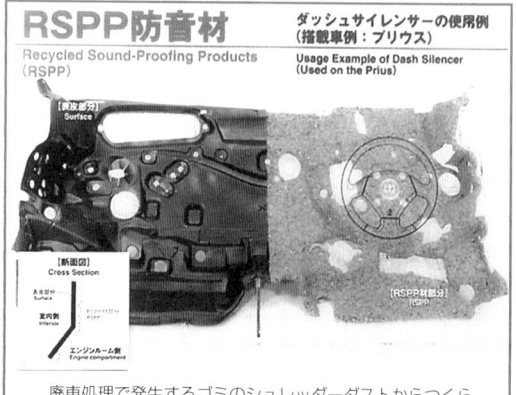

廃車処理で発生するゴミのシュレッダーダストからつくられた吸遮音材。トヨタ車のダッシュ部に使われている。

多孔質型というのは繊維類の連続気泡を持つ素材で、音波がその細穴中で周壁との摩擦、粘性抵抗および繊維の振動で音のエネルギーが熱エネルギーとして消費されることで吸音効果を得る。グラスウールやポリウレタンフォームがその代表素材で、室内吸音材はこのタイプが主流である。

フロア下に設置されている吸音フェルト。リサイクル素材が使われているケースも少なくない。厚みを増やせば有利だが、コストアップにつながるので製造費がかぎられるコンパクトカーなどのエンジニアには悩ましいところ。

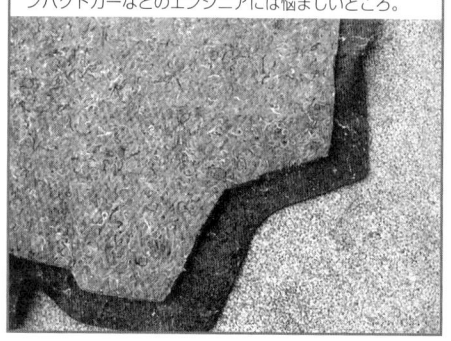

板振動型というのは、薄いベニア板、あるいは合板などに音波があたると幕振動を起こし、その内部摩擦で音のエネルギーを熱エネルギーとして消費する。低周波で比較的狭帯域での効果が高いとされる。

共鳴器型というのは、空洞を持つ穴のあいた共鳴器に音が当たると孔の部分の空気が振動し、その摩擦熱で音のエネルギーを熱エネルギーに変換し、吸音効果を持たせる。穴あき合板がこ

第三章　クルマの素材

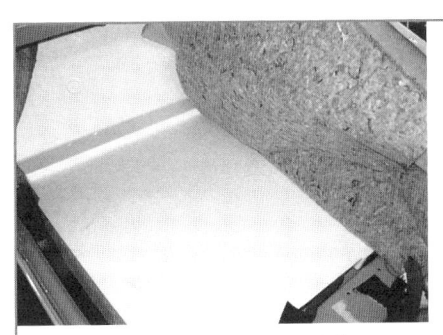

最近のクルマのなかにはフロア下にかさ上げ目的にもなっているウレタン厚板の吸音材も使われている。

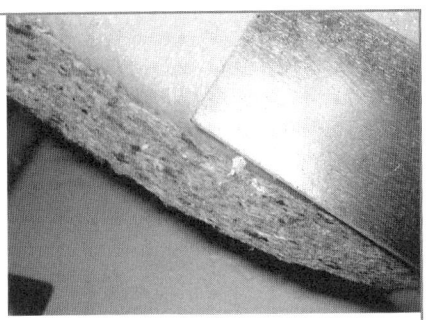

これも吸音効果を狙ったフロアのフェルト。最近のコンパクトカーは表皮自体に吸音効果を持たせたものもある。

のタイプで、孔寸法で共鳴周波数をチューニングし、狭帯域で効果があがる。

なお、ボディパネルのうえにアスファルトなど制振材と呼ばれるものが貼ってある。これは、アスファルトの粘性でボディパネルの振動を小さくし音を柔らかくする働きを持つ。ただしアスファルトの質量が大きく、軽量化作戦にはつらいところ。最近では、遮音と吸音を兼ね備えた素材も登場しつつある。今後、軽量化の決め手として注目されると思われる。

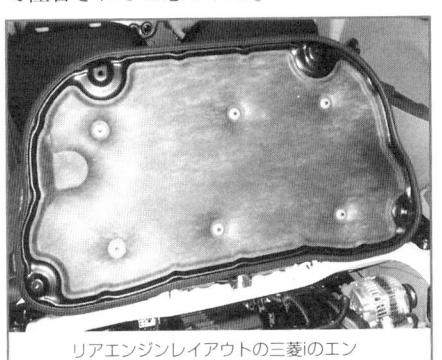

自動車メーカーのなかには、リサイクル素材の防音材を新規のクルマに採用しているケースもある。シュレッダーダスト中の最大容積を占める発泡ウレタンや繊維類を再生素材として分別し、適度な空気層を持つ防音材（RSPP：Recycled Sound-Proofing Products）として自動車の各部位へ再利用。従来品に比べ、吸音性と遮音性のバランスがとれた新しい防音材という。ただ、このリサイクル材は単なるかさ上げ材として使われているケース

リアエンジンレイアウトの三菱iのエンジンハッチに使われている遮音材。

もあるし、薄すぎるとボロボロになり用をなさない場合もあり、場所によっては衝突要件を満たさなければならない。いずれにしろ使う場所が限定されている。

遮音材とはいいがたいが、厚くすることで想定外に遮音効果の出る部品がある。前席のサイドドア・ガラスだ。例えば4代目パジェロは4.8→5.3mm厚、欧州向けホンダ2.2リッターディーゼル車は3.5→5.0mm厚にして静粛性を高めている。

227

巻末資料

自動車部品用 ホース、シール、ガスケット類

分類	部位	要求特性	素材
ホース	燃料ホース内管	耐劣化ガソリン性、耐寒性、耐亀裂成長性、耐オゾン性、金属非腐食性	FKM, HNBR, NBR, NBR/PVC
	インタンクホース		FKM, NBR/PVC
	燃料ホース中間層	耐ガソリン性、接着性、耐圧縮永久歪性	HNBR, ECO, NBR
	フィラーネックホース（インレットホース）	耐ガソリン性、耐マンドレルクラック性	NBR/PVC, FKM, CPE
	ベイパーエミッションホース	耐ガソリン性、耐熱性、耐混酸性	NBR/PVC, NBR, ECO, HNBR
	パワーステアリングホース内管	耐熱性、耐圧性、耐劣化PSF性	HNBR, NBR, CSM, ACM
	トランスミッションオイルクーラーホース	耐熱性、耐圧性、耐劣化ATF性	AEM, ACM, ER, ECO, HNBR
	エンジンオイルクーラーホース	耐劣化エンジンオイル性	AEM, NBR, ECO, HNBR
	エアーコンディショニングホース内管	耐熱性、耐圧性、低フロンガス透過性	PA, NBR, FKM
	ラジエター・ヒーターホース	耐水性、耐熱性、耐LLC性	EPDM
	ブレーキホース	耐ブレーキフルード性	EPDM, SBR
	エアーインテーク・エアーダクトホース	耐熱性、耐オゾン性	TPO, CR, CSM, EPDM, ACM
	各種ホース外管	耐熱性、耐オゾン性	ECO, CR, CSM, CPE, TPEE, PA
チューブ	バキュームコントロールチューブ	耐負圧性、耐熱性、耐混酸性、耐ガソリン性	ECO, NBR/PVC, EPDM, PA
	エミッションコントロールチューブ		ECO, TPEE, CSM, NBR, NBR/PVC
シール	燃料系シール	耐(劣化)ガソリン性	FKM, NBR/PVC, NBR, HNBR
	クランクシャフトシール	耐熱性、耐油性、耐摩耗性、耐寒性	ACM, FKM, Q
	カムシャフトシール		FKM, ACM
	ウォーターポンプシール	耐水性、耐熱性、耐LLC性	NBR, HNBR, EPDM
	バルブステムシール	耐熱性、耐油性、耐摩耗性、耐寒性	FKM, ACM
	パワーステアリングシール	耐熱性、耐圧性、耐劣化PSF性	NBR, HNBR, ACM, FKM
	トランスミッション	耐熱性、耐寒性、耐劣化ATF性	ACM, FKM, Q, NBR
	エアーコンディショナーシール	耐熱性、耐フロンガス脱圧発泡性	HNBR, NBR, EPDM
	ショックアブソーバーシール	耐熱性、耐油性、耐摩耗性、耐寒性	NBR, HNBR, ZSC
	スピンドルシール	耐グリス性、耐摩耗性、耐寒性	NBR, ACM, FKM
	デファレンシャルギアシール	耐ギア油性、耐摩耗性、耐寒性	ACM, Q, AEM
	オイルポンプシール	耐熱性、耐油性、耐摩耗性、耐寒性	ACM, FKM, AEM, NBR
パッキン・ガスケット	オイルフィルターパッキン	耐油性、金属非固着性、耐熱性	ACM, NBR
	ロッカーカバーガスケット	耐油性、耐熱性、耐寒性	ACM, NBR, Q, FKM
	オイルパンガスケット	耐劣化油性、耐熱性、耐寒性	RTVQ, ACM, Q
	メタルヘッドガスケット	耐油性、耐熱性、塗膜金属接着性	FKM, NBR, HNBR
	インタンクポンプアイソレーター	耐劣化ガソリン性、金属非固着性	HNBR, NBR
ダイアフラム	ウィンドウシール	密着性、耐オゾン性、耐水性	TPO, EPDM, NBR/PVC, PVC
	燃料ポンプダイアフラム	耐ガソリン性、耐屈曲性	HNBR, NBR, ECO
	ヒーターサーモスタットダイアフラム	耐熱性、耐LLC性	NBR, ECO, EPDM
	ディストリビューターダイアフラム	耐ガソリン性、耐屈曲性、耐混酸性	NBR, ECO, FKM
ベルト	タイミングベルト	耐熱性、高強度、温度一弾性率平坦性	HNBR, CR
	ファンベルト	耐熱性、耐摩耗性	CR
	アクセサリードライブベルト	耐熱性、耐屈曲性、耐摩耗性	CR, HNBR
ブーツ	等速ジョイントブーツ	耐グリス性、耐熱性、耐寒性、耐オゾン性	TPEE, CR
	ラックアンドピニオンブーツ	耐グリス性、耐熱性、耐オゾン性	TPEE, CR, NBR
	ディストリビューターブーツ	耐熱性、耐オゾン性	Q, CR
タイヤ	トラック・バス用タイヤ	低発熱性、耐チップカット性	NR, IR
	乗用車用タイヤ	高反発、高ウエットスキッド抵抗	E-SBR, S-SBR, IR, High Cis BR
その他	ボンネットリッドシール	耐候性、易異型押出性	EPDM
	エンジンマウント	低動倍率	NR, BR, S-SBR
	マフラーハンガー	耐熱性、耐オゾン性、低永久伸び	NR, Q, CR, EPDM, ACM
	チェーンテンショナー	耐摩耗性、耐熱性	NBR, XNBR, PA
	クラッチフェーシング	耐摩耗性、耐熱性	NBR, SBR, HNBR
	燃料タンクフロート	耐ガソリン性	NBR

Copyright(c) 2001 Tokyo Zairyo Co., Ltd All Rights Reserved.

自動車金属材料記号表

	記号	素材名		記号	素材名
鋼	SS	一般構造用圧延鋼材	構造用合金鋼	S-C	機械構造用炭素鋼鋼材
	SB	ボイラー及び圧力容器用炭素鋼板		SNC	ニッケルクロム鋼鋼材
	SB-M	ボイラー及び圧力容器用モリブデン鋼板		SNCM	ニッケルクロムモリブデン鋼鋼材
	SM	溶接構造用圧延鋼材		SCr	クロム鋼鋼材
	SMA	溶接構造用耐候性熱間圧延鋼材		SCM	クロムモリブデン鋼鋼材
	SS-B-D	みがき棒鋼（炭素鋼）		SMn	機械構造用マンガン鋼鋼材
	SPHC, D, E	熱間圧延軟鋼板及び鋼帯	特殊用途鋼	SUS	ステンレス鋼
	SPCC, D, E	冷間圧延鋼板及び鋼帯		SUH	耐熱鋼
	SSC	一般構造用軽量形鋼		SK	炭素工具鋼鋼材
	SWH	一般構造用溶接軽量H形鋼		SKH	高速度工具鋼鋼材
鋼管	STKS	構造用合金鋼鋼管		SKC	合金工具鋼材
	STK	一般構造用炭素鋼鋼管		SUP	ばね鋼材
	STKM	機械構造用炭素鋼鋼管		SUM	いおう及びぴおう複合快削鋼鋼材
	SUS-TK	構造用ステンレス鋼鋼管		SUJ	高炭素クロム軸受鋼鋼材
	STKR	一般構造用角形鋼管		NCF	耐食耐熱超合金

	記号	素材名		記号	素材名
鋳鍛造品	SF	炭素鋼鍛鋼品	非鉄金属鋳物	YBsC	黄銅鋳物
	SFCM	クロムモリブデン鋼鍛鋼品		HBsC	高力黄銅鋳物
	SC	炭素鋼鋳鋼品		BC	青銅鋳物
	SCW	溶接構造用鋳鋼品		SzBC	シルジン青銅鋳物
	SCC	構造用高張力炭素鋼鋳鋼品		PBC	りん青銅鋳物
	SCS	ステンレス鋼鋳鋼品		AlBC	アルミニウム青銅鋳物
	SCH	耐熱鋼鋳鋼品		AC	アルミニウム合金鋳物
	FC	ねずみ鋳鉄品		ZDC	亜鉛合金ダイキャスト
	FCD	球状黒鉛鋳鉄品		ADC	アルミニウム合金ダイキャスト
	FCMB	黒心可鍛鋳鉄品		WJ	ホワイトメタル
	FCMW	白心可鍛鋳鉄品		KJ	軸受用鋼・鉛合金鋳物

参考文献

「産業技術記念館」総合案内
「工作機械入門」(理工学社)
「自動車技術ハンドブック」(自動車技術会)
「自動車工学別覧」(自動車技術会)
「機電用語辞典」(技術評論社)
「機械材料と加工技術」(技術評論社)
「機械発達史」(大河出版)
「機械材料のマニュアル」(大河出版)
「機械要素のハンドブック」(大河出版)
「ねじ切りの名人」(大河出版)
「手仕上げのベテラン」(大河出版)
「自動車の発達史」(山海堂)
「材料の知識」(トヨタ技術会)
「生産用語辞典」(トヨタ技術会)
「自動車用語辞典」(トヨタ技術会)
「新・自動車の知識」(トヨタ技術会)
「自動車と情報処理」(トヨタ技術会)
「エレクトロニクス用語辞典」(トヨタ技術会)
「メカニズム」(トヨタ技術会)
「歯車のおはなし」(日本規格協会)
「ステンレスのおはなし」(日本規格協会)
「ねじのおはなし」(日本規格協会)
「熱処理のおはなし」(日本規格協会)
「アルミニウムのおはなし」(日本規格協会)
「ゴムのおはなし」(日本規格協会)
「溶接のおはなし」(日本規格協会)
「鋳物のおはなし」(日本規格協会)
「自動車はじめて物語」(立風書房)
「鉄を削る　町工場の技術」(ちくま文庫・小関智弘)
「ジョイントと自動車」(影山夙)
「自動車の腐食・防食技術と車体外観品質向上策」(応用技術出版)

索　引

〈ア行〉

- アースボルト …… 84
- RIM 成形 …… 189
- 亜鉛メッキ鋼板 …… 147
- アクリルゴム …… 196
- アクリル樹脂 …… 183
- アスベスト …… 218
- 圧縮残留応力 …… 92
- 圧縮成形型 …… 50
- 圧電素子 …… 207
- アメリカネジ …… 82
- アラミド繊維 …… 212
- α型チタン合金 …… 176
- アルミダイキャスト法 …… 37
- アルミ鋳造品 …… 35
- アルミニウムメッキ鋼板 …… 148
- アルミの展伸材 …… 167
- アルミメタル …… 107
- 合わせガラス …… 202
- アンカークリップ …… 134
- イオン結合 …… 205
- イオンチッ化処理 …… 140
- イソプレンゴム …… 193
- 板振動型 …… 226
- ウィットウォース・ネジ …… 81
- ウエルドボルト …… 84
- ウォームギア …… 89
- ウレタン …… 179
- ウレタンゴム …… 198
- 上塗り …… 71
- AC …… 165
- HRC 硬度 …… 92
- HNBR（水素添加ニトリルゴム）…… 129
- HL加工 …… 103
- ADC …… 166
- ABS樹脂 …… 182
- 液状ガスケット …… 113
- 液晶ポリマー …… 187
- SUS（ステンレス）…… 156
- エチレン・プロピレンゴム …… 196
- NC工作機械 …… 27
- NTC …… 206
- エピクロムヒドリンゴム …… 197
- FRM …… 211
- FRP …… 209
- FIPG（フォームドイン・プレース・ガスケット）…… 113
- FA処理 …… 104
- 塩化ビニール樹脂（PVC）…… 182
- エンジニアリング・セラミックス …… 204
- エンジニアリングプラスチックス …… 183
- 円筒研削盤 …… 26
- 円筒コロ軸受 …… 102
- オイルテンパー線 …… 94
- オーステナイト球状黒鉛鋳鉄 …… 153
- オーステナイト系SUS …… 158
- 押し出し成形 …… 188
- 温間鍛造 …… 44

〈カ行〉

- カーボン・ニュートラル …… 214
- 快削鋼 …… 161
- 傘歯車 …… 89
- ガスシールド溶接 …… 62
- 型打鍛造 …… 39
- 型構造 …… 52
- 金型鋳造 …… 34
- 加硫法 …… 191
- カルダンジョイント …… 108
- 機械加工精度 …… 19
- 機械構造用炭素鋼鋼管 …… 150
- 機能用セラミックス …… 204
- 逆ピエゾ効果 …… 207
- 球状黒鉛鋳鉄 …… 153
- 強化ガラス …… 201
- 共鳴型 …… 226
- 共有結合 …… 205
- 金属ガスケット …… 114
- 金属結合 …… 204
- グラスファイバー …… 209
- グラスファイバー・リンフォースド・プラスチックス …… 209
- グラファイト …… 115
- グリーソン・ハイポイド・ゼネレーター …… 89
- グリーン・プラスチック …… 214
- クロム酸化膜 …… 155
- クロロプレンゴム …… 195
- ケナフ …… 216
- ケブラー …… 212
- ケルメットメタル …… 107
- 研削盤 …… 25
- コイルスプリング …… 96
- 合金鋳造 …… 154
- 高珪素球状黒鉛鋳鉄 …… 153
- 高周波焼入れ …… 139
- 合成ゴム …… 192
- 構造用接着剤 …… 67
- 構造用セラミックス …… 204
- 高速度鋼（ハイス）…… 56
- 高炭素クロム軸受鋼 …… 104
- 高張力鋼板 …… 48, 145
- コーデュライト …… 206
- 互換式の生産方式 …… 14
- コグドベルト …… 128
- 固溶強化型鋼板 …… 146
- 転がり軸受け …… 98

〈サ行〉

- サージング …… 96
- サーモプラスチック・エラストマー …… 199
- サイレントチェーン …… 123
- GRP …… 209
- CAE …… 33
- CAD …… 52
- CNC工作機械 …… 28
- シーム溶接 …… 62
- シームレス鋼管 …… 150
- シェービング加工 …… 92
- シェルモールド法 …… 34
- ジグ …… 15
- 軸受鋼 …… 161
- 自動旋盤 …… 21
- 締め付けトルク …… 84
- 射出成形 …… 188
- 射出成形型 …… 50
- 自由鍛造 …… 39
- 重力鋳造法 …… 37
- 純チタン …… 176
- 焼結鍛造法 …… 164
- ショットピーニング加工 …… 97
- ショットピーニング処理 …… 140
- シリコンゴム …… 197
- シリンドリカル・ローラーベアリング …… 102
- ジルコニアセラミックス …… 206
- 真空成形 …… 190
- 真空成形型 …… 50
- 真空メッキ …… 142
- 浸炭焼入れ …… 138
- スーパーアロイ …… 160
- スーパーインテリジェント触媒 …… 208
- スクリューグロメット …… 134
- スズ・亜鉛メッキ鋼板 …… 148
- スタッドボルト …… 83
- スチレンブタジエンゴム …… 194
- ステンレス鋼管 …… 150
- スパーギア …… 89
- スパイラルベベル …… 89
- 滑り軸受け …… 98
- スポット溶接 …… 61
- スポンジチタン …… 174

230

スラッシュ成形 …………………189	電気メッキ …………………141	ハイテンションスチール …………145
3Dソリッドモデル …………………52	電子ビーム溶接 ………………65	ハイパフォーマンス・セラミックス 204
生産フライス盤 …………………23	転造 …………………………87	ハイポイドギア …………………89
析出強化型鋼板 ………………146	電着塗装 ………………………70	歯切り盤 ………………………26
切削工具 ………………………56	天然ゴム ……………………192	バナジウム鋳鉄 ………………154
接着剤 …………………………67	電縫鋼管 ……………………150	バンティング処理 ………………94
セミメタリック系摩擦材 ………219	ドアパネル ……………………17	半導体磁器 …………………206
繊維強化金属 …………………211	等温鍛造 ………………………43	反応イオンプレーティング ………25
旋盤 ……………………………20	等速ジョイント ………………110	万能フライス盤 …………………23
専用フライス盤 …………………22	トーションバー …………………95	汎用フライス盤 …………………22
塑性域 …………………………86	トヨタ複合曲面加工システム …51	ピアノ線 ………………………94
塑性加工 ………………………73	トラクタージョイント …………112	BH鋼板 ………………………48
	トランスファープレス機 ………46	PFダイキャスト法 ………………38
〈夕行〉	トランスファーマシン …………30	PLA繊維 ……………………216
ターンメッキ鋼板 ………………148	トリポードジョイント …………111	BJ（ベルジョイント）…………110
DIE（ダイ）……………………49	トリムクリップ …………………131	PZT …………………………207
ダイキャスト ……………………34	ドリル穴 ………………………54	PTC …………………………206
耐食チタン合金 ………………176	ドリル盤 ………………………23	PBS樹脂 ……………………215
ダイス …………………………87	トルクスボルト …………………85	ピエゾ効果 …………………207
耐熱鋼 ………………………159		ピエゾ電気 …………………207
卓上旋盤 ………………………20	〈ナ行〉	非金属材料 …………………138
卓上ボール盤 …………………24	内面ブローチ盤 ………………27	非鉄金属 ……………………137
ダクタイル鋳鉄 ………………153	ナイロン（PA）………………184	表面ブローチ盤 ………………27
多孔質型 ……………………226	中子 ……………………………32	平ダイス ………………………87
多軸ボール盤 …………………24	ナゲット ………………………59	ファイバー・リンフォースド・
多数溶接 ………………………57	生板ガラス …………………201	プラスチックス ……………209
立てフライス盤 …………………23	倣い型彫り盤 …………………51	ファイバー・リンフォースド・メタル…211
多頭ボール盤 …………………24	倣い旋盤 ………………………20	Vベルト ………………………128
多刃旋盤 ………………………21	軟チッ化処理 …………………139	Vリブドベルト ………………128
ダブルアクションプレス機 ……46	ニードルベアリング …………102	フェノール樹脂 …………187, 219
ダブルユニバーサルジョイント …109	ニトリルゴム …………………195	フェライト系SUS ……………157
タレット旋盤 ……………………21	ニューグローバルライン ………60	フォトセル（CdS）…………208
炭酸ガスアーク溶接 …………63	ニューセラミックス …………204	深絞り鋼板 …………………145
鍛造型 …………………………50	ネオプレイン …………………195	複合組織型鋼板 ……………146
炭素の含有量 ………………137	ねじ山 …………………………83	ブチルゴム（IIR）……………194
鋳造プロセス …………………32	ねずみ鋳鉄 …………………151	フックジョイント ………………108
超硬合金 ………………………56	熱可塑性エラストマー ………199	ブッシュチェーン ……………122
超硬工具 ………………………25	熱可塑性樹脂 ………………178	フッ素系樹脂塗料 ……………68
直立ボール盤 …………………23	熱間圧延鋼板 ………………143	フッ素ゴム（FKM）…………197
2Pクリップ ……………………134	熱間成形ばね材料 ……………94	普通旋盤 ………………………20
TIG再溶融処置 ……………139	熱間鍛造 ………………………41	物理蒸着 ………………………25
低圧鋳造法 ……………………35	熱線反射ガラス ……………203	部分強化ガラス ……………201
DOJ（ダブルオフセットジョイント）…110	ノギス …………………………16	フライス盤 ……………………22
TD処理 ………………………139	ノジュラー鋳鉄 ………………153	プラズマ溶接 …………………64
TPE …………………………199	ノンアスベスト素材 …………115	ブラッシュクリップ …………131
T6処理 ………………………140	ノンスチール摩擦材 …………219	プレーンベアリング …………105
ティグ（TIG）溶接 ……………63		フレキシブルボディライン ……59
テーパーローラーベアリング …102	〈ハ行〉	プレス加工 ……………………45
テーラードブランク …………147	バーフィールドジョイント ……110	プレス金型 ……………………49
デュアルフェイス鋼板 ………146	パールマイカ …………………68	ブロー成形 …………………50, 188

231

ブローチ加工 …………………… 56	ポリカーボネート（PC）……… 184	〈ヤ行〉
ブローチ盤 ……………………… 26	ポリビニールブチラール …… 187, 202	有機ガラス …………………… 203
ブロックゲージ …………… 16, 18	ポリフェニレンエーテル（PPE）… 185	UVカットガラス …………… 203
粉末冶金法 …………………… 162	ポリフェニレンサルファイド（PPS）… 187	湯口 …………………………… 50
β型チタン合金 ……………… 176	ポリブチレンサクシネート（PBS）… 214	ユニバーサルジョイント …… 108
ヘキサゴンボルト ……………… 85	ポリブチレンテレフタレート（PBT）… 186	溶接ボルト …………………… 84
ヘッドガスケット ………… 10, 114	ポリプロピレン（PP） ……… 179	溶接ロボット ………………… 66
ベベルギア ……………………… 89	ホワイトメタル ……………… 107	溶融メッキ ………………… 142
ヘミング用接着剤 ……………… 67	〈マ行〉	横フライス盤 ………………… 22
ヘリカルギア …………………… 89	マイクロメーター ……………… 16	〈ラ行〉
ホイールベアリング …………… 99	マグ（MAG）溶接 …………… 63	ラインボーリング …………… 55
防音材 ………………………… 227	マザーマシン ………………… 20	ラジアルボール盤 …………… 24
防錆鋼板 ……………………… 147	摩擦溶接 ……………………… 64	ラッピング加工 ……………… 55
防振ゴム ……………………… 225	増打ち ………………………… 57	ラップベルト ……………… 127
ホーニング ……………………… 54	マシニングセンター …………… 28	リーフスプリング ……………… 95
ボーリング ……………………… 54	マスチック接着剤 ……………… 66	リーマ仕上げ ………………… 55
ボールベアリング ……………… 98	マトリックス ………………… 209	冷間圧延鋼板 …………… 48, 143
補機ベルト …………………… 127	丸ダイス ……………………… 87	冷間成形ばね材料 …………… 94
ボックスアンカークリップ … 134	マルテンサイト ……………… 147	冷間鍛造 ……………………… 43
ホブカッター …………………… 91	マルテンサイト系SUS ……… 157	レーザー焼入れ …………… 139
ホブ盤 ………………………… 91	ミグ溶接 ……………………… 62	レーザー溶接 ………………… 65
ポリアセタール（POM） …… 185	無電解メッキ ………………… 141	ロースチール系摩擦材 ……… 221
ポリアミド（PA） …………… 183	メートルネジ ………………… 82	ローラーチェーン ………… 120
ポリアリレート（PAR） …… 187	メタル ………………………… 106	炉外精錬 …………………… 161
ポリエーテルエーテルケトン（PEEK）… 186	メタルガスケット …………… 116	6角ボルト …………………… 85
ポリエチレン（PE） ………… 180	MOLD（モールド） ………… 49	
ポリエチレンテレフタレート（PET）… 181		

■著者紹介

広田民郎(ひろた・たみお)
1947年(昭和22年)3月10日、三重県・菰野町に生まれる。三重県立四日市工業高校・工業化学科卒、早稲田大学第2文学部英文学科卒。PPS海外通信社社員のかたわらTBSテレビ番組宣伝部・外部ライター。1975年(昭和50年)、内外出版社入社、雑誌「オートメカニック」「ヤングマシン」「月刊自家用車」の編集部員を経て、1990年(平成2年)よりフリージャーナリストに。主な著書は、『モノづくりを究めた男たち』『エンジンパーツこだわり大百科』『自動車リサイクル最前線』『メカを知りメンテに挑戦』(グランプリ出版)『クルマの歴史を創った27人』『新・ハンドツールバイブル』『20年20万キロもたせるメンテの極意』(山海堂)『自動車整備士になるには』『運転で働く』(ぺりかん社)など。

自動車の製造と材料の話
2007年2月9日初版発行　　2012年5月28日第5刷発行

著　者　広田民郎
発行者　小林謙一
発行所　株式会社 **グランプリ** 出版
〒101-0051　東京都千代田区神田神保町1-32
電話03-3295-0005(代)　FAX03-3291-4418
振替00160-2-14691

印刷・製本　シナノ パブリッシング プレス

©2007 Printed in Japan　　ISBN978-4-87687-290-9　C-2053